高等学校建筑电气技术系列教材

电缆电视系统

叶 选 丁玉林 主编

中国建筑工业出版社

图书在版编目（CIP）数据

电缆电视系统/叶选，丁玉林主编.-北京：中国建筑工业出版社，1997
高等学校建筑电气技术系列教材
ISBN 978-7-112-03186-3

Ⅰ.电… Ⅱ.①叶… ②丁… Ⅲ.电缆电视-高等学校-教材 Ⅳ.TN949.194

中国版本图书馆CIP数据核字（97）第04571号

随着物质文明建设的不断发展，人们也需要有丰富的精神文化生活，电视日益成为人们日常生活中不可缺少的伙伴。电缆电视已是建筑电气设计、安装和调试工作中的重要组成部分，人们亟需掌握这方面的知识。

本书取材新颖，突出建筑电气设计的特点，深入浅出地阐明电缆电视系统的工作原理，侧重说明工程设计方法。内容包括共用天线电视、有线电视、卫星电视等部分。书中附有实用图表和设备器材特性参数等资料，便于实际应用；在重要篇章之后还附有思考题、习题及相关的实验指导，以利于读者深入掌握学习内容。

本书为高等院校电气技术专业（本、专科）学生使用的教材，同时也可作为从事建筑电气自动化的科研、设计、施工单位工程人员的参考书。

高等学校建筑电气技术系列教材
电 缆 电 视 系 统
叶　选　丁玉林　主编

*

中国建筑工业出版社出版、发行（北京西郊百万庄）
各地新华书店、建筑书店经销
北京市密东印刷有限公司印刷

*

开本：787×1092毫米　1/16　印张：17½　字数：421千字
1997年12月第一版　2007年8月第七次印刷
印数：12401—13900册　　定价：21.40元
ISBN 978-7-112-03186-3
(8326)

版权所有　翻印必究
如有印装质量问题，可寄本社退换
（邮政编码 100037）

高等学校建筑电气技术系列教材编审委员会成员

名誉主任： 谭静文　沈阳建筑工程学院
　　　　　　赵铁凡　中国建筑教育协会
主　　任： 梁延东　沈阳建筑工程学院
副 主 任： 汪纪锋　重庆建筑大学
　　　　　　孙光伟　哈尔滨建筑大学
　　　　　　贺智修　北京建筑工程学院
委　　员： （以姓氏笔画为序）
　　　　　　王　俭　西北建筑工程学院
　　　　　　邓亦仁　重庆建筑大学
　　　　　　兰瑞生　沈阳建筑工程学院
　　　　　　孙建民　南京建筑工程学院
　　　　　　李　伟　山东建筑工程学院
　　　　　　李尔学　辽宁工学院
　　　　　　朱首明　中国建筑工业出版社
　　　　　　寿大云　北京建筑工程学院
　　　　　　张　重　吉林建筑工程学院
　　　　　　张九根　南京建筑工程学院
　　　　　　张汉杰　哈尔滨建筑大学
　　　　　　张德江　吉林建筑工程学院
　　　　　　武　夫　安徽建筑工业学院
　　　　　　赵安兴　山东建筑工程学院
　　　　　　赵良斌　西北建筑工程学院
　　　　　　赵彦强　安徽建筑工业学院
　　　　　　高延伟　建设部人事教育劳动司
　　　　　　阎　钿　辽宁工学院
秘　　书： 李文阁　沈阳建筑工程学院

序　　言

　　高等学校建筑电气技术系列教材是根据 1995 年 7 月 31 日至 8 月 2 日在沈阳召开的建设部部分高等学校建筑电气技术系列教材研讨会的会议精神，由高等学校建筑电气技术系列教材编审委员会组织编写的。

　　本系列教材以适应和满足高等学校电气技术专业（建筑电气技术）教学和科研的需要，培养建筑电气技术专业人才为主要目标，同时也面向从事建筑电气自动化技术的科研、设计、运行及施工单位，提供建筑电气技术标准、规范以及必备的基础理论知识。

　　本系列教材努力做到内容充实，重点突出，条理清楚，叙述严谨。参加本系列教材编写的教师，均长期工作在电气技术专业的教学、科研、开发与应用的第一线。多年的教学与科研实践，使他们具备了扎实的理论基础及较丰富的实践经验。

　　我们真诚地希望，使用本系列教材的广大读者提出宝贵的批评意见，以便改进我们的工作。

　　我们深信，为加速我国建筑电气技术的全面发展，完善与提高我国高等学校建筑电气技术教学与科研工作的建设，高等学校建筑电气技术系列教材的出版将是及时的，也是完全必要的。

高等学校建筑电气技术系列教材
编审委员会
1996 年 10 月 6 日

前 言

随着无线电电子技术、通信技术、计算机技术等高科技的发展，以传送包括电视图像信息等多媒体技术在内的信息高速公路的建设令世人瞩目，而有线电视网络作为信息高速公路的基础设施之一，已成为建筑电气工程的重要组成部分。高等院校电气技术专业的广大师生及建筑电气工程技术人员迫切需要系统地掌握这方面的知识，本书正是为了适应这种形势而编写的。

本书比较全面、系统地介绍了电缆电视系统的原理，常用设备的工作原理和其性能指标，以及系统的设计方法。本书内容除注意到一定的理论阐述，更注重理论联系实际，用一定的篇幅介绍了在电缆电视系统布局、施工、检测和安装调试技术等方面的实际内容，并列举有部分实例；还用一定篇幅介绍了卫星电视、闭路有线电视等工作原理和设计方法。书中列入一定数量在建筑电气工程中常用到的图表和设备器材特性参数资料等，便于设计时参考和使用；在各重要篇章后附有与其内容相关的思考题、习题与实验指导，以便加深对学习内容的理解。

本书由叶选、丁玉林主编，李全民、张重、陈峻参与编写，全书由张仁荣主审。书中第一章、第五章和第八章由丁玉林编写，第三章和第九章由李全民编写，第二章和第七章由张重编写，第六章和第十章由陈峻编写，叶选除编写第四章、第十一章和第十二章外，还对其余各章进行了编审。

本书在编写过程中，参考了大量的文献资料，并引用了其中某些材料，在此谨向这些文献资料的作者表示衷心的感谢。

本书的出版是在《电缆电视系统》教材编写组全体同志的努力下，教材编审委员会及出版社的大力支持下完成的，在此也一并表示感谢。

虽然编者尽了最大的努力，但由于经验和水平有限，编写时间又很仓促，书中难免有不少缺点和错漏之处，敬请广大读者批评与指正。

目 录

第一章　电缆电视系统概论 ··· 1
　　第一节　电缆电视系统的发展概况 ···························· 1
　　第二节　电缆电视系统的作用与功能 ·························· 3
　　第三节　电缆电视系统的组成和分类 ·························· 4
　　思考题与习题 ·· 7
第二章　电视广播的基本原理 ······································ 8
　　第一节　电视信号的产生 ······································ 8
　　第二节　电视信号的传播 ····································· 15
　　第三节　电视接收机的基本工作原理 ························ 23
　　思考题与习题 ·· 28
第三章　摄像与录像 ·· 29
　　第一节　彩色摄像机的基本工作原理 ························ 29
　　第二节　摄像机的附属设备 ··································· 36
　　第三节　录像机的基本工作原理 ······························ 39
　　第四节　摄录像信号的传输 ··································· 43
　　思考题与习题 ·· 45
第四章　电视接收天线 ·· 46
　　第一节　天线的基本原理 ····································· 46
　　第二节　天线的主要参数 ····································· 48
　　第三节　半波振子天线 ·· 52
　　第四节　常用的天线 ··· 55
　　思考题与习题 ·· 62
第五章　电缆电视系统的传输线（馈线） ······················· 63
　　第一节　同轴射频电缆 ·· 63
　　第二节　同轴电缆的基本参数 ································ 65
　　第三节　馈线的匹配 ··· 69
　　思考题与习题 ·· 71
第六章　前端设备 ·· 72
　　第一节　前端系统的组成及技术要求 ························ 72
　　第二节　天线放大器 ··· 73
　　第三节　混合器、分波器 ······································ 79
　　第四节　频道转换器 ··· 83
　　第五节　调制器 ··· 86
　　第六节　衰减器 ··· 89
　　第七节　均衡器 ··· 91
　　第八节　滤波器 ··· 93

第九节　导频信号发生器 ·· 94
　　思考题与习题 ·· 96

第七章　传输网与分配系统设备 ··· 97
　　第一节　分配器 ·· 97
　　第二节　分支器 ·· 101
　　第三节　传输网与分配系统的放大器 ····························· 105
　　思考题与习题 ·· 108

第八章　电缆电视系统的工程设计 ······································· 109
　　第一节　设计基础 ·· 109
　　第二节　系统设计的任务 ·· 123
　　第三节　前端的工程设计 ·· 125
　　第四节　干线传输部分的工程设计 ······························ 131
　　第五节　分配系统的工程设计 ······································ 138
　　第六节　电缆电视系统的工程设计步骤 ························ 142
　　思考题与习题 ·· 151

第九章　电缆电视系统的安装 ··· 153
　　第一节　施工前的准备工作 ·· 153
　　第二节　天线的安装 ·· 157
　　第三节　前端设备的安装 ·· 160
　　第四节　传输干线与分配部分的安装 ···························· 162
　　思考题与习题 ·· 166

第十章　电缆电视系统的调试和测量 ··································· 167
　　第一节　天线和前端设备的调试 ·································· 167
　　第二节　干线和分配系统的调试 ·································· 170
　　第三节　常用的测量仪器 ·· 172
　　第四节　系统指标和参数的测量方法 ··························· 176

第十一章　电缆电视系统的其他技术 ··································· 183
　　第一节　有线电视系统 ··· 183
　　第二节　邻频传输技术 ··· 189
　　第三节　光缆有线电视系统 ·· 192
　　第四节　电缆电视信号的无线传输方式 ······················· 194

第十二章　卫星电视 ·· 200
　　第一节　卫星电视的广播与接收 ·································· 200
　　第二节　卫星电视接收地面站的设立 ··························· 206
　　第三节　卫星电视地面接收设备 ·································· 213
　　思考题与习题 ·· 220
　　实验指导 ·· 221

附录1　有线电视广播系统技术规范 ······································ 223
附录2　声音和电视信号的电缆分配系统图形符号 ················· 238
附录3　关于有线电视现阶段网络技术体制的意见 ················· 245
附录4　电缆电视工程常用器材的特性参数 ··························· 249

参考文献 ·· 268

第一章 电缆电视系统概论

第一节 电缆电视系统的发展概况

电缆电视系统自 40 年代末期在美国建立了第一套共用天线电视系统以来，经过了几十年的历程，在世界各国得到了迅速发展，正在成为人们日常生活中继电力线、电话线之后的第三条生活线。

一、共用天线电视系统

电缆电视系统早期称为共用天线电视系统，其英文名称为 Community Antenna Television System，缩写为 CATV。顾名思义，共用天线电视系统就是很多用户共用一组室外电视接收天线，接收电视台发射的开路电视信号，并经过信号处理后通过电缆将信号分配给各个用户的系统。早期的共用天线电视系统主要有以下几个特点：

(1) 主要接收电视台发射的开路电视信号，播放 1~2 套录像节目，系统最多可传送 12 套左右的节目。

(2) 系统规模小，通常是一幢楼房、几幢楼房或一个居民小区等。传输距离一般不超过 1km。

(3) 系统为全频道或隔频道工作方式，工作频率高，最高可达 860MHz。

在电缆电视系统发展的初期，当周围空间所能提供的频道数量较少时，共用天线电视系统在一定程度上满足了人们收看电视的需求。

二、电缆电视系统

随着社会的进步和时间的发展，周围空间能够提供的频道数量增加了，人们不再满足于仅仅收看电视台发射的开路信号，还希望通过其他途径获得电视节目，也还希望通过电缆电视系统进行信息交流，因此系统传送的频道越来越多，系统的规模越来越大，系统的功能越来越丰富。原有的共用天线电视系统已不能适应人们的需要，在此基础上就产生了电缆电视系统。电缆电视系统就是用电缆既传送电视台发射的开路信号，又传送卫星信号、微波信号、自办节目信号、双向数据信号等，并对各种信号进行处理、放大的系统。由于该系统是用电缆传送的，因此称为电缆电视系统，英文名称为 Cable Television System，其缩写正好也是 CATV。由于共用天线电视系统也是用电缆传送的，可认为共用天线电视系统就是电缆电视系统的一部分，属于电缆电视系统的初级阶段，两者并没有很严格的差别，只是在传输的频道数量上、传送方式上、系统的规模、功能上存在着一定的差别。由于有线电视系统、闭路电视系统的信号也都是用电缆传送的，因此，这两种系统也都属于电缆电视系统的范畴。为了方便起见，本书中无论是共用天线电视系统、有线电视系统还是闭路电视系统，都统一归为电缆电视系统（或 CATV 系统）。

三、电缆电视系统的发展

我国的电缆电视系统产生于 70 年代，第一套系统于 1974 年在北京饭店建成。80 年代在全国的各大城市陆续建成。进入90年代后，全国的各个县城、乡镇正在大力发展电缆电视系统。全国最大的系统用户数量已经超过100万户，传送的频道数量已经达到20多个，系统的功能正在进一步的开发。

国外电缆电视系统的发展以美国最具代表性。美国是全世界电缆电视发展最早、也是最快的国家，电缆电视的用户率已达到60%，有1千多个1万户以上的大系统，最大的系统达到52万个用户，一般系统传送的频道数量约30多个，最大的系统可传送75个频道的节目。新技术在电缆电视系统中得到广泛的应用，今后的发展趋势是：

（一）大规模、多频道

电缆电视系统发展到90年代，已经形成了门类齐全、产品配套、技术先进成熟的完整体系，在传递信息、丰富人们文化生活方面起着越来越大的作用。由于实行了有偿收看电视，各电缆电视系统的主办单位都希望通过增加频道数量来吸引更多的用户入网。由于用户数量的增加，给主办者带来一定的经济效益，同时由于收视率的提高，广告效益大为增加，这样又促使主办单位进一步扩大系统的规模，开通新的频道，使得电缆电视系统处于良性循环。

（二）多功能、多媒体

电缆电视系统通过电缆把千家万户联系在一起，这就为实现各种信息通讯提供了客观条件。传统的电缆电视系统均是单向传送图像信息的，自80年代以来双向传输在国外得到了逐步发展，正向传送图像信号，反向传送数据信息，使图像与通信相结合，通过计算机联网，将各种传输媒体通过电缆有效地连接在一起。主要有：

1. 按次收费电视

当用户需要收看某些加密特别节目时，利用双向传输数据，当控制中心确认已交费后方能收看到节目。

2. 视听率调查

控制中心通过电缆向各用户发出视听率调查信息，用户将结果反向传输给中心。

3. 视听者参加的节目

在有线电视台举办的讨论节目活动中，边收集视听者的意见，边在画面上显示反映，并同时把节目进行下去。如：视听者作为猜迷比赛的回答者参加；对唱歌比赛节目的投票；对赞助者礼物的募集和接受等。

4. 家庭购物

利用电缆电视系统，将商品信息用图像展列出来，用户再利用双向传输订购。

5. 点播录像节目

利用数据压缩技术，用户在家中可通过电缆电视系统向中心录像带库点播想要收看的录像节目。

除了上述的功能外，还有很多的功能正在开发利用之中。可以预见，随着技术的不断成熟，电缆电视系统的功能有着很广阔的前景。

（三）光纤传输

传统的CATV系统是用电缆传送信号的，由于电缆的损耗随着传输距离的增加而加大，使得电缆传输的距离受到限制，通常只能传输10多公里。由于光缆的传输损耗很低（目前的光缆损耗已能做到0.4dB/km左右，而最好的同轴电缆在550MHz时的损耗高达

26.9dB/km），现在的调幅光缆传输系统，每根光缆已可容纳 40 个频道，不加中继的传输距离可达 20km，若加入中继后，传输距离还可大大增加。

（四）卫星传送、微波传送

虽然利用光缆传输可使系统的传输范围大大增加，但是要实现一个地区，乃至于全省、全国范围内的电缆电视系统的联网，则必须通过卫星、微波传输，利用有线-无线-有线的传输方式实现点与点之间的连接，可使系统的服务范围扩大至几十、几百，甚至几千公里。同时，利用卫星、微波传输可以解决好点与面之间的传输，例如微波多路分配系统（MMDS）和调幅微波链路（AML），可以将信号从中心传送至各个子系统，同时可将信号直接传送至各个用户，此类系统又称为无线 CATV 系统；国外正在研究开发的还有另一种无线 CATV 系统，采用数字压缩技术，使得一颗卫星上可同时传输几十套、上百套的电视节目，通过家用小型卫星接收天线同时接收到这些节目。因此，无线 CATV 也是今后的发展方向之一。

第二节　电缆电视系统的作用与功能

一、改善"弱场强区""阴影区"的收视条件

1. 弱场强区

电视台发射的高频电视信号是以一定的功率向空间辐射电磁波的。随着传输距离的增加，空间信号场强越来越低，当低于电视机的接收灵敏度时，图像质量变差，出现雪花，甚至收不到信号，这些区域就称为弱场强区。

2. 阴影区

电视台发射的信号，主要以直线传输，当遇到障碍物阻挡时（如楼房、山丘等），部分信号能量被反射和吸收，使得障碍物后面部分的场强较低，收看效果差，有时即使离电视台很近，收看效果也会很差。这种由于障碍物阻挡而造成收看效果差的区域称为阴影区。

电缆电视系统通过对信号接收、放大等处理，能够很好地解决弱场强区、阴影区的收视条件。

二、抗干扰性能好

收看电视时，经常有各种干扰信号串入电视机，主要有重影干扰和各种杂波干扰。

1. 重影干扰

随着城市建设的不断加快，楼房林立，广播电视信号在空间传输过程中遇到建筑物的反射而产生反射波。由于反射波比直射波延迟一段时间到达接收机，因而在电视接收机的屏幕上图像会出现一个（或多个）比图像亮度低一些的右重影。这种现象在城市很普遍，在农村由于远离电视台，高层建筑物少，反射波在时间和幅度上都很小，一般不会产生明显的影响。

2. 杂波干扰

在周围空间，有很多的电气设备会产生高频电磁波，如高频医疗器械、高频加热器、汽车点火装置等，当这些装置产生的高频信号的频率成分正好落在电视频道上时，就会对接收频道造成干扰，在电视机屏幕上出现干扰条纹、抖动、噪声等。

电缆电视系统可以有效地降低这些干扰。如选择抗重影效果好的天线能减弱空间反射

波；采用各种频道型器件能够抑制各种空间杂波干扰的影响等等。

三、满足人们生活、娱乐、工作的需要

现在的社会是一个信息时代，人们在物质生活水平不断提高的同时，也希望精神文化生活水平有相应的提高。电缆电视系统不但能够为人们提供丰富的节目来源，随着发展，通过电缆电视系统可将各种媒体如图形、文字广播、信息查询、收费电视、电视购物、防火防盗……连成一体，极大地满足人们生活、娱乐、工作的需要。

第三节 电缆电视系统的组成和分类

一、系统的组成

任何一个电缆电视系统，无论多么复杂，均可认为是由前端、干线传输、用户分配网络三个部分组成，如图1-1所示。

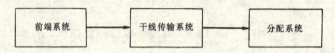

图1-1 电缆电视系统组成框图

系统中各个组成部分依据所处的位置不同，在系统中所起的作用也就不同，在进行系统设计时需要考虑的侧重点也不相同。

（一）前端部分

前端部分由信号源部分和信号处理部分组成。

1. 信号源部分

该部分对系统提供各种各样的信号，以满足用户的需要。由于信号源部分获取信号的途径不同，输出信号的质量必然存在差异，有的电平高，有的电平低，有的干扰大，有的干扰小。而信号源处于系统的最前端，若某一个信号源提供的信号质量不高，则后续部分将很难提高该信号的质量。所以，对于不同规模、功能的系统，必须合理地选择各种信号源，在经济条件许可的情况下，应尽可能选择指标高的器件。信号源部分的主要器件有：电视接收天线、卫星天线、微波天线、摄像机、录像机、字幕机、计算机、导频信号发生器等。

2. 前端信号处理部分

该部分是对信号源提供的各路信号进行必要的处理和控制，并输出高质量的信号给干线传输部分，主要包括信号的放大、信号频率的配置、信号电平的控制、干扰信号的抑制、信号频谱分量的控制、信号的编码、信号的混合等等。前端信号处理部分是整个系统的心脏，在考虑经济条件的前提下，尽可能选择高质量器件，精心设计，精心调试，才能保证整个系统有比较高的质量指标。前端信号处理部分的主要器件有：天线放大器、频道放大器、宽带放大器、频道变换器、信号处理器、解调器、调制器、卫星接收机、制式转换器、微波接收机、混合器等等。

（二）干线传输部分

该部分的任务是把前端输出的高质量信号尽可能保质保量地传送给用户分配系统，若是双向传输系统，还需把上行信号反馈至前端部分。根据系统的规模和功能的大小，干线

部分的指标对整个系统指标的影响不尽相同。对于大型系统，干线长，因此干线部分的质量好坏对整个系统质量指标的影响大，起着举足轻重的作用；对于小型系统，干线很短（某些小系统可认为无干线），则干线部分的质量对整个系统指标的影响就小。不同的系统，必须选择不同类型和指标的器件，干线部分主要的器件有：干线放大器、电缆或光缆、斜率均衡器、电源供给器、电源插入器等等。

（三）用户分配系统

该部分是把干线传输来的信号分配给系统内所有的用户，并保证各个用户的信号质量，对于双向传输还需把上行信号传输给干线传输部分。用户分配系统的主要器件有：线路延长放大器、分配放大器、分支器、分配器、用户终端、机上变换器等，对于双向系统还有调制器、解调器、数据终端等设备。

电缆电视系统的基本组成图形如图 1-2 所示。

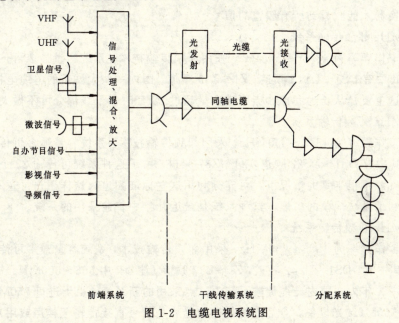

图 1-2　电缆电视系统图

二、系统的分类

电缆电视系统的分类方法很多，可按系统工作频率分类，也可按系统规模大小、传输方式等分类。

（一）按工作频率分类

1. 全频道系统

该系统工作频率为 48.5～958MHz，理论上可容纳 68 个标准频道（用 DS 表示），其中 VHF 频段有 DS1～DS12 频道，UHF 频段有 DS13～DS68 频道（详见附录1），但是实际上可传输大约 12 个频道左右的信号，传输距离一般不超过 1km。这是由于：

（1）该系统只能采用间隔频道传输方式。目前的电视接收机对邻频道信号只有 40dB 的邻频抑制，不能满足国家对电缆电视系统规定的指标（如互调比要求大于 57dB，交调比要求大于 46dB）。除非在前端采用邻频传输技术，或在每家每户安装机上变换器，用高质量的输入滤波器来抑制带外干扰，而这些处理方法已不属于全频道的范畴。

（2）受全频道器件本身性能指标的限制。由于工作频率宽，目前全频道器件的性能指标做不高(尤其在 UHF 频段很难提高)。当频道数量增加或传输的干线较长时,将会导致系统的某些失真按指数倍增加。但是这种系统的造价较低,在国内频道来源不很丰富的情况下,适用于小型电缆电视系统。

2. 300MHz 邻频传输系统

该系统工作频率为 48.5～300MHz,由于国家规定的 68 个标准频道的频率是不连续的、跳跃的,因此在系统内部可以充分利用这些不连续部分的频率来设置增补频道(用 Z 表示),300MHz 系统采用邻频传输技术,系统容量最多可传输 28 个频道的信号,其中有 DS1～DS12 频道,Z1～Z16 频道,以及多套调频广播信号(由于 DS5 的工作频率与调频广播的频率部分重叠,DS5 频道一般不采用,也可以认为最多可传输 27 个频道的信号)。因该系统的造价较低,因此,是前阶段国内中小城市电缆电视系统较多采用的系统。但由于利用了增补频道,传统的电视机不能直接接收这些频道,随着频道数量的增加,用户需要增加一台机上变换器才能收看到所有频道的信号。

3. 450MHz 邻频传输系统

该系统工作频率为 48.5～450MHz,采用邻频传输技术,系统容量最多可传输 47 个频道的信号,其中有 DS1～DS12 频道,Z1～Z35 频道。国内一些大城市的电缆电视系统采用这种系统,这主要是从长远考虑,当频道数量超过 28 套时,干线部分可不做大的调整。

4. 550MHz 邻频传输系统

该系统工作频率为 48.5～550MHz,采用邻频传输技术,系统容量最多可传输 59 个频道的信号,其中有 DS1～DS22 频道,Z1～Z37 频道。由于这种系统可传输 22 个标准频道,在目前频道资源不很丰富的情况下,可充分利用这些标准频道,这样用户可暂不购置机上变换器,有利于系统规模的扩展,这种系统是最近几年中普遍采用的系统。

5. 750MHz 邻频传输系统

该系统工作频率为 48.5～750MHz,采用邻频传输技术,系统容量最多可传输 79 个频道的信号,其中有:DS1～DS42 频道,Z1～Z37 频道(注:其中 566～606MHz 未开发)。这种系统是近一二年内在国内光缆传输系统中试点采用的新系统,由于进口 750MHz 光设备的价格低于 550MHz 光设备,今后光缆传输的趋势是信号直接传输至楼房或用户,因此采用 750MHz 光缆系统有较高的性能价格比,而且由于系统容量大,能适应未来信息高速公路的发展。目前深圳、珠海等地正在着手开通这种系统。

(二)按系统规模分类

按系统传输距离及人口数量的多少,可将电缆电视系统分为下列几种类型:

系统分类表　　　　　　　表 1-1

系统类别	传输距离(km)	人口数量	适用地点
特大型	大于 20	100 万人口以上	北京、上海、天津、沈阳等大城市
大型	大于 15	100 万人口左右	杭州、南京等省会城市
中型	大于 10	50 万人口左右	一般中等城市
中小型	大于 5	20 万人口左右	一般小城市和县城
小型	1.5 左右	几万人口以下	乡、镇、厂矿企业、居民区等

（三）按系统传输方式分类

1. 全同轴电缆传输系统

该系统适用于中型及以下的电缆电视系统。

2. 全光缆传输系统

该系统从干线传输直到用户终端或楼幢均采用光缆，是今后发展方向之一。

3. MMDS 传输系统

该系统适合居民分散的城市，用于个体接收。

4. 光缆与同轴电缆相结合的传输系统

该系统适用于大中型以上的系统。

5. 微波（AML）和同轴电缆混合型系统

该系统适合地形复杂或部分路段不易设电缆的地区。

6. 混合型传输系统

该系统采用光缆、微波、电缆混合方式传输信号，一般大中型以上系统采用。

此外，还可分为单向传输系统和双向传输系统。总之，系统分类方式很多，本书不再赘述。

思 考 题 与 习 题

1. 什么是电缆电视系统？
2. 电缆电视系统的发展方向是什么？
3. 电缆电视系统的作用与功能是什么？
4. 电缆电视系统由哪几部分组成？各部分的作用是什么？
5. 试举出几种电缆电视系统的分类方法。
6. 比较 300MHz 系统和 550MHz 系统的优缺点。
7. 什么是标准频道？什么是增补频道？

第二章　电视广播的基本原理

第一节　电视信号的产生

一、摄像过程

（一）图像的顺序传送

我们用放大镜观察照片、报纸上的画面等，就会发现它们都是由黑白相间的细小点子组成。而任何一幅图像也如照片、报纸上的画面一样，是由细小的点子构成。这些细小的点子是构成一幅图像的基本单元，称为像素。像素越小，单位面积上的像素越多，图像越清晰。

若把构成一幅图像的约40多万个像素转换为电信号，同时发射出去，则需要大约40多万条信道。从技术角度上看，既不经济，也难实现。

若把一幅图像的各像素的亮度按一定的顺序转变成电信号，并依次传送出去，在接收端，按同样的顺序将各个电信号转换为光信号，显示在屏幕上，这样只需要一个信道就可以实现图像的传送。由于人眼的视觉残留和发光材料的余辉，而电波的传送速度又非常迅速，就会使收视者看到整幅画面，而没有顺序感。这种按顺序传送像素的方法，称为顺序传送。

（二）扫描

将图像的像素顺序转换为电信号的过程，在摄像技术上称之为扫描。如同阅读书籍，视线从左到右，从上而下，一行行，一页页扫过，而每一个字相当于一个像素。从左至右的扫描称为行扫描；从上而下的扫描称为场扫描。

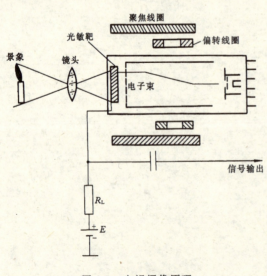

图 2-1　电视摄像原理

（三）光和电的转换过程

图像的摄取或重现是光电转换或电光转换过程。实现光和电转换的关键部件是发送端的摄像管与接收端的显像管。现简要说明光电的转换过程，即摄像过程。摄像管的种类很多，我们以光电导摄像管为例说明。这种摄像管的主要组成是光敏靶和电子枪，如图 2-1 所示。

光敏靶是由光敏半导体材料制成的，这种材料在光作用下其像素的电导率增加。被摄景像通过摄像机的光学系统在光敏靶上成像。由于像的各部分亮度不同，靶上对应点的像素电导率也不同。于是像的不同亮度就转换成了靶的各像素电导率的不同,"光像"就变成了"电像"。

从摄像管电子枪射出的电子束,高速射向靶面,在偏转线圈磁场作用下,按从左至右,从上到下扫过靶面各点。在电子束作用下,各点的电导大小依次转换成电流的大小流过负载电阻 R_L,即负载电阻 R_L 电流大小与图像的各点亮度相对应。电流大则亮度大,电流小则亮度小。从而完成了把图像分解为像素,把像素的亮度转变成相应强度电信号的光电转换过程,即摄像过程。

三管式彩色摄像机的组成如图 2-2 所示。

彩色景物由变焦距镜头摄取,通过滤光片后进入分色棱镜,被分解为三个基色光像,并分别投射到相应的摄像管,转换成电图像,在电子束扫描过程中获得电信号,经过预放,通过电缆送到摄像机控制台。对此电信号再进行加工和处理,输出三基色信号 R、G、B(红、绿、蓝)。最后将所得的三基色电信号 R、G、B 送给编码器,以形成彩色电视信号。

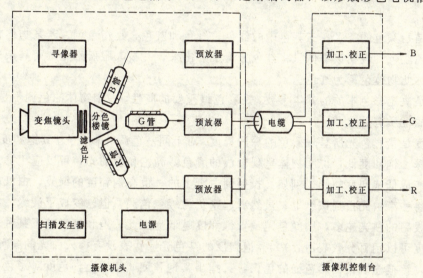

图 2-2 彩色摄像机组成方框图

二、彩色全电视信号

(一)三基色原理及其应用

所谓三基色原理,就是任何一种彩色都可由三种独立的基本色配成。在电视广播中,将红色、绿色和蓝色作为三基色,分别以 R、G、B 表示。

1. 电视广播三基色信号的产生

一个自然景象画面,被摄像机的分光系统分解成三幅基色画面:红基色(R)画面、绿基色(G)画面和蓝基色(B)画面。并分别投射在三只摄像管的靶面上。每种基色画面没有颜色变化(即没有色调变化),只有同一种颜色的深浅变化(即饱和度变化)。通过摄像管的扫描系统,每只摄像管就输出了相应的基色信号电压,其大小正比于基色的深浅。它们在编码器中被编成彩色全电视信号,作为图像信号发送出去。

2. 彩色的重现

在接收端,全电视信号被解码器分解为三个基色的信号,分别去控制显像管中三个电子束的强弱,即束电流。而显像管屏上的每一个像素都是由三基色荧光粉点组成。每个电子束在扫描过程中只轰击相应的一种荧光粉，发出一种基色光。电子束的强弱决定了每种基色光的深浅。当三个电子束同时轰击某个像素时，该像素发出哪种彩色，取决于三个电子束的强弱比例。电子束的强弱是与接收到的三基色信号成比例的。这样三基色电信号在屏上还原为原来的彩色。当电子束全屏扫描时，就呈现出彩色画面。明显看出，彩色画面的重现过程就是基于三基色原理。

（二）彩色光的基本参量

为确切表示某一彩色光，需用到三个基本参量：亮度、色调和饱和度。这三个量在视觉中组成一个统一的总效果，且严格地描述了彩色光。

亮度是光作用于人眼时引起的明亮程度的感觉。彩色光所含的能量大则显得亮，反之则暗。就物体而言，亮度决定其反射光的强度。若照射物体的光能为定值，反射能力越强，物体越明亮，亮度越大，反之亮度小。对同一物体，照射光越强，越明亮，即亮度大，反之亮度小。

色调是指颜色的类别，三基色中的红色、绿色和蓝色，是指色调。若某物体在日光的照射下呈现红色，说明该物体只将红色分量反射出来，并被人眼所感觉，而其余成分被吸收了，则称此物体色调为红色。

色调是决定彩色本质的基本参数，是彩色最重要的属性。一个物体的色调不是永恒的，它与光源的性质有关。

饱和度是指彩色光所呈现彩色的深浅程度。对于同一色调的彩色光，其饱和度越高，则其颜色越深。饱和度低，说明物体呈现较浅的颜色。高饱和度的光，可以应用掺入的光而被淡化，变成低饱和度的光。例如，投射到白纸上的一束高饱和度的绿光，白纸呈现深绿色。若再将一束白光投到该纸上，虽然看起来仍为绿色色调，但已变成了淡绿，即饱和度降低了。投射的白光越多，则颜色越浅，饱和度越低。因此，饱和度反映了某种色光的纯度。饱和度可以用百分数表示，100%饱和度的某色光，代表没有掺入白光的某种纯光。

色度，该概念既指出彩色光的色调，又指出其饱和度。实质上，色度对彩色光作了本质上的描述。

（三）彩色全电视信号

1. 彩色全电视信号的图像载波

从电视中心向发射台送去的全电视信号是具有同步信号的图像载波信号，见图2-3。

从图中可以看出对应于白电平调制的载波振幅最小，而对应于同步顶所调制的载波幅最大。这种调制方式称为"负极性调制"。若以同步顶的载波振幅作为100%，则消隐电平对应的载波振幅为75%，黑电平对应的载波振幅在70%～75%，白电平调制的载波振幅在10%～15%。同步信号的作用是使电视接收机能够与电视摄像机同步工作。不

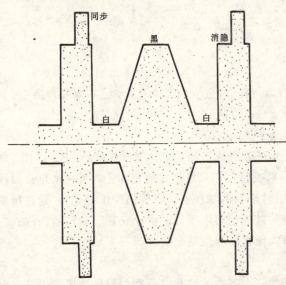

图2-3　负极性调幅的图像载波

然，则无法保证接收图像的质量。

2. 电视信号的带宽

由于图像信号的频带为 0～6MHz，则一般调幅方式形成双边带，带宽为 12MHz，这对发射机和接收机都是很重的负担，对于无线电频率资源也是一种浪费。实际上，采用残留边带方式发送图像信号，上边带宽 6MHz 全部保留，下边带保留 1MHz 左右。残留边带的频率特性见图 2-4。

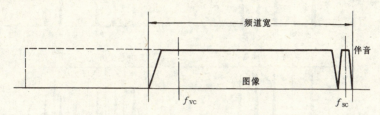

图 2-4 电视频道中的信号频带分配

左边虚框表示图像信号调制后被残留边带滤波器抑制掉的频谱部分。f_{vc} 表示图像载频。由于实际滤波器的截止特性不是很陡峭的，所以上界频在高于 f_{vc} 6MHz 处的截止特性有拖延；低于 f_{vc} 约 0.75MHz 的下界频也有一段过渡区，直至低于 f_{vc} 约 1.25MHz 处。

从电视台还发射出伴音信号，该信号是调频波，伴音载频 f_{sc} 比图像载频高 6.5MHz，伴音调频波带宽为 ±250kHz，它与图像信号紧密地结合在一个电视频道里，这样一个电视频道的带宽为 8MHz。

图像信号为调幅波，伴音信号为调频波，这样减小了相互干扰。而且伴音功率只有图像功率的 1/5 或 1/10，因此伴音对图像的干扰就更小了。

3. 彩色信号的传送

从电视信号带宽可以看见，彩色全电视信号带宽与黑白电视带宽一样，都是 8MHz，黑白电视信号的上边带及残留边带都是传送亮度信号的。那么传送彩色信号的频带应处于何处？

(1) 色度信号带宽 由于当信号频率高到一定程度以后，人眼就只能分辨出观察对象的亮度变化，而分不清是什么颜色了，所以将彩色信息的高频部分略去，用亮度信号代替，并不会影响彩色图像的清晰度，因此我国规定色度信号带宽（单边带）为 1.3MHz。

(2) 频谱交错原理 亮度信号的频谱，是一些分立的群谱，如图 2-5 实线所示，它并没有充满 7.5MHz 的带宽。其能量分布在主谱线两侧，而主谱线是以行频 f_H 为间距排列的，离图像的载频 f_{vc} 越远，幅度越小。在主谱线左右，是以帧频 f_Z（25Hz）为间距的小谱线，构成一组组谱线群，见图 2-5 (a)。各群谱线间存在大量空隙。为了传送色度信号，利用这些空隙，将色度信号的谱线插在这些空隙中。图 2-5 (b) 就是这种频谱结构，其中实线表示亮度信号频谱，虚线表示色度信号频谱，从而合理地使用了 7.5MHz 带宽。

(3) 亮度信号和色差信号 若彩色摄像机的三只摄像管分别摄取了红、绿、蓝三个基色信号电压，以符号 E_R、E_G 和 E_B 表示。则亮度信号为：

$$E_Y = 0.30E_R + 0.59E_G + 0.11E_B \tag{2-1}$$

而色差信号为：

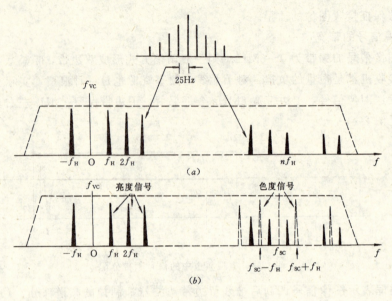

图 2-5 频谱交错

$$E_{R-Y} = E_R - E_Y = 0.70E_R - 0.59E_G - 0.11E_B \tag{2-2}$$

$$E_{B-Y} = E_B - E_Y = -0.30E_R - 0.59E_G + 0.89E_B \tag{2-3}$$

从以上三个方程可看出只要将 E_Y、E_{R-Y}、E_{B-Y} 信号发送出去，在接收端，通过解码器即可求出三个基色电压信号 E_R、E_G 和 E_B。

(4) 色差信号的调制　为了实现频谱交错，使亮度信号与色度信号一起传送，需将两个色差信号调制在一个合适的载波上，以形成色度信号。该载波我们称之为色副载波 f_{SC}，色副载频为 4.43MHz。为了产生色副载波，工程上采用正交平衡调幅的技术，产生色度信号：

$$F = \sqrt{(E_{R-Y})^2 + (E_{B-Y})^2}\sin(\omega_{SC}t + \phi) \tag{2-4}$$

式中

$$\phi = \arctan(E_{R-Y}/E_{B-Y})$$

从式 (2-4) 可以看出，色度信号是一个既调幅又调相的波形，它的振幅变化反映了色饱和度的变化，而相角 ϕ 与两个色差信号的比值有关，不同的色调其比值不同，因此 ϕ 反映了色调的变化。

将色度信号 F 和亮度信号 E_Y，以及同步信号、消隐信号混合，就得到彩色全电视信号公式（式中未表示出同步、消隐信号）：

$$E_M = E_Y + \sqrt{(E_{R-Y})^2 + (E_{B-Y})^2}\sin(\omega_{SC}t + \phi) \tag{2-5}$$

这样，一个通道中同时传送亮度信号 E_Y、色差信号 E_{R-Y}、E_{B-Y} 三个信号，且各以不同方式存在，因而在接收机中也就能将它们分开。

(四) 兼容性问题

各国彩色电视广播，都是在原来的黑白电视基础上发展起来的，不能有了彩色电视广播就淘汰了黑白电视。这就有兼容的问题,所谓兼容,就是要求黑白电视机能收看彩色电视节目(兼容性),彩色电视也能收看黑白电视节目(逆兼容性)。从式(2-5)可以看出彩色全电视信号是由亮度信号和色度信号两部分组成,并且易于分开。其中亮度信号表示被扫描像素的亮度的变化,将它分离出来,就能使黑白电视机显示黑白图像。而色度信号表示被扫描像素的色度变化,若将色度信号加上亮度信号,则彩色电视机显示彩色图像,这样实现了兼容性。设计彩色电视机时,当彩色信号来到时,两个通道都工作,呈现彩色图像。当仅传送黑白信号时,$E_{R-Y}=0$,$E_{B-Y}=0$,只 E_Y 起作用,即仅传送亮度信号,则彩色电视也仅显示黑白图像了,实现了逆兼容。

(五)彩色电视制式概述

目前,世界各国在电视广播中主要采用三种制式:NTSC 制(正交平衡调幅制),美国、日本、加拿大及北欧诸国采用;PAL 制(逐行倒相正交平衡调幅制),西欧、大洋洲及许多第三世界国家采用,我国也采用 PAL 制;SECAM 制(顺序传送彩色与存储制),法国、俄罗斯及东欧诸国采用。这三种制式都与黑白电视兼容,即这三种制式都采用了与黑白电视兼容的亮度信号。而主要差别体现在两个色差信号对副载波的调制方式上。

NTSC 制是将三个基色信号编成一个亮度信号和两个色差信号同时传送,其中,两个色差信号对一个色副载波进行正交平衡调幅后,再与亮度信号等相加,组成彩色全电视信号,以残留边带方式发送出去。

PAL 制是在 NTSC 制的基础上提出的,是将 NTSC 制中色度信号的一个正交分量逐行倒相,从而抵消了相位误差。再与亮度信号等相加,组成彩色全电视信号,以残留边带方式发送出去。

SECAM 制属顺序-同时制,在该制式中,亮度信号是每行都传送的,但两个色差信号却是逐行转换传送的。而且色差信号对色副载波的调制是采用调频方式。

(六)彩色全电视信号的形成过程综述

图 2-6 为彩色全电视信号的产生过程示意图。

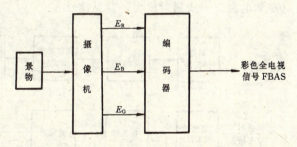

图 2-6 彩色全电视信号形成过程框图

景物被摄取后,经摄像机的分光系统,将景物分成 R、G、B 三基色,分别投射到三个摄像管的光靶上。经摄像管的电子扫描系统作用,输出三基色电信号 E_R、E_G 和 E_B。将这三个电信号输入到编码器中,则编码器输出彩色全电视信号。

编码器是电视中心的一个主要设备,它的任务:(1)是将摄像机摄取的三基色信号 E_R、E_G 和 E_B,通过矩阵电路变成亮度信号 E_Y 和色差信号 $U=E_{R-Y}$,$V=E_{B-Y}$。(2)对色差信号进行正交平衡调制。(3)调幅后的色差信号 F_U、F_V 与亮度信号相加形成彩色电视信号。(4)在编码过程中加上各种同步信号,形成了彩色全电视信号 FBAS。然后将彩色全电视信号传输到大功率发射机,进行高频调制由天线发射出去。图 2-7 为 PAL 编码器的结构图,供读者参考。

三、发射过程

电视中心使用两台大功率发射机,一台发射图像信号,另一台发射伴音信号,称之为

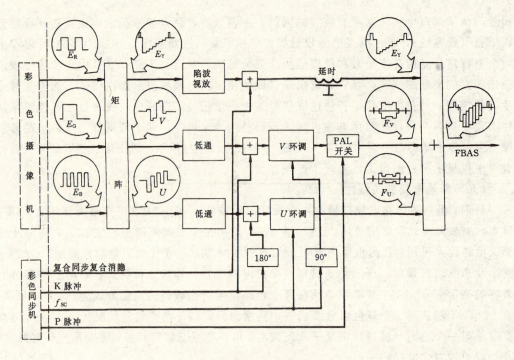

图 2-7 PAL 编码器结构图

图像发射机与伴音发射机。在图像发射机中，视频图像信号对图像载波调幅（幅度调制）及边带滤波；在伴音发射机中，伴音信号对伴音载波进行调频（频率调制）。经双工器由天线以高频电磁波形式辐射出去，参见图 2-8。

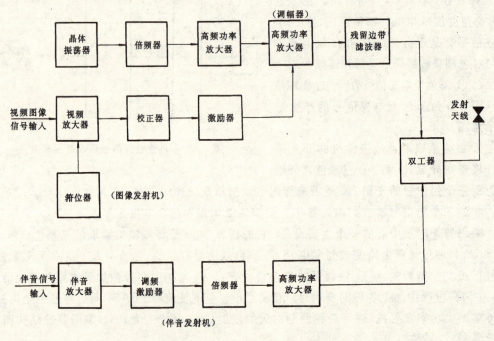

图 2-8 电视发射机原理方框图

第二节 电视信号的传播

一、无线电波的基本知识

无线电波是一种能量的传送形式。它是由交变电场与交变磁场的相互转换进行传送的。当高频电流流过发射天线时,周围建立了交变电场,在与电力线垂直方向上同时形成交变磁场,而与磁场垂直方向又建立了新的交变电场,这种电磁场间的转换几乎是同时进行的,电场变化的瞬间,即刻产生与之垂直的磁场变化。磁场变化的瞬间,也随之产生与之垂直的电场变化。由于交变磁力线与交变电力线的垂直环绕性,使得电场和磁场同时迅速向四周传播出去,形成电磁波。在真空中其传播速度与光速相同。

（一）无线电波的传播速度

无线电波的传播速度与传播媒质的介电常数 ε、导磁系数 μ 有关,其值为:

$$v = \frac{1}{\sqrt{\varepsilon\mu}} \quad (m/s) \tag{2-6}$$

在真空中,$\mu_0 = 4\pi \times 10^{-7}$ H/m,$\varepsilon_0 = 1/(36\pi \times 10^{-9})$ F/m,因此,无线电波在真空中的传播速度为:

$$v = \frac{1}{\sqrt{\varepsilon_0\mu_0}} = 3 \times 10^8 \quad (m/s) \tag{2-7}$$

显然,它与光速 c 相同。而在空气中的传播速度则为:

$$v = \frac{1}{\sqrt{\varepsilon_0\mu_0\varepsilon_r\mu_r}} \quad (m/s) \tag{2-8}$$

在空气中,μ_r 和 ε_r 略大于 1,故无线电波在空气中的传播速度略小于真空中的光速,但在工程中,通常以 3×10^8 m/s 计算,既可认为 $v=c$。

（二）波长的概念

无线电波为调幅波或调频波,其载波皆为正弦波。若在某一时刻空间电场或磁场强度波形如图 2-9 所示,则相邻波峰（或波谷）之间的距离定义为波长。记为 λ。

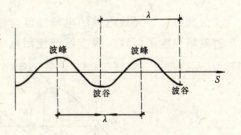

图 2-9 电磁波波长示意图

若载波频率为 f,则波长为:

$$\lambda = c/f \tag{2-9}$$

（三）无线电波的波段划分

通常把电磁波波谱中波长从 100km 到 3mm 的部分称为无线电波,其对应的频率范围 3kHz～10^5MHz。不同波长的无线电波其传播特性有很大差别,因此工程上将无线电波划分为许多不同的波段,如表 2-1 所示。电视信号的传播主要在特高频（UHF）和（VHF）频段,而卫星电视信号的传播在超高频（SHF）频段。

无线电波波段表   表 2-1

波段名称		频率名称	波长范围	频率范围	主要用途
微波	毫米波	极高频（EHF）	0.1～1cm	30～300GHz	雷达、导航、电视
	厘米波	超高频（SHF）	1～10cm	3～30GHz	通信、天文、遥测
	分米波	特高频（UHF）	10～100cm	0.3～3GHz	
米波（超短波）		甚高频（VHF）	1～10m	30～300MHz	电视、雷达、通信
短 波		高 频（HF）	10～100m	3～30MHz	导航
中 波		中 频（MF）	100～1000m	300～3000kHz	导航、通信、广播
长 波		低 频（LF）	1～10km	30～300kHz	
超 长 波		甚低频（VLF）	10～100km	3～30kHz	远洋导航、通信
极 长 波		极低频（ELF）	>100km	<3kHz	

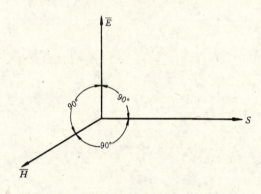

图 2-10 $\overline{E}$、$\overline{H}$、S 空间关系

（四）电场、磁场在传播方向上的空间关系及空间特性阻抗

电磁波在传播时，电场 $\overline{E}$、磁场 $\overline{H}$、传播方向 S，三者相互垂直，见图 2-10。

正弦电流激励天线时，电磁波的 $\overline{E}$、$\overline{H}$、S 之间的关系如图 2-11 所示。

由图可见，电场 $\overline{E}$ 与磁场 $\overline{H}$ 在时间上是同相的，非常类似于电路中的电压，电流关系。其比值 Z_0 称为空间特性阻抗。

$$Z_0 = E_0/H_0 = 120\pi = 377 \quad (\Omega) \tag{2-10}$$

由此可见，无线电波的电场强度与磁场强度之间的关系完全恒定。知道电场强度也就知道磁场强度了，故工程上习惯使用电场强度来表示无线电波的强度。

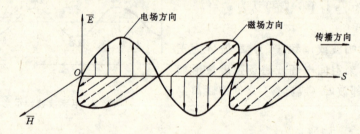

图 2-11 正弦电流激励下的 $\overline{E}$、$\overline{H}$、S 关系曲线

（五）无线电波的极化

无线电波从发射天线发出后，其电磁波向四面八方辐射。空间的等电位面为球面。当我们在远离波源的某点接收时，收到的电磁波只是整个球面的极小部分，因此，可视该点处的球面波为平面波。

波的极化是指电场强度的取向随时间变化的方式。无线电波的极化分为线极化、圆极化和椭圆极化。线极化分为水平极化和垂直极化，见图 2-12。

水平极化波是指电场方向与地面平行的极化波，见图 2-12（a）；垂直极化波为电场方向与地面垂直的极化波，见 2-12（b）。我国各地电视广播都采用水平极化波，即发射天线采用水平天线。主要是为了减少干扰，提高图像质量。因为通常的工业干扰都是垂直极化波。

发射天线若水平放置，则发射的电磁波中的电场方向与地面平行。接收天线必须水平放置，且与电场方向平行才能获得最佳接收效果，称之为极化匹配。

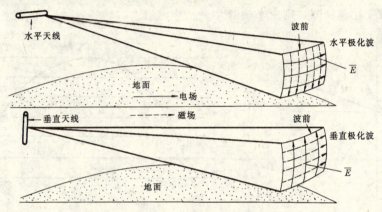

图 2-12 线极化无线电波

当我们应用室内拉杆天线收看电视时，天线位置往往不是水平的。这是由于无线电波在室内经过多次反射后，改变了极化特性所致。而室外接收天线必须水平架设。用于卫星电视信号传播的常用圆极化波。圆极化波是指无线电波在传播过程中，电场矢量幅度不变，但其方向以等角速度旋转，矢量端点在垂直于传播方向的平面内描绘的轨迹是一个圆。圆极化波又分右旋极化波和左旋极化波，其定义为：沿传播方向看去，电场矢量顺时针旋转为右旋，反时针旋转为左旋。需要指出的是收发天线应极化匹配才能获得最大的接收功率，即左旋圆极化天线不能接收右旋极化波，反之亦然。表 2-2 给出了收、发天线间极化匹配情况与接收天线的关系。

极化匹配与接收功率关系表　　　　　　　　　　　　　　表 2-2

发射（或接收）天线	接收（或发射）天线	接收功率 P/P_{max}
垂直（或水平）极化	垂直（或水平）极化	1
垂直（或水平）极化	水平（或垂直）极化	0
垂直（或水平）极化	圆极化	1/2
左旋（或右旋）极化	垂直（或水平）极化	1
左旋（或右旋）极化	右旋（或左旋）极化	0

（六）无线电波的传播途径

无线电波在均匀媒质中传播时，沿直线路线传播。

无线电波从一种媒质进入性质不同的另一种媒质时，如同光波一样，产生反射和折射，如图 2-13。其入射角 ϕ 等于反射角 θ，入射角 ϕ 与折射角 ψ 之间的关系服从光学的斯耐尔定

律，即

$$\sin\phi/\sin\psi = n_2/n_1 \tag{2-11}$$

式中，n_1，n_2 分别表示两种不同媒质的折射系数。

可以看出，若 $n_2 < n_1$，当入射角 ϕ 为某一值时，折射角 ψ 将等于 $90°$，于是无线电波将不能进入折射系数为 n_1 的媒质，产生全反射的现象，如图 2-13 所示。

无线电波在非均匀媒质中传播时，其路径为曲线，这是由于无线电波在不均匀的分层媒质中产生多次折射造成的，如图 2-14 所示。其曲率由媒质的不均匀度确定，相邻各层媒质的折射系数变化越剧烈，则曲率就越大。

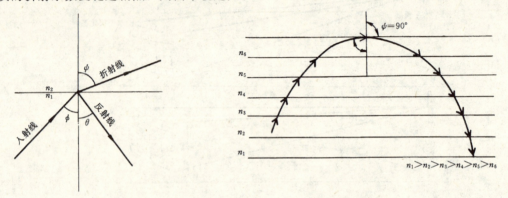

图 2-13 无线电波的反射与折射　　　　图 2-14 无线电波在非均匀媒质中的折射

无线电波射向理想导体时，将全部被导体反射回来。

无线电波在传播路径上遇到障碍物时，总是力图绕过去，称之为绕射现象。当障碍物的几何尺寸与无线电波的波长可比拟时，绕射现象尤为突出，如图 1-15（a）所示；当障碍物几何尺寸比波长大得多时，绕射就微弱，甚至在障碍物的后面形成无线电波的寂静区，如图 2-15（b）所示。一般情况是波长越长，其绕射能力越强。

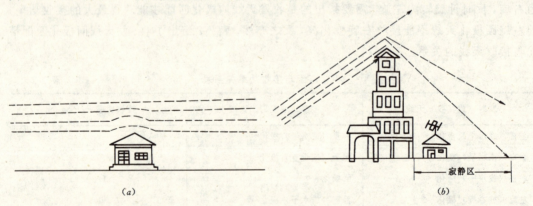

图 2-15 无线电波的绕射

无线电波的波长不同其传播形式也不相同，下面将分别讲述。

1. 地波传播

无线电波沿地球表面传播称为地面波传播。各种无线电都能沿地面传播，但传播距离不同。

长波、超长波和极长波沿地面传播的能力强,传播距离可达几千甚至几万公里,中波沿地面能传播数百公里,而短波沿地面可传播几十公里。

超短波和微波沿地面传播能力很差,这是由于地面对这个波段电波衰减太大所致。但对于发射天线拿在手中的对讲机,或装在汽车、坦克上的小型电台,天线离地的高度不大,仍靠地波传播,通迅距离一般仅几公里。

地波传播主要受地面土壤电参数和地形地物的影响,波长越短其衰减越大。但土壤电参数一般变化不大,故地波稳定可靠。它受太阳照射时变化也很小,因此昼夜、四季对地波的影响都不大。我们白天收听中波段广播都是地波传播的,通常声音非常稳定。

2. 天波传播

天波传播系指天线发射出的无线电波经高空电离层反射后,到达接收天线的传播。电离层离地面的高度大致在 66~1000km。大气上空的氧原子、氮原子等受太阳的紫外线照射及微粒辐射,失去了电子,形成带正电的离子,这些离子形成了包围地球的厚厚的电离层。

电离层分为三层,D 层、E 层和 F 层。最低的为 D 层,仅在白天存在。中间为 E 层,最高为 F 层。F 层又分为 F_1 层和 F_2 层,夏季白天这二层都存在,而晚上只有 F_2 层。各层的高度及相应的电子密度见表 2-3。

各电离层高度及相应的电子密度表　　　　表 2-3

层名称	电子密度(电子数/cm2)	离地高度(km)	附　注
D	$10^3 \sim 10^4$	70~90	夜间消失
E	2×10^5	100~120	
F_1	3×10^5	160~180	主要在夏季白天存在
F_2	1×10^6	300~450	夏季
	2×10^6	250~350	冬季

长、中、短波都能经电离层的反射传播。若频率更高,则无线电波就会穿过电离层,不能实现反射传播。通常我们收到的短波广播,都是靠电离层反射传来的,有时收到远处的中波广播,也是靠电离层反射传播的。经电离层反射一次的叫单跳传播,反射两次的叫双跳传播,以此类推。单跳最大距离可达 4000km。

电离层通常反射无线电波的最高频率约 20~40MHz。中午反射的频率比晚上高,夏天比冬天高,太阳黑子多的年份反射频率高。由于电离层的某些不规则结构,有时甚至可反射 100MHz 的无线电波,当出现这种情况时,甚至可收到 2000km 以外的电视广播。例如,我国某些地方在夏天午后,有时能直接收到日本的电视节目,但这是非稳定传播。

3. 空间波视距传播

当发射和接收天线都架设较高时,在视线范围内,无线电波直接从发射天线传播到接收天线,即直线传播;或者经地面反射后传到接收天线。这种传播是在地球表面低层空间内进行的,故称为空间波视距传播,如图 2-16 所示。

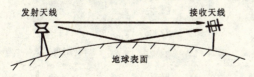

图 2-16　空间波视距传播

这种传播方式适用于超短波和微

波。这个波段的无线电波既不能靠天波传播（穿过了电离层），又不能靠地波传送（衰减大）。由于地球表面的弯曲性，视距传播距离一般只有几十公里。而电视信号因其频带宽、多套节目需同时传送，又不能共用无线广播波段，这就决定了电视广播采用超短波和微波，即电视广播主要靠空间波传播。

4. 散射传播

由于地球上各地的大气压力分布不均匀，空间对流层中的大气总是在不断运动。当气流运动速度较慢时形成片流或层流。这时空间空气粒子基本保持均匀分布，即媒质均匀分布。而当气流运动速度很大，或速度增大到超过某一临界值时，形成湍流，以致形成涡旋。这种涡旋方向不定，或水平，或垂直，或倾斜。产生涡旋之后，引起空间空气粒子分布不均匀，即媒质形成不均匀分布状态。当电磁波通过不均匀的媒质团时，发生散射，如图2-17所示。

我们称这种大气对流层（或电离层媒质）分布不均匀而发生的改变方向的电磁波传送为散射传播。

大气对流层散射传播主要是在离地面6km的对流层下半部产生的，其散射传播距离可达600～800km。这种传播方式最适宜的工作频率为40～50MHz。由于大气对流层气体运动的不稳定性，也导致无线电信号的散射传播的不稳定。

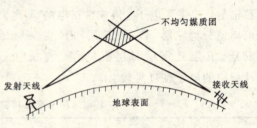

图 2-17 散射传播

5. 外球层空间传播

无线电波如果达到SHF或EHF频段，就能穿过电离层，达到外层空间，称之为外球层空间传播。卫星通信、宇宙导航、射电天文以及卫星电视都是利用这种方式传播无线电信号。由于外球层空间近似于真空状态，因此电波比较稳定。

二、我国电视广播的频率范围及频道划分

我国电视广播分为两个频段：VHF和UHF两个频段，VHF称为甚高频频段，其频率范围为48.5～92MHz（Ⅰ频段1～5频道）；167～223MHz（Ⅲ频段6～12频道）。UHF称为特高频频段，其频率范围是470～566MHz（Ⅳ频段13～24频道）；606～958MHz（Ⅴ频段25～68频道），中国电视各频道频率的配置列于表2-4中。

中国电视频道频率配置表　　　表 2-4

频　道	频道代号	频率范围（MHz）	图像载波频率（MHz）	伴音载波频率（MHz）	中心频率（MHz）
Ⅰ	1	48.5～56.5	49.75	56.25	52.5
	2	56.5～64.5	57.75	64.25	60.5
	3	64.5～72.5	65.75	72.25	68.5
	4	76～84	77.25	83.75	80
	5	84～92	85.25	91.75	88
Ⅱ		（88～108MHz 为调频广播）			

续表

频 道	频道代号	频率范围（MHz）	图像载波频率（MHz）	伴音载波频率（MHz）	中心频率（MHz）
Ⅲ	6	167～175	168.25	147.75	171
	7	175～183	176.25	182.75	179
	8	183～191	184.25	190.75	187
	9	191～199	192.25	198.75	195
	10	199～207	200.25	206.75	203
	11	207～215	208.25	214.75	211
	12	215～223	216.25	222.75	219
Ⅳ	13	470～478	471.25	477.75	474
	14	478～486	479.25	485.75	482
	15	486～494	487.25	493.75	490
	16	494～502	495.25	501.75	498
	17	502～510	503.25	509.75	506
	18	510～518	511.25	517.75	514
	19	518～526	519.25	525.75	522
	20	526～534	528.25	533.75	530
	21	534～542	535.25	541.75	538
	22	542～550	543.25	549.75	546
Ⅴ	23	550～558	551.25	557.75	554
	24	558～566	559.25	565.75	562
	25	606～614	607.25	613.75	610
	26	614～622	615.25	621.75	618
	27	622～630	623.25	629.75	626
	28	630～638	631.25	637.75	634
	29	638～646	639.25	645.75	642
	30	646～654	647.25	653.75	650
	31	654～662	655.25	661.75	658
	32	662～670	663.25	669.75	666
	33	670～678	671.25	677.75	674
	34	678～686	679.25	685.75	682
	35	686～694	687.25	693.75	690
	36	694～702	695.25	701.75	698
	37	702～710	703.25	709.75	706
	38	710～718	711.25	717.75	714
	39	718～726	719.25	725.75	722
	40	726～734	727.25	733.75	730
	41	734～742	735.25	741.75	738
	42	742～750	743.25	749.75	746
	43	750～758	751.25	757.75	754
	44	758～766	759.25	765.75	762
	45	766～774	767.25	773.75	770
	46	774～782	775.25	781.75	778
	47	782～790	783.25	789.75	786
	48	790～798	791.25	797.75	794
	49	798～806	799.25	805.75	802
	50	806～814	807.25	813.75	810
	51	814～822	815.25	821.75	818
	52	822～830	823.25	829.75	826

续表

频 道	频道代号	频率范围（MHz）	图像载波频率（MHz）	伴音载波频率（MHz）	中心频率（MHz）
V	53	830~838	831.25	837.75	834
	54	838~846	839.25	845.75	842
	55	846~854	847.25	853.75	850
	56	854~862	855.25	861.75	858
	57	862~870	863.25	869.75	866
	58	870~878	871.25	877.75	874
	59	878~886	879.25	885.75	882
	60	886~894	887.25	893.75	890
	61	894~902	895.25	901.75	898
	62	902~910	903.25	909.75	906
	63	910~918	911.25	917.75	914
	64	918~926	919.25	925.75	922
	65	926~934	927.25	933.75	930
	66	934~942	935.25	941.75	938
	67	942~950	943.25	949.75	946
	68	950~958	951.25	957.75	954

由于电缆电视不向空间发送电波，信号传送靠同轴电缆，因此无线广播不允许使用的频率在电缆电视系统中可以使用，这就是增补频道，详细内容请见第十一章第一节。

三、电视信号的视距传播

（一）视距内电视信号传播距离的计算

由于电视信号所在频段的频率很高，一般情况下它不能被电离层反射回大地，而是穿过电离层传向无际的太空。另一方面，地面对它的衰减大，不能像长波或中波那样沿着地面做"爬行拐弯"传播。因此，电视频段信号的传播只能像光线那样在可视范围内依靠空间波作视距传播。但由于大地是球形的表面，直线视距传播的电视信号必然被局限在一个小的范围内，如图 2-18 所示，从电视发射天线（A 点）发出的无线电波最远仅能到达 C 点，如果把接收天线高度架设到 h_r，则视距可增大到 B 点。可见，电视信号传播的视线距离与发射天线高度 h_t 和接收天线高度 h_r 有密切的关系。

设收、发天线间的地面距离为 r_0，地球半径为 R_0。且 h_t、h_r 远小于 r_0，则有

$$(AC)^2 = (R_0 + h_t)^2 - R_0^2 \approx 2R_0 h_t$$
$$(CB)^2 = (R_0 + h_r)^2 - R_0^2 \approx 2R_0 h_r$$

故得

$$r_0 \approx ACB \approx \sqrt{2R_0}(\sqrt{h_t} + \sqrt{h_r}) \tag{2-12}$$

而式中的地球平均半径 $R_0 = 6370$ km，代入式（2-12）后

$$r_0 = 3.57(\sqrt{h_t} + \sqrt{h_r}) \tag{2-13}$$

可见，天线架设得愈高，可视距离愈大。

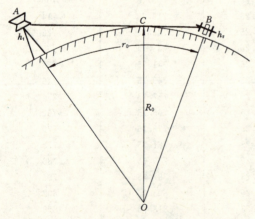

图 2-18 视线距离

一般总将电视台的发射天线尽量架高来增加服务范围,因增高接收天线比较困难。

(二) 低空大气层对电视信号传播的影响

低空大气层又称为对流层,它是指从地面算起 $10\sim18$km 内的大气层,也是人们平常说的空气。由于不同高度大气的大气压力、温度、水蒸气压等值有所不同,其介电常数就不相同,对流层的折射率也不一样。高度越高,大气越稀薄,折射率就越小。这样使得电视信号传播路径发生向下弯曲,导致实际传播距离比视距远。为了推导出实际视线距离,可引用等效地球半径的概念,其意思是:把电波射线轨迹仍看成直线,而保持电波射线轨迹与地球表面之间的相对曲率不变。为此,认为是等效地球半径 R_0 变大为 R'_0 了,R'_0 就是等效地球半径:

$$R'_0 = KR_0 \tag{2-14}$$

式中,K 为地球半径系数。

式 (2-13) 的视距公式是在理想大气条件下导出的,而实际的大气层总是存在着折射。因此,式 (2-12) 中的地球半径 R_0 应该用考虑了大气层不均匀性而引起的折射现象后的等效地球半径 R'_0 取代,这样求得的视距才是真实的视线距离。一般情况下,大气都处于标准折射状态。在这种状态下 $K=4/3$,于是等效地球半径为 $R'_0=KR_0=8493$km,将此值代入式 (2-12) 求得实际视线距离为:

$$r_0 = 4.12(\sqrt{h_t} + \sqrt{h_r}) \quad \text{(km)} \tag{2-15}$$

【例】 某电视台的发射无线架高为100m,一电缆电视系统的接收天线架高为25m,求其实际视线距离。

【解】 由式 (2-15) 求得

$$r_0 = 4.12(\sqrt{100} + \sqrt{25}) = 61.8 \text{(km)}$$

(三) 电视信号的超视距传播

在正常情况下,电视信号只能有效地传播到直视范围。但在某些偶然的特殊场合,会引起电视信号的散射,散射场强有时很大,可使电视信号传播到几百公里甚至更远处。

在正常的情况下,电视信号是不会被电离层所反射的。但由于某种原因(比如太阳黑子数的增多)使气体电离增大,从而使电离层能反射更高频的电磁波或在电离层中出现的电子浓度很高,使超短波的电视信号受到电离层反射形成了电视信号的远距离传播。同时,由于电离层结构的不均匀性,还能使电磁波产生散射,也造成电视信号的远距离传播。但是这种电视信号的远距离传播只是偶然现象,我们不能利用这种偶尔出现的特殊条件进行电视信号的超视距接收。超视距远距离电视节目的接收常采用卫星电视广播的办法来实现。

第三节 电视接收机的基本工作原理

一、电视接收机概述

电视接收机是电视系统的终端设备之一,它的任务是把接收到的高频电视信号还原为视频图像信号与低频伴音信号,并在显像器件上重现光像与通过扬声器重放伴音。

电视接收机目前有黑白电视接收机与彩色电视接收机两种,其电路结构一般都为超外差式,所用器件都为集成电路或大规模集成电路。在市场上除可见到用真空显像管做的电视接收机外,还可见到液晶显示电视接收机、激光显示电视接收机和大屏幕投影电视等。电视接收机除了继续向大屏幕方向发展外,并且随着集成度的增大,在超小型化、多功能化方面也有许多新的进展。在采用新器件方面,例如在中频通道里用声表面波滤波器(SAW滤波器),可以取代用以形成所需中频特性的LC回路,它具有无需调整、小型、稳定等许多优点,尤其是它具有非常好的相位特性,有助于改善图像质量。目前,高质量电视接收机都配有微处理器,实现了多画面、遥控等功能。

二、黑白电视接收机原理

图2-19是一个典型的黑白电视接收机原理方框图。它采用超外差单通道接收方式。整机由下列各部分组成:天线、高频调谐器(俗称高频头)、中频放大通道(简称中放)、视频放大通道(简称视放)、伴音通道、扫描电路、显像管及附属电路和电源等。

从天线接收到的高频电视信号首先进入高频调谐器的输入电路,由输入电路选择所需的电视信号,最有效地馈送给高频放大级。高频放大级放大有用信号以提高整机的信号与杂波功率比。被放大的高频信号与本机振荡器产生的正弦振荡信号一起送到混频器,形成差频信号即中频电视信号输出。高频调谐器内有频道选择装置,可预选或随时选择所需接收的电视广播。

中频放大通道提供整机的主要增益、保证中频电路的通频带、选择性及频率特性。信号经中频放大后进到视频检波器进行振幅检波。检波的作用除解调得到视频信号外,还实现中频图像信号与中频伴音信号的差频,从而取得频率为6.5MHz的第二伴音中频信号。这两个信号在视放前置级分离。视频信号馈送到视频输出级,以输出足够幅度的信号激励显像管显示图像。而第二伴音中频信号在伴音通道中进行放大、限幅、鉴频(频率检波),取得音频信号再经低频放大以激励扬声器重放伴音。

在中频通道中还设有自动增益控制电路(AGC电路),以保证输出信号电平稳定。视频前置级输出的全电视信号,在自动杂波抑制电路(ANC电路)中限制或消除干扰后,馈送至扫描电路进行同步分离,即从视频信号中取出复合同步信号,经放大、整形后分别馈送至行扫描电路及场扫描电路。

在行扫描电路中,由行振荡器产生的行频脉冲,经行激励级放大后控制行输出管。行输出管按开关状态工作,它使行偏转线圈流过锯齿波电流,从而产生行偏转磁场使显像管电子束作水平方向扫描。为了保证行振荡器产生的行频脉冲与行同步信号同步,还设置了行自动频率相位控制电路(AFPC电路)。由行输出级反馈回来的行频脉冲与经同步放大后的行同步信号,在AFPC电路中的鉴相器里进行频率、相位比较。当两者的频率、相位一致时,鉴相器无输出信号;当两者频率或相位不同时,鉴相器将输出相应的控制电压控制行振荡器,使行频脉冲的频率与相位得到纠正,实现行频的自动调整。

由于行输出级输出的行频脉冲的峰值电压很高,经行输出变压器升压整流后可取得供显像管第2阳极用的高压和供聚焦极和加速极用的中压。

复合同步信号经积分电路分离出场同步信号,并由场同步信号控制场荡器使它产生与场同步信号同步的锯齿波电压。这个电压在场激励级中进行放大与波形校正后送至输出级,由该级形成场频锯齿电流并流经偏转线圈产生偏转磁场,使显像管电子束作垂直方向的扫描运动。

整机所需的直流电源一般由220V交流电经降压、整流及稳压后取得。

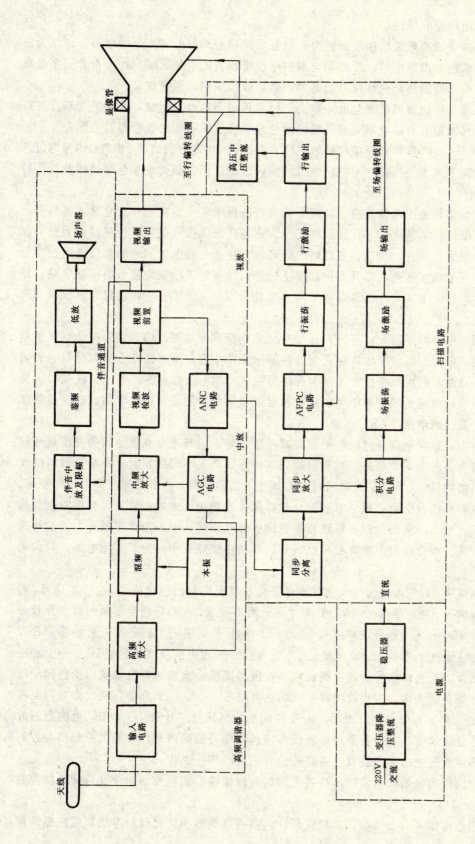

图 2-19 黑白电视接收机原理方框图

三、彩色电视接收原理

彩色电视接收机要把天线接收到的由彩色全电视信号调制的高频电视信号，还原为三基色图像信号或色差图像信号。因此，与黑白电视接收机的主要区别，在于包含一个处理彩色全电视信号（特别是全色度信号）的解码器，以及采用彩色显像管。

彩色电视接收机的解码原理与电路取决于所采用的彩色电视制式，即按某一制式进行的电视广播，只能用具有相应制式解码器的彩色电视接收机，才能收看到彩色图像。

图 2-20 为 PAL-D 彩色电视接收机的原理方框图。其中高频调谐器、中放、伴音通道及扫描电路、电源等基本上与黑白电视接收机相同，因而这里主要讨论彩色解码器及其他特殊电路。

中放输出的信号经图像检波后，从视频前置级获得彩色全电视信号。它进入解码器后首先分离为亮度信号与色度信号，然后再还原为三基色图像信号送至彩色显像管阴极，以激励显像管重现彩色图像。因而，最简略的解码器应包括处理亮度信号的亮度通道、对色度信号进行解调的色度通道，以及提供实现正确解调所需的各种辅助信号的辅助电路，还应包括基色解码矩阵电路，将亮度信号 Y 与色差信号 R-Y、B-Y 进行线性组合形成 R、G、B 图像信号。

在亮度通道中，除了放大信号外，还要对信号进行其他处理。例如，为抑制色度信号对亮度的干扰，设有副载波吸收电路。但这将同时吸收亮度信号中的部分高频分量，影响一些清晰度。当用彩色接收机接收黑白电视信号或色度信号很微弱时，为了保证 8MHz 带宽的黑白电视信号所应重现的清晰度，接收机必须自动切断副载波吸收电路。这种控制作用由自动清晰度控制电路（ARC 电路）完成。

在解码器中，来自色度通道的色差信号或基色信号，应与来自亮度通道的亮度信号同时到达显像管。但由于两个通道具有不同的频率特性，产生不同的延时，即窄带网络的延时大于宽带网络的延时，因此，亮度通道中必须接入延迟网络，以获得两通道的时间平衡。

另外，在彩色接收机中必须考虑直流分量的无失真传送，这对正确重现亮度和色度都是十分重要的。所以，从图像检波器到显像管的各级电路间，多采用直接耦合方式或交流耦合加箝位方式。箝位过程多在视放末级进行。在黑白接收机中，为了简化电路，较少采用直流分量传送。

在色度通道中，首先由带通放大器从彩色全电视信号中取出色度信号、色同步信号，然后送入色度解调器。色度信号的 PAL 解调过程分两步完成。首先将色度信号的两个分量分离开，即分为 $u(t)\sin\omega_{sc}t$ 分量及 $\Phi_k(t)v(t)\cos\omega_{sc}t$ 分量，然后再将它们还原为色差信号 R-Y 及 B-Y。色度信号的分离由梳状滤波器完成，它包括一根超声波玻璃延迟线 DL、一个加法器与一个减法器。而色差信号的还原则由同步检波器完成，检波所需副载波由受色同步信号锁相的晶体振荡器供给。同步检波器输出的色差信号 R-Y、B-Y 分量，经放大后与亮度信号 Y 同时进入解码矩阵电路。最后，经变换恢复的三基色信号 R、G 和 B，由输出级放大并馈送至彩色显像管。当接收黑白电视信号或色度信号很微弱时，由消色控制信号控制色度通道与亮度通道中的副载波吸收电路，使它们同时停止工作。

辅助电路的作用包括产生供同步检波用的副载波振荡、消色控制信号及自动色度控制（ACC）信号。

为了解调色度信号，必须给同步检波器注入具有准确频率和相位的本机副载波振荡信

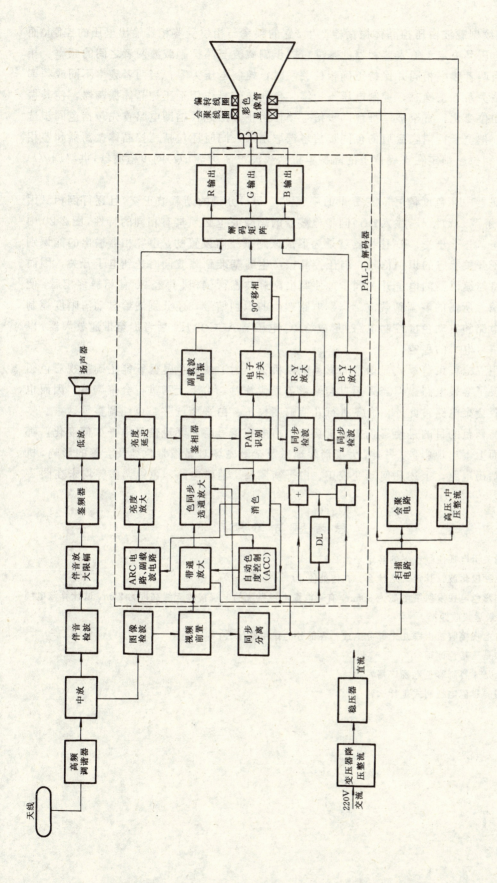

图 2-20 PAL-D 彩色电视接收机原理方框图

号。这个连续副载波由压控晶体振荡器产生,它的频率与相位受鉴相器输出电压的控制,而这个控制电压又决定于输入鉴相器的基准色同步副载波与晶振副载波两者之间的频率、相位关系。当两者频率相同并保持正确相位关系时,控制电压为零;当两者频率不同或频率相同,相位关系不正确时,控制电压不为零。色同步信号作用于压控晶体振荡器,使其振荡频率、相位变化,直至被基准色同步信号锁住为止。因此,辅助电路首先包括色同步选通放大器,把位于行消隐后肩的色同步信号选取出来,同时还包括压控晶体振荡器和鉴相器。频率与相位已锁定在正确值上的晶振本机副载波被馈送至 $u(t)$ 同步检波器,供解调 $u(t)$ 信号之用。

在编码器中,色度信号 $v(t)$ 分量的副载波与 $u(t)$ 分量的副载波正交,且逐行倒相。因此,要正确解调 $v(t)$ 信号,注入 $u(t)$ 同步检波器的副载波也必须具有相同的特性,图 2-20 中的识别电路、电子开关、90°移相器就是为形成该副载波而设置的。由鉴相器输出的能识别编码器电子开关状态的识别信号,与压控晶振产生的基准副载波同时送到电子开关,因而电子开关将与编码器的电子开关同步地使基准副载波逐行倒相。再经 90°移相器移相后,便形成 $v(t)$ 信号所需的解调副载波。识别电路产生的识别信号,还分别馈给自动清晰度控制信号形成电路和自动色度控制电路,形成 ARC 电压与 ACC 电压。后者加至带通放大器,以保证色度信号电平的稳定。

在采用三枪三束荫罩式显像管的彩色电视机中,为了使彩色显像管能正确重视彩色图像,还附设了会聚电路。但当采用自会聚彩色显像管时,由于无需进行会聚调整,因而也就不必设置会聚电路。此外,尚需进行几何畸变校正、白平衡调整、色纯调整等。

白平衡调整的目的是使彩色接收机接收黑白电视信号时,无论信号电平如何变化,都能保证画面上不出现彩色。另外,为了消除地磁及杂散磁场对显像管色纯及会聚的影响,机内还设有消磁电路。上述几何畸变校正、白平衡调整、消磁电路、色纯调整等均未在图 2-20 中标出。

思 考 题 与 习 题

1. 我国关于电视信号频率的规定是什么?
2. 有几种极化波?其定义是什么?在何处使用?
3. 已知彩色电视发射塔塔高为 305m,有一电缆电视系统的电视接收天线高度为 25m,试计算该电缆电视系统的最远接收距离。
4. 黑白电视接收机由哪几个部分组成?各部分的作用是什么?
5. 什么是三基色原理?
6. 什么是兼容制彩色电视广播?
7. 我国的彩色电视制式是什么?

第三章 摄像与录像

摄像机是一种将图像传变成电信号的设备,它处在电视系统的最前沿,是决定图像质量的关键;录像机是一种对电视图像信号进行记录和重放的设备。随着电视技术的发展,电视技术的应用日趋广泛,教育电视、医疗电视、工业电视、水下电视、监控电视等等正在为文化教育、工农业生产、科学研究、防火防盗等方面发挥越来越重要的作用。有了摄像机和录像机,空间仿佛在缩小,时间仿佛也可以暂停。随着它们的日渐普及,人们的生活也因此而变得更加丰富多彩。

本章内容侧重监视电视,主要介绍摄像机和录像机的基本工作原理以及与摄像机相关的摄像机控制设备的工作原理。

第一节 彩色摄像机的基本工作原理

摄像机的种类很多,按成像色彩可分为黑白摄像机、彩色摄像机;彩色摄像机按光电转换器件的种类可分为光电导式摄像机和电荷耦合器件(CCD)式彩色摄像机;按彩色电视制式又分为NTSC制彩色摄像机、PAL制彩色摄像机和SECAM制彩色摄像机;按用途又可分为监控用摄像机、专业用摄像机、(如医用方面)、广播用摄像机和家庭用摄像机等等。虽然摄像机的种类很多,但它们的基本结构和工作原理是相似的。

一、光学部分

光学部分是彩色摄像机的重要组成部分。光学部分就好比人眼睛的晶状体,它的主要作用是使景物在光电转换器件上成像完好。它由镜头、色温校正滤光片等组成。目前,广播用彩色摄像机、采访机、家庭用摄像机和大部分的彩色监控机都采用变焦距镜头。变焦距镜头可以实现在保持成像清晰的条件下,拉近景物或推远景物。在摄取生活场景时,可使电视画面变得生动活泼,加强节目的艺术效果。在监控场合,既可以将场景推远,实现广视野浏览,又可将场景拉近,实现近距离重点观察。

(一)镜头的基本工作原理

摄像机镜头与照相机镜头一样,是由多个不同的透镜片组成。我们知道,透镜按形状可分为凸透镜和凹透镜,凸透镜的焦点为实焦点($+F$),可使平行光汇聚于焦点;凹透镜的焦点为虚焦点($-F$),可使平行光发散,它们都符合下列公式:

$$K = S_2/S_1 \tag{3-1}$$

$$\frac{1}{S_1} + \frac{1}{S_2} = \frac{1}{f} \tag{3-2}$$

式中 K——透镜的放大倍数;

S_1——物距;

S_2——像距;

f——焦距。

将式（3-1）代入式（3-2）得：

$$K = \frac{1}{\dfrac{S_1}{f} - 1} \tag{3-3}$$

由于 S_1 远大于 f，所以式（3-3）可写成下式：

$$K \approx f/S_1 \tag{3-4}$$

由式（3-4）可见：改变焦距可改变透镜的放大倍数。在物距和靶面尺寸一定的情况下，焦距 f 越长，则透镜的放大倍数 K 越大，这意味着场景内容越小，即视场角（视角）越小；f 越短，K 越小，这意味着场景内容越多，即视场角越大。视场角用 α 表示：

$$\alpha = \mathrm{tg}^{-1} H/(2f) \tag{3-5}$$

式中　H——靶面成像的水平尺寸。

广角镜头焦距较短，适合摄取全景；长焦距镜头适合拍摄特写镜头。在摄像机中，摄像机的靶面（或 CCD 器件）正好位于镜头的焦平面上。

（二）三可调镜头

三可调镜头指光圈可调、焦距可调、聚焦程度可调的镜头。三可调镜头按操作方式可分为手动调节方式和电动调节方式。手动调节方式主要用于一些要求不高的场合，而广播用摄像机、采访机和一些监控摄像机都采用了电动三可调镜头。三可调镜头光学结构如图 3-1 所示。

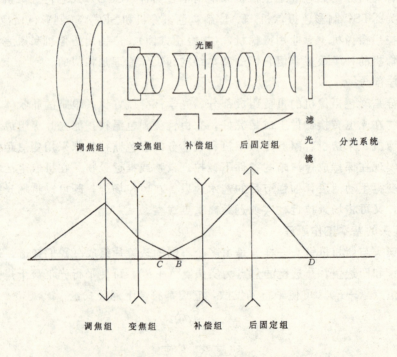

图 3-1　三可调镜头的结构与光路原理

光圈是一个孔径可调的透光孔，用于调节进光量。在拍摄过程中，光圈大了容易使画面过亮而失去层次；光圈小了容易使画面过暗而同样失去层次感。后固定组和其他透镜组配合，使成像位置固定在 D 点（该点可放置分光镜或 CCD 器件），调节调焦组使焦点 B、C 重合，这时 D 点的图像最清晰。而变焦组和补偿组是连动的，即当改变焦距时，变焦组与补偿组同时移动，变焦组的移动改变了 B 点的位置，补偿组的移动使补偿组与固定组的合成焦点又正好跟踪了 B 点的移动，从而使焦距无论怎样变化，总能使 D 点的成像保持清晰。

（三）镜头的技术特性

1. 有效视场角

这是一个由镜头与光电转换器件尺寸决定的参数。它分为水平视场角和垂直视场角，当公式（3-5）中的 H 是成像靶面的水平尺寸时，由它算出的便是水平视场角，如果公式（3-5）的 H 是成像靶面的垂直尺寸 V 时，由它算出的便是垂直视场角。

2. 镜头的透光率和光谱特性

镜头的透光率指射出光的强度 I_o 与入射光的强度 I_i 之比，用 μ 表示：

$$\mu = I_o / I_i \tag{3-6}$$

光谱特性指镜头对不同波长光的透光率。光谱特性差，容易引起色彩畸变。我们总是希望镜头的透光率越大越好，光谱特性越平越好，但实际和愿望总是有些差别。图 3-2 给出了变焦距镜头的光谱特性。

3. 镜头的分辨率

镜头的分辨率是表示镜头分辨图像细节的能力。它通常用单位长度上能分辨出黑白相间条纹的数目来表示。

在一般情况下，镜头的分辨率与镜头工作时所用的光圈的大小有关。大的光圈

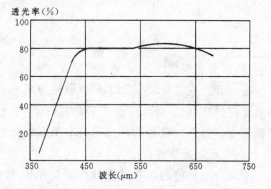

图 3-2　三可调镜头的光谱特性

指数（小光圈时）能得到较高的分辨率。这主要是由于在大光圈指数情况下工作时，能保证更好的近轴光束，使得镜头的成像失真较小。对于各种不同尺寸的摄像管靶面，由于其成像面的大小不同，所以对镜头分辨率的要求也是各不相同的。靶面尺寸较小，在单位面积上要求成像的黑白线条数就越多，则对镜头分辨率的要求也相应地提高。所以，为了提高成像的清晰度，我们应尽可能地提高摄像管靶面的有效利用面积。

除此之外，镜头的分辨率大小还和照明条件及背景光的亮度有关，与物体在镜头上的成像位置有关，越靠近光轴则镜头的分辨率越高，所拍摄物体的清晰度也就越高。越靠近镜头的边缘，则镜头的分辨率越低，所拍摄的物体清晰度也就越低。

4. 成像亮度的均匀性

当光投射到镜头上时，由于不同部位光的入射角不同，因而光的反射与透过率也不同。通常镜头中心处透光率最高，边缘处透光率最低。于是，像场中间部位亮度大，越往边缘亮度逐渐变低，造成像场内亮度不均匀。这种不均匀性，造成电视图像亮度畸变。表现为荧光屏上四周出现阴影。这种现象在大光圈、长焦距时更为明显，所以应尽量避免大光圈、长焦距同时使用。

5. 成像的几何畸变

镜头的几何成像失真多种多样，其中主要有桶形失真和枕形失真两种。随着焦距的不

同，失真情况也发生变化。图3-3画出了一种变焦镜头的几何失真随着焦距的变化而变化的情况。由图可见：焦距短时容易产生桶形失真；焦距长时容易产生枕形失真；而在中短焦距时有一最小失真点。

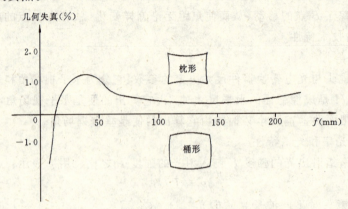

图3-3 三可调镜头的几何失真情况

（四）分光系统

在三管式或三片式（CCD）彩色摄像机中，分光系统的作用是把摄取的景物光束，分解成对应景物的红（R）、绿（G）、蓝（B）三种单色光束，并使其成像于各自对应的摄像管靶面上。目前，常用的分光系统有平面分光系统和分色棱镜分光系统两大类。

1. 平面分光系统

平面分光系统的工作原理如图3-4所示，被拍摄景物的入射光，首先到达分光镜M_B，分光镜M_B将蓝色光反射到反光镜M_1上，M_1是反射镜，被M_1反射的蓝色光，经过校正滤光镜S_B后进入蓝色摄像管。经过反光镜M_B后剩余的光来到反光镜M_R上，M_R具有透过绿光反射红光的作用，绿光透过分光镜M_R和校正滤色镜S_G后进入绿色摄像管靶面上成像。被反射的红光，到达反光镜M_2，被M_2反射后，穿过校正滤色镜S_R进入红色摄像管的靶面上成像。每个摄像管前的校正滤光镜，把分光镜分解出来的基色光校正到标准光谱上，从而使彩色监视器（或彩色电视接收机）的成像色彩更加接近自然色。

这种分光系统的优点是彩色摄像机内的R、G、B三只彩色摄像管可平行安放，便于安装和维护，三只彩色摄像管受到大地磁场的影响相同（不影响CCD摄像机），使彩色摄像机的R、G、B三基色的重合调整容易实现。

2. 棱镜分光系统

棱镜分光系统由三块棱镜粘合而成，棱镜的光通面进行了特殊处理，对三基色光有选择性的反射。图3-5是棱镜分色系统的光路原理图。棱镜分色系统，光路短，效率高，结构紧凑，在三管式摄像机和三片式彩色摄像机中得到了广泛的应用。

二、图像的摄取

如果把光学部分比作人眼睛的晶状体，则光电转换部分就好比人眼睛的视网膜，因此光电转换器件是实现电视摄像的根本器件，目前根据摄像器件的工作原理可分为光电导摄像管式和半导体电荷耦合式（CCD）两大类。

光电导摄像管的主要组成部分是光敏靶、电子枪、偏转线圈等，如图3-6所示。电子枪

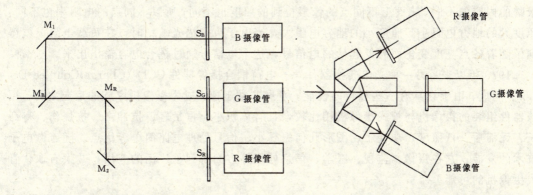

图 3-4 平面分光系统　　　　　图 3-5 棱镜分光系统

包括灯丝、阴极、控制栅极、加速极、聚焦极等。

光敏靶很薄，其结构如图 3-7 所示，前面是一块透光性良好的玻璃板，玻璃板后面是一层透光性、导电性良好的金属层（从该层引出图像信号），金属层后面是一层具有光电效应的蒸镀层，这是实现光电转换核心，蒸镀层的电导随着照度的增加而增加。

灯丝是用于加热能产生电子的阴极的。阴极表面涂有氧化物，这些氧化物受热后在其周围产生大量的电子雾。在阴极和控制极之外，有一个圆筒形的金属体，筒底有一小孔，这是加速极。加速极的电位比阴极高出许多，电子雾受加速极影响，飞离阴极，穿过加速极的小孔，形成电子束，电子束的大小受控制极控制。电子束在运动时受库仑力和小孔等因素影响而散焦，所以必须采用电场（或磁场）进行聚焦，使电子束正好聚焦在靶面上。在

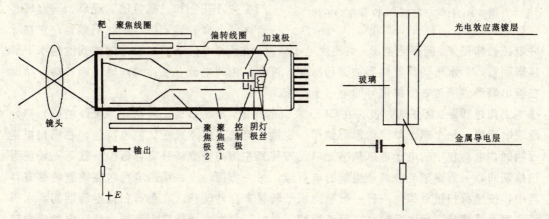

图 3-6 光电导摄像管的结构　　　　　图 3-7 光敏靶的结构

靶前面紧靠靶处，有一层网状栅极，这个栅极上分布着许多密度很高的小网格，这个栅极一方面与聚焦电路配合，实现电子束聚焦，另一方面与光敏靶配合，形成一个均匀的减速场（靶电位远低于该栅极电位），使电子束在上靶前已减速，避免光敏靶受高速电子的撞击而损伤。为了使电子束在光敏靶上做垂直扫描运动和水平扫描运动，必须使电子束发生偏转。电子束偏转方式有电场偏转与磁场偏转之分。电场偏转的偏转电极可放到电子枪内部，因此摄像管的体积可做的较小，而磁场偏转的偏转线圈只能放到电子枪外部，因此这种摄像管的体积较大。

当摄像机工作时，镜头把景物成像在光敏靶上，由于光敏靶上涂有光电导材料，随着

景物的内容的不同，靶面上不同点的像素得到的照度也不同，所以不同点的电阻率也不同：照度大的地方电阻小，照度小的地方电阻大，当电子束扫描光敏靶时，在负载电阻上就得到了随着各点亮度变化而高低起伏的电信号，这个电信号通过耦合电容输出出来。

1970年以来，另一种光电转换器件——电荷耦合摄像器件CCD（Charge Coupled Device）问世，由于它具有一些独特的性能，发展非常迅速，成为摄像机家族的后起之秀。用该器件组装的摄像机与管式摄像机相比较，具有体积小、重量轻、抗冲击、抗烧伤、寿命长、无滞后、低照度、功耗小、图形几何失真小、信号处理电路简单等优点。随着微电子技术的发展，它在摄像、监视、医学、信息处理等方面得到了广泛的应用，并大有取代管式摄像机的可能。

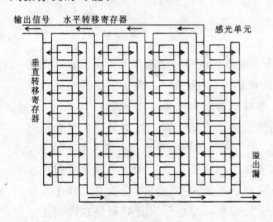

图 3-8 行间转移式CCD器件的结构

图 3-8 示出行间转移式CCD器件的结构，它在垂直方向和水平方向有逐个排列的感光单元组成的感光阵列，每个单元就是一个像素，每列感光单元的左侧是垂直转移寄存器，右侧是光电子溢出漏。当CCD芯片受光照时，感光单元产生光电子，形成电子包。光电子的数量与光照强度直接相关，光照越强，感光单元产生的光电子越多。当光照过强时，多余的电子会从溢出漏中排出，由于溢出漏的作用，CCD摄像机在高亮点处不会产生"开花"和"拖彗尾"现象。垂直转移寄存器上面有遮光层，因此不感光。它在脉冲电压的作用下，能存储电子，也能使电子转移。在图3-8的上部水平方向排列的是水平转移寄存器，给水平转移寄存器加驱动脉冲，可使其内部电荷有规律地向输出端转移，从而在输出端形成了带有图像信号的电（子）流。

工作过程是：场景通过镜头在CCD表面上成像，在场扫描正程期间，CCD的感光部分形成电荷像，每个感光单元内部都储存一定量的与该点照度成正比的电荷包，在场扫描逆程期间，电荷包中的电子迅速从感光单元转移到左侧的垂直转移寄存器中，在下一场正程扫描期间，一方面感光阵列产生新的电荷像，另一方面，上一场的电荷包在垂直转移寄存器中，按照行扫描规律，一行一行地向水平转移寄存器转移。在每行扫描逆程期间，水平转移寄存器接受一行电荷包；在行正程期间，电荷包在水平转移寄存器中逐一向输出端转移，在外电路上形成信号电流。每个电荷包的转移都是靠时钟脉冲的作用完成的，移动速度完全是恒定的，因此信号的线性度很好。

三、摄像机的工作原理

（一）管式彩色摄像机的工作原理

如图3-9所示，管式彩色摄像机主要有镜头、分光部分，三只摄像管及其信号放大与处理部分，编码部分，同步系统等组成。如果是专业摄像机，还有自动光圈控制电路，自动测距聚焦电路，变焦控制电路等。

信号放大电路主要是将来自摄像管的信号进行低噪声放大，达到所需的幅度，以便进行信号校正处理。它的噪声系数将直接影响图像信号的信噪比，因此信号放大电路一般都

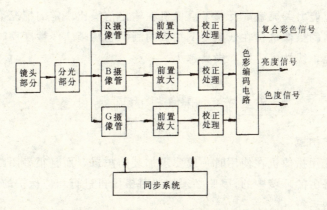

图 3-9　管式彩色摄像机的原理方框图

采用噪声系数很小的场效应管,做成低噪声放大电路。

信号处理电路的输入信号来自信号放大电路的输出,它将图像信号进行校正处理,箝位并与消隐信号混合、图像黑白电平调节、自动电平压缩等,达到满足需要的特性,因此,它是一种加工放大电路。黑白摄像机中的信号处理电路的输出就是摄像机的输出,而彩色摄像机中的处理放大电路的输出还要送给彩色编码电路。

编码电路的主要功能是将来自信号处理电路的 R、G、B 三路图像信号进行编码,从而产生彩色副载波信号和亮度信号,并将其复合成彩色全电视信号而输出(VEDIO 输出端)。这些信号如果接到监视器的 VEDIO 输入端,监视器就会再现出所拍摄的景物。现在许多彩色摄像机有 S 输出端子,它是将彩色副载波和亮度信号分别输出,形成所谓的 S 输出端子。S 输出端子有四个线端,它们分别是:地,色度信号;地,亮度信号。这些信号如果接到监视器的 S 输入端,监视器也会再现出所拍摄的景物,而且图像清晰度要比用全电视信号传送好,因为它将摄像机的部分编码电路和监视器的部分解码电路"断路"掉了,减少了系统本身的干扰。

(二) CCD 摄像机

CCD 摄像机分为彩色 CCD 摄像机和黑白 CCD 摄像机两大类。彩色 CCD 摄像机又分为三片式 CCD 彩色摄像机和单片式彩色 CCD 摄像机。

三片式 CCD 彩色摄像机的基本工作原理同三管式彩色摄像机大体相同,但信号放大电路和信号处理电路比管式摄像机简单,而且由于用了三片体积很小的 CCD 器件代替了三只体积很大的摄像管,因此,这种三片式 CCD 彩色摄像机比三管式彩色摄像机体积小,重量轻,价格便宜。从各种技术指标上看,三片式 CCD 彩色摄像机和管式彩色摄像机不分上下,有些甚至超过管式机,因此,它在专业和新闻采访中得到了广泛的应用。

单片式彩色 CCD 摄像机较三片式 CCD 摄像机体积还小,重量还轻,价格还低,这种摄像机用一片 CCD 芯片完成了三片 CCD 芯片的功能。CCD 芯片通过表面附有的点阵式滤色片,产生出三基色信号,从而省去了大体积的分光部分和两片 CCD 芯片,简化了结构。CCD 后面的信号处理电路与三片式摄像机基本相似。单片式 CCD 彩色摄像机的解像度已达到了 400 线以上,因此完全能够满足工程要求。

衡量摄像机质量的标准主要有:解像度、灵敏度、线性度等。解像度分为水平解像度和垂直解像度。水平解像度反映了摄像机对垂直黑白条的反应能力,垂直解像度反映了对水平黑白条的反应能力。灵敏度反映了摄像机在输出信噪比一定的情况下，对最低照度的要求。灵敏度越高的摄像机，在低照度下拍摄的画面越清晰。线性度反映了摄像机输出图像信号的失真情况，线性度越好，失真越小。

第二节　摄像机的附属设备

一、摄像机防护罩

闭路电视系统用摄像机在使用时一般要求加装防护罩，而且很多闭路电视的摄像机是设置在条件相当恶劣的环境中的，因此必须加装对摄像机进行相应保护的摄像机防护外罩，才能使摄像机正常运行。

（一）摄像机罩的种类

摄像机罩按用途和型式分为以下几种：

1. 室内型

一般包括：简易防尘型、防水型、密封型、通风型；

2. 室外型

一般包括：简易防尘型、防水型（房檐下用）、密闭型、通风型；

3. 特殊类型

包括：强制风冷型、水冷型、防爆型、特殊射线防护型以及其他类型等。

（二）需要加保护罩的主要环境条件为：

(1) 环境温度低于 0℃ 和高于 40℃ 的场合；

(2) 受阳光直射和风雨淋洒的场合；

(3) 灰尘较多的场合；

(4) 湿度大、有腐蚀性气体和盐雾的场合；

(5) 可能有机械性损伤的场合；

(6) 特殊射线、水中、电气干扰以及需要防爆的特殊环境中。

（三）一般摄像机罩

室内摄像机罩，主要用于防尘；而室外用的摄像机罩则是要避免日光直射，刮去玻璃上的水珠，防止玻璃窗上结露，在低温环境对摄像机加热，防止由于日光向摄像机直射而引起烧斑等等。主要由雨刷、加热器、防尘玻璃窗、冷却风扇、保护外壳等组成。

（四）特殊摄像机罩

1. 强制风冷、水冷型摄像机罩

在炼钢厂用于监视炉内情况的摄像机，其周围环境温度高达 80℃ 以上，而且空气中夹杂有灰尘、铁粉等微粒，为此要把机壳做成双层的，在夹层中通以空气或水，进行冷却，以保证机壳内温度在 40℃ 以下。机罩前面装有强化玻璃，其外表面由压缩空气喷吹，以防止积存灰尘。

2. 防爆型摄像机罩

石油化工行业中，很多场合有可燃性气体和可燃性液体，为了防止摄像机电气打火时造成火灾，必须使用防爆型摄像机罩。

3. 特殊射线保护型摄像机罩

在受 X 射线和 γ 射线等辐射的地方使用摄像机时，防护罩要用相当厚的铅板做成，罩前的玻璃要用掺有氧化铈的铅玻璃。

二、云台

云台是闭路电视系统中常用的配套设备之一，电视摄像机安装在云台上使用，能扩大监视范围，提高摄像机的使用价值。由于使用环境不同，云台的种类很多，按用途分类，可分为通用型云台和特殊型云台。通用型云台又可分为：遥控电动云台和手动控制云台。电动云台按使用环境的不同又分为室内型电动云台和室外型电动云台。特殊型云台可分为电动移动云台、防爆型云台、耐高温云台和水下型云台等。通用型室外电动云台主要适用于无可燃性、无腐蚀性气体或粉尘的大气环境里。特殊型室外电动云台，如防爆型室外云台，不仅具备室外工作的能力，还要经过严密的防爆设计，它主要适用于有可燃性气体的场合。还有一种简易型电动云台称之为平摆器，它是由通用型云台中派生出来的一种云台，它只有一个电动机，只有一个自由度，只能沿着水平方向做旋转运动。

全方位电动云台通常有水平旋转和俯仰两个自由度，通过这两个自由度的组合，可以使摄像机灵活地跟踪活动目标，或根据遥控讯号，搜寻所在范围内的任一监控景物。电动云台水平自由度范围可达 330°，垂直自由度范围可达 ±45°。电动云台一般以两个 24V 的电容式单相交流电动机作为驱动动力，两个电机都可以随时改变旋转方向，从而使云台实现上、下、左、右运动的全方位运动模式。电动云台的电路原理如图 3-10 所示。这种电容式单相交流电动机定子有两个绕组，两个绕组有一个公共端，两个绕组的另外两端分别接到移相电容的两端上，电源的一端接公共端，另一端接到电容器的一端上，当电源线换到电容器的另一端时，电机的转向就发生了改变。两

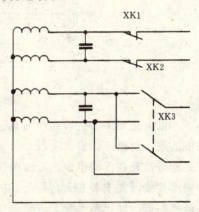

图 3-10 电动云台的电路原理

个单相交流电动机的公共端通常接在一起，因此电动云台共有五根控制线。电动云台的俯仰工作角度受限位微动开关 XK1、XK2 决定，当俯仰角度达到限位时，微动开关自动切断电源，电动机停止旋转。旋转电机旋转到限位状态时，拨动微动开关 XK3 两侧的杠杆，电机旋转方向自动改变，电源固定在电容器的任一侧，云台便会自动实现左右旋转。全方位电动云台的传动部分由蜗轮、蜗杆等组成。当电动机运转时，电动机通过蜗轮减速，使输出轴上获得所需要的转速和转矩，从而带动摄像机自动寻像或跟踪监视。由于蜗轮蜗杆减速机构具有自锁能力，所以电动机停止工作时，摄像机可以停在任何位置。

三、云台控制器

云台控制器也是一种用于监视系统的设备。用它可以遥控电动云台，遥控摄像机的三可调镜头还可以控制摄像机外罩的雨刷等，也是闭路监控系统常用的设备之一。云台控制器一般有三路输出，一路用于云台控制，一路用于三可调镜头的控制，还有一路用于普通室外摄像机防护罩的控制。

图 3-11 是云台控制器的电路原理图。AN 按扭是雨刷控制按扭，按下后，接通雨刷电机，雨刷在电机的驱动下，左右摆动。松开 AN 后，雨刷电机停转。K_1 是云台手动/自动切换控扭，并且具有自锁功能。K_1 按下后，手动功能被消除，云台处于自动状态，云台利用

内部的行程开关,自动实现左右摆动,再按一下K_1,自动功能消除,利用手动开关K_2可以左右摆动摄像机。K_3用于手动控制摄像机的上下摆动。K_4用于控制三可变镜头的光圈指数的大小。K_5用于控制三可调镜头的焦距的大小;K_6用于控制三可调镜头的聚焦程度。

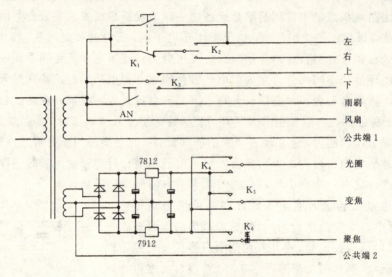

图 3-11 云台控制器的电路原理

以上是用多芯电缆做信号连接线的云台控制器,这种控制器的原理简单,操作方便,价格低廉,电路方面容易实现,并且工作可靠,其缺点是浪费线材,如果控制距离很长,很多能量消耗在传输电缆上,造成负载端的电压不足,这时可利用功率接续器来解决其不足。功率接续器要安装在云台附近。功率接续器内有一组继电器和一个220V/24V的变压器,云台控制器的输出信号接到继电器的绕组上,这样,云台控制器控制继电器,继电器的触点控制24V变压器与云台电机的连接。由于继电器的绕组的阻抗很高,因此线路损耗较小,从而有效地提高了控制距离。目前,微机广泛用于控制器,在监视点较多距离较远的场合,常常用微机输出串行控制命令,而解码执行设备如云台、云台控制器等分散在每个摄像机附近。

四、视频信号切换器

视频信号切换器作用是将多路不同的视频信号切换到一路信号上去。监视现场内往往要监视的范围很大,一台摄像机很难胜任,因此应采用多台摄像机进行监视。如果采用多台摄像机对应多台监视器的一对一形式,这样一方面造成设备费用的增加,另一方面容易使监视室里观察人员的眼睛产生疲劳,解决的办法就是利用视频信号切换器将多个不同的视频信号源的信号轮流切换到一台或几台监视器上。带有音频切换功能的视音频信号切换器,可以同时切换视频和音频信号,利用这种切换器可以对现场不同的地方进行同时监视和监听。

视频信号切换器有手动简易型的,电子自动切换型的,还有一种是同步型的。手动简易型视频信号切换器,一般用刷型开关或继电器来实现,这是一种机械触点切换方式,在切换时容易产生图像抖动和杂波干扰。电子自动切换型视频信号切换器,是一种常用的视频信号切换器,这种视频信号切换器可以自动轮流地将输入端信号切换到输出端,切换速度可调,输出信号可以固定在某个输入端,也可以切掉某个输入端(即在每次循环时跳过该输入端)。这种视频信号切换器是无触点式电子切换方式,在使用时,切换效果较触点式好一些,但也不理想,表现为切换时图像上下抖动或滚动。同步型视频信号切换器克服了电子自动切换型的缺点,但是它要求系统中凡是与它相连的摄像机要步调一致,即每个摄像机都用同一个外同步信号发生器发出的同步信号工作。对于质量要求较高的摄像机一般都具有外同步接口。外同步接口分别有场同步信号、行同步信号等。视频信号切换器在检测到场同步头后,在场消隐期间进行图像切换,这样,切换期间图像变化自然,消除了翻滚或抖动现象,但是这种视频信号切换器的内部电路复杂,价格要比以上两种高。

第三节　录像机的基本工作原理

我们知道能被磁化的物质叫作磁性物质,如铁、钴、镍以及它们与其他元素的合金。任何磁性物质都有图 3-12 所示的磁化特性曲线。图 3-12 的纵轴为磁感应强度(B),横轴为外加磁场强度,图 3-12 (a) 为硬磁性物质的磁化曲线,图 3-12 (b) 为软磁性物质的磁化曲

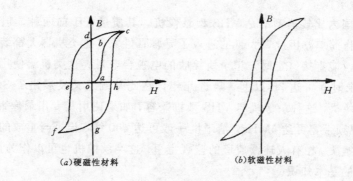

图 3-12　不同磁性材料的磁滞曲线

线。磁化开始时,磁感应强度 B 随外加磁场强度的变化,按 o-a-b-c-d-e-f-g-h 的方式变化。c 点为饱和点,这时再增加外加磁场强度 H,磁感应强度 B 基本不再上升。a、b 之间这一段曲线接近线性,因此称为线性段(音频录制一般采用这一段)。当外加磁场由大变为 0 时,磁感应强度 B 则由 c 点变到 d 点,而 d 点的磁感应强度并不为 0,这就是我们所说的剩磁。由图可见,硬磁性物质有较大的剩磁,即矫顽力较大,软磁性物质的剩磁较小,即矫顽力较小。磁头铁芯利用了软磁性物质矫顽力较小这一特性,而磁记录利用了硬磁性物质矫顽力较大这一特性。

磁记录的过程就是磁性物质被磁化的过程。这个过程是通过磁头来实现的。磁头的结构如图 3-13 所示,它主要有铁芯、线圈、磁缝隙等组成,这个缝隙称为工作缝隙,将磁头线圈中通有交变电流时,工作缝隙中就产生了交变的磁场,当磁头和磁带以一定规律相对运动时,磁带上相应部位的磁性物质就磁化了,也就记录下了磁头中电流变化的情况。例如盒式录音机的磁头是固定的,磁带与磁头的相对运动速度为 4.75cm/s;VHS 录像机的磁带运动速度为 23.39mm/s。

图 3-13　磁头的结构

一、录像机的分类

(一) 广播用录像机

广播用录像机视频带宽可接近6MHz，记录与重放的视频信号质量很高，清晰度一般都在400线以上，功能齐全，主要用于电视台及电视节目制作部门。这类机器所用的磁带宽度一般有2in的和1in的。这类机器的价格高，体积也比较大。

(二) 业务用录像机

业务用录像机视频带宽一般在4～5MHz之间，记录与重放的视频信号质量较广播用录像机差，清晰度一般都在320线左右，功能齐全，主要用于工农业生产、科教、文化、体育、卫生等部门，电视台及电视节目制作部门也有使用。这类机器所用的磁带宽度一般是3/4in。

业务用录像机还有一种专为监视而设计的监视用录像机，这也是一种改进型的VHS型机器。这种录像机一般采用黑白录像方式，而且记录时间很长。由于监视用录像勿需连续进行记录，因此，它采用了间隔录像方法，即每隔几场，记录一场，这样相对延长了录像带的使用时间。记录时间可达24h，甚至更长。

(三) 普及型录像

这种录像机国内比较典型的是VHS型录像机，其质量低于前两种，但是它的价格便宜，体积小，操作简单，因此，大量的进入了寻常百姓家。这类机器大都装有高频调谐电路，定时电路等，能直接（定时）记录所接收的电视台节目。这类机器使用的磁带宽度一般是1/2in。记录时间可达3h以上。最近几年，在此基础上又发展出了S-VHS（Super-VHS）型普及录像机，这种录像机与VHS型机兼容，如果使用其专用录像带（也是1/2in，但磁粉不同），视频带宽可达5MHz，清晰度一般可达400线，记录与重放的视频信号质量可与业务用的相媲美。在有人连续值班的监视室里，这类录像机也可以作为监视用录像机。

二、录像机的基本知识

从原理上说，磁带录像机和磁带录音机的原理一样，都是利用磁带进行信号的记录。但是，从频率宽度方面讲，磁带录像机记录的视频信号和磁带录音机记录的音频信号有着很大的差别。音频范围在20Hz～20kHz之间。而图像信号的频率范围在25Hz～5MHz之间，其中高频部分反映的是图像的清晰度，低频部分则主要是同步脉冲。

(一) 视频信号的调频（FM）录放法

视频信号的频率高低频相差很大，达18个倍频程之多，用普通磁头无法进行记录，如果把它们转换到更高的频谱上，则信号的上下限频率之比可以大大缩小。目前，录像机都采用对视频信号进行调频处理方式。例如：S-VHS型录像机亮度视频信号的频率"平移"到2～7MHz之间，上下限频率之差与视频信号的频率范围相差不大，但上下限频率只差了不足2个倍频程。如果磁头缝隙是按最大输出在4.5MHz来设计，那么在2MHz和7MHz两端的输出只会降低很小，这就很容易实现补偿和均衡。采用调频方法对视频信号进行记录和重放，可以省去偏磁电路，而且由系统引入的噪声也很低。

磁带录音机的信号记录方法是磁头固定，磁带以一定速度相对磁头做纵向运动，这种信号记录的方法叫做纵向记录法。磁带相对磁头的运动速度称为记录速度。纵向记录法所录制的磁迹平行于磁带长度方向。视频信号调频调制后，频率提高，不仅要求磁头缝隙很小，而且要求记录速度很高，如家用录像机磁头与磁带的相对速度为4.85m/s。这么高的记录速度，如果采用纵向记录方式要耗用大量的磁带，而且带速太高，磁带传动机构很难控制。因此，纵向记录法不适于视频信号的记录。

为了降低磁带的运动速度，而又不降低记录速度，视频信号的记录方法采用了较宽的磁带，并且使磁带做低速运行，安装在磁鼓上的磁头做高速旋转运行，磁头相对于磁带的运动方向做倾斜或垂直高速运行。当磁鼓相对磁带的运动方向做垂直高速运行时，我们叫做横向记录法。当磁头相对磁带的运动方向做倾斜高速运行时，我们叫做螺旋记录法，目前绝大多数录像机都采用螺旋记录法。

（二）录像机的组成

目前，录像机的种类繁多，但是从总体来看，录像机的工作原理及组成是基本相同的。一般来讲，录像机主要有以下几部分组成：磁头系统、视频信号录放系统、音频信号录放系统、伺服系统、磁带传送系统、机械控制系统及电源系统等几大部分。

（三）磁头系统

录像机内部的磁头，主要有以下几种：

1. 视频磁头鼓组件

这部分主要是用作视频信号的记录与重放的。

如前所述，为了提高记录视频信号的上限，录像机采用了旋转磁头的方法，以提高磁头与磁带的相对运动速度。因为磁头以高速旋转，而磁带以低速运行（VHS型的录像机 23.39mm/s)，所以，磁头与磁带的相对速度主要由磁头的旋转速度来保证。在这种情况下，视频磁头与磁带采用的是同向运动的工作方式。

视频磁头鼓组件是录像机中机械精度最高的部件，它一般由上磁鼓、下磁鼓、导杆、鼓电机和传动装置等组成，视频录放磁头安装在上磁鼓的下表面。它是录像机的核心部件，其性能直接影响视频信号录放时的质量和磁带重放的互换性能。下磁鼓表面有一段螺旋线形导向槽，它规定了磁带缠绕的标准位置。下磁鼓内部还装有测速装置和温度传感器等。录像机的上下磁鼓都做成圆筒形，其外径尺寸完全相同，外侧表面需经过严格地加工并抛光。磁鼓表面刻有几道凹槽，以减小走带时鼓壁与磁带磁性层表面的摩擦。在VHS型机中，上、下磁鼓的外径均为 62±0.01mm。磁头的工作面应稍稍突出于磁鼓的圆筒表面。这样，当磁带上带以后，就能保证在视频信号的记录与重放时，磁头工作缝隙和磁带上的磁性层表面接触良好。

磁鼓上安装的磁头数目，因录像机的机型而有所不同。对一般录像机来讲，它的上磁鼓装有两只间隔180°的磁头，它们分别录放奇、偶数场的视频信号。上磁鼓每旋转一周等于彩色全电视信号的帧周期（25Hz/s)。高速旋转的视频磁头与低速运行的磁带之间有一个较小的倾斜角度，因此，恰当地调整视频磁头的记录相位，使之从磁带的一个边缘扫描至另一个边缘，每个磁头正好记录一场彩色全电视信号。这样所形成的是倾斜的视频磁迹。为了避免图像信号的丢失，录像机工作期间，应当保证任何时刻至少有一个视频磁头与磁带接触，故要求磁带缠绕磁鼓的包角略大于180°。而且在具有编辑功能的录像机中，在上磁鼓还装有两只旋转消磁头，它与对应的视频录放磁头的夹角约为32°，旋转消磁头用于消去磁带上的已录上的视频磁迹。目前，录像机的上磁鼓采用直接驱动方式。由直流伺服电机并配上高精度的磁鼓伺服电路来控制转速和相位，从而保证了录像机的录放精度。

2. 声音录放/控制信号录放磁头

这部分主要用作声音与控制信号的记录与拾取。

录像机中的声音录放磁头与录音机中声音录放磁头基本相同。声音的记录与重放共用一只磁头。录像机中的“控制信号”录放磁头，用于录放伺服系统的控制信号。

综上所述，录像带上共记录有三种信号：视频信号、音频信号、控制信号。

3. 总消磁头

录像机的总消磁头位于视频磁头入带处前方。录像机进行记录时，首先用它消除原来记录在磁带上的全部磁迹信号，包括视频磁迹、音频磁迹及控制信号磁迹等，然后再录上新的磁迹。通常，总消磁头的宽度稍大于视频磁带的宽度。

4. 消音磁头

消音磁头的功能是消去录像带上原有的声音磁迹，它只有在进行伴音编辑时才启用。消音磁头位于声音录放/控制信号录放磁头的前方。在具有编辑功能的录像机中，消音磁头及声音录放/控制信号录放磁头做在一套基板上，称为“声音磁头组件”。

5. 自动跟踪磁头

近年来，在广播级录像机中，发展了自动跟踪磁头。它利用压电晶体的压电效应，使固定在可弯曲磁头支架上的重放磁头产生位移，准确地跟踪视频磁迹，提高重放画面的质量。利用自动跟踪磁头，可以消除非正常走带状态（例如快放、慢放和暂停状态）时画面上的杂波。

（四）视频信号的记录

视频信号记录系统是录像机的主要组成部分，它把图像信号经过一系列处理后记录到视频磁带上。视频信号的记录有两种方式，一种是直接调频的记录方式，图 3-14 是这种录像方式的原理方框图。另一种是色度信号降频、亮度信号调频的记录方式，图 3-15 是这种录像方式的原理方框图。直接方式从原理图上看起来简单，实现起来却比较困难，这是由于这种方式的上限频率较高，要求视频录放磁头的狭缝很窄，磁头与磁带的相对速度高，各种伺服系统的性能要求也很高，这也决定了其价格比较高。它的最大优点是记录与重放的图像质量好，因此，这种录像机主要是做电视广播用。对于色度信号降频、亮度信号调频的记录方式，从原理图上看起来复杂，实现起来相比之下却比较容易，这是由于这种方式将色度信号下变频，亮度信号频率压缩，上限频率降低了，要求的视频录放磁头的狭缝相对较宽，容易加工，磁头与磁带的相对速度也可以降低，对各种伺服系统的性能要求也随之降低，这就决定了其价格比较便宜。它的记录与重放的图像质量不如直接方式好。

全电视信号
低通滤波
预加重
箝位
调频
放大
视频磁头

图 3-14　直接调频记录方式

全电视信号
低通滤波
预加重
箝位
调频
放大
带通滤波
自动色度控制
变频
低通滤频
放大
视频磁头

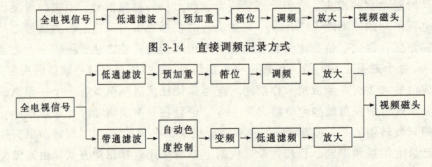

图 3-15　亮度调频、色度降频的记录方式

（五）记录信号的监视

在一般的录像机中，把输入待录的视频信号经过调制处理后，在送到磁头进行记录的

同时，还送到重放电路中，再进行解调还原，然后送到输出端，以备对录制的信号进行监视，这个称之为录像机的监视功能。

必须注意，通过监视系统监视的图像信号并不是磁带上实际记录的信号，所以，不能完全说明输入信号已记录到磁带上及实际的记录质量如何等问题。为了检验磁带上实际记录的图像信号的质量，我们必须把已记录的磁带进行重放。

三、机械传动和控制系统

录像机的机械传动机构虽然因机器种类不同而千差万别，但都包括穿带机构、磁带盒收带盘、供带盘驱动机构、主导轴传动系统、制动系统及张力控制系统等。

（一）走带系统

走带系统主要由供带、穿带、收带等机构组成。供带、收带机构的作用是在录像机的工作过程中（重放、快进、速退、停、排出等），把磁带平正、紧密地缠绕到磁带盒内的收带盘、供带盘芯上。穿带机构主要由穿带电机、穿带环、穿带臂、供带张力臂、齿轮传动组件以及限位开关等部件组成，穿带机构的功能是录像机在信号记录或重放之前把磁带从磁带盒内拉出并进一步把磁带绕到磁鼓组件上，在信号记录或重放完毕之后把磁带收回盒内并自动排出至机外。

（二）主导轴传动系统

在录像机中，主导轴传动系统的功能是牵动录像磁带以一定的速度走带，并保证走带平稳。主导轴传动组件一般由主导电机、主导轴、压带轮、压带电磁铁、压带杆等组成。主导电机采用伺服直流电机。工作时，主导电机匀速旋转，以间接或直接方式驱动主导轴旋转。

第四节　摄录像信号的传输

摄录像信号传送分为图像信号的传送和控制信号的传送。

一、图像信号的传送

图像信号传送方式的分类如图 3-16 所示。

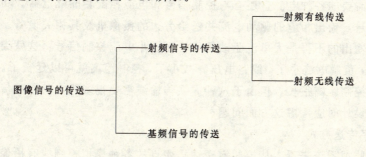

图 3-16　图像信号的传送方式

在电缆电视系统中，来自摄像机和录像机的图像信号和伴音信号通常采用射频进行传送，有关的方法请参阅本书后面有关章节。

在作监视用的闭路电视系统中，图像信号也常用基频信号进行传送，传送介质常用的是 75Ω 的同轴电缆，这种电缆一方面可以和摄像机和录像机的输出阻抗匹配，另一方面它具有良好的屏蔽性。基频信号的带宽自 25Hz 到 6MHz，相差 18 个倍频程之多，当信号的传送距离很长时，要对高频信号补偿。通常超过 500m 时要加视频信号补偿器，以补偿电缆对高频信号的损耗。

二、控制信号的传输

监视系统的控制信号是通过控制室内的控制设备发出来的，用于控制摄像机镜头和与其配套的云台、防尘罩等。根据控制设备的不同，控制信号传送分为如图 3-17 几种形式。

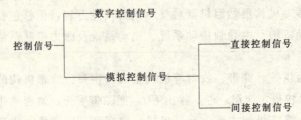

图 3-17 控制信号传送方式

（一）直接控制信号的传送

在控制信号传输距离较近的情况下，一般采用直接控制方式。直接控制方式是指从控制器直接输出驱动信号给被控制对象的控制方式。这种控制方式，在控制器与被控对象之间除了导线没有其他环节，每一个控制信号对应一根控制线，另外还有公共线。由于直接控制传送的是驱动信号，因此，控制线路中的电流比较大。例如：驱动云台上、下、左、右转动的电流一般在 1A 左右，驱动摄像机镜头变焦、聚焦、调光圈的电流不小于 200mA，还有摄像机罩的风扇、雨刷电机等等都需要较大的驱动电流，在实际工程设计时要考虑电压降问题。这种控制信号的传输距离一般不能超过 200m。

（二）间接控制信号的传送

间接控制信号的传送方式是为解决控制室距监视点较远，采用直接控制，驱动信号电压损耗较大的缺陷，而对直接控制信号传送方式的一种改进。它是在控制器与被控对象之间增设一个功率接续器来实现的。功率接续器一般放在被控对象附近，其内部有摄象机及其相关设备所需要的各种电源，还有与控制信号和电源相配套的继电器。功率接续器按照输入的控制信号，输出相应的驱动电流并送给旁边的摄像机及其相关设备。这样由控制室通过控制电缆输出的不再是大电流驱动信号，而是小电流控制信号，这就类似控制器带上了高阻抗负载，负载电流小了，线路电压降减小了，控制距离就可以延长了。原理上讲，这种方式可以使控制距离很长，但由于这种方式传输线需要很多股，长距离传送时，系统造价格会提高，设计时应考虑这方面问题。

（三）数字传送方式

从目前的监视系统来看，从控制室送往摄像点的各种模拟控制线有摄像机电源线，电动云台上、下、左、右运动线；三可变镜头的变焦、聚集、变光圈控制线，室外摄像机罩的电源线、雨刮器的电源线等等，这些控制信号无论是采用直接控制方式或是间接控制方式都需要用一定数量的控制线传送，因此，这种控制方式既浪费线材，安装时又浪费人力，在长距离多摄像头的监视系统里，这个问题显得更加突出。而数字传送方式只使用一根控制信号线，因此弥补了模拟控制的不足。数字传送方式有编码器、解码执行器、传送电缆等组成。电缆传送每一个控制信号数码包括起始码、设备码、功能码、结束码等组成。编码器完成对控制信号的编码,并对数字控制码进行调制;传送电缆一般采用与计算机配套的同轴电缆;解码执行器就近取电源,对电缆送来的数字控制信号进行解调、解码并输出相应的驱动信号,控制摄像机、云台、摄像机罩的工作状态。

思 考 题 与 习 题

1. 长焦距镜头适合拍摄什么场景?短焦距镜头适合拍摄什么场景?
2. 三可调镜头指的是哪三个方面可调?调节它们各有什么作用?
3. 三片(管)式彩色摄像机与单片式彩色摄像机的分光系统有何区别?
4. 光电转换器件有哪几类?简述它们的特点。
5. 简述云台及云台控制器的作用。
6. 视频信号切换器分哪几类?简述它们的特点。
7. 监视用录像机为什么能记录很长的时间?
8. 音频信号的记录与视频信号的记录有何异同?

第四章 电视接收天线

第一节 天线的基本原理

一、天线的工作原理

电视接收天线是空间电视信号电磁波进入电视机的门户。一副天线接收电视信号的过程,也就是用该副天线发射电视信号的反过程。所以通过学习电视天线的发射原理就可以理解电视天线的接收原理。对于终端开路的双导线传输线,在高频运用时,若略去导线的损耗电阻,则可将此传输线看成是由许多分布电容、分布电感所组成。若在传输线上加入交变的高频信号,在两导线之间就会产生交变电磁场,如图 4-1(a) 所示,根据传输线理论,长线上的任意对应线段 ab 和 $a'b'$ 上的电流大小相等,方向相反,而且由于对应段之间

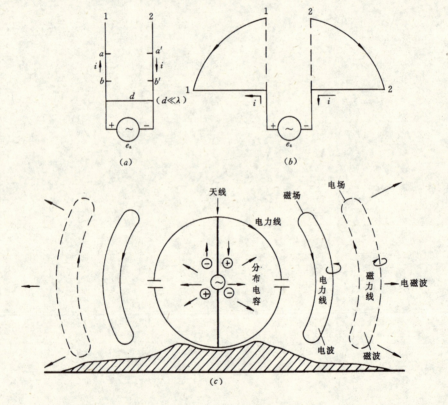

图 4-1 天线的形成

的距离远小于工作波长,因此,对应段上的电流在离它们较远的周围空间任意点处产生的电磁场由于大小相等、相位相反,基本上相互抵消。在传输线输入端由高频信号源供给的

能量就只能在分布电感和电容之间相互交换。这时电场能量被束缚在平行双导线之间，磁场能量被束缚在平行双导线周围，所以平行双导线不能用作天线。

如果传输线的长度是传输线上加入的高频信号电流的 $\frac{1}{4}$ 波长，那么将它拉平展开成图 4-1(b) 的形式，就成为能有效辐射或接收电磁波的对称式半波振子天线了。高频信号源所供给的能量在展开的传输线分布电感和电容之间进行交换。天线上的电流通过对应两臂之间的分布电容形成闭合回路。但是，由于分布电容被扩展为围绕在导线的四周，大部分的能量在交换过程中被释放出去，这就形成天线的辐射，见图 4-1(c)。若将这些辐射出去的能量看成是被一个等效电阻所吸收，这个等效电阻就称为天线的辐射电阻。

天线如果用作接收电视信号，电视信号无线电波中的电磁场能量就分别贮藏到分布电容和电感之间进行交换。若在原天线加入高频信号源处改接负载，则在能量交换的过程中，就会有高频电流流向负载，从而实现了电视信号的接收。

所以说天线具有"可逆性"，即能有效地辐射电磁能量的发射天线，同样也能作为接收天线有效地接收电磁能量，并且，天线用做发射天线的参数与用作接收天线时的参数保持一致，这就是天线的互易原理。

二、电视接收天线的作用和分类

（一）电视接收天线的作用

电视接收天线的作用大致有下列几方面：

第一，电视接收天线把自由空间传播的，载有电视信号的电磁波转换为高频电流。

电视信号是以电磁波的形式进行传播，空间传播的电磁波在电视接收天线上产生感应电势。天线上的感应电势通过天线的馈线与天线的负载——高频头构成回路，在高频头的输入端就产生了高频电流。

第二，电视接收天线可以有选择地接收给定频率的电视信号。

自由空间有各种频率的电磁波在传播，这些电磁波都可能在电视接收天线上产生感应电势。通过选择天线的长度，使天线的长度约等于所接收的频道对应的波长的整数倍时，天线就会发生谐振，此时在天线上产生的感应电动势最大。

第三，电视接收天线可以有选择地接收给定极化的电视信号。

所谓电磁波的极化方向是指电磁波的电场分量的指向。在视距范围内接收电视信号时，要求接收天线接收电磁波的极化方向与发射天线所发射的电磁波的极化方向一致。例如，发射天线发射的为水平极化波，则接收天线应水平放置，此时接收的信号最强；如果接收天线垂直放置，此时接收的信号最弱，两者信号电平可相差 30dB 以上。

第四，电视接收天线可以有效地接收电视信号，抑制无用的干扰信号。

在空间有各种各样除所接收的电视频道信号之外的信号统称干扰信号，可以利用天线本身的方向性和其他属性来抑制干扰信号。在视距范围内接收时，通常是以最大接收方向对准发射天线。但应指出，有时由于有高层建筑等障碍物反射电磁波，或干扰信号的方向与电视信号的方向差不多，接收天线对准发射天线的轴线方向接收效果不一定最好，这时可用转动天线的办法，避开对干扰信号的接收，以使干扰减少到最低限度。

第五，电视接收天线可以提高电视机的灵敏度，即可放大所接收的电视信号。

灵敏度就是电视机对弱信号的放大能力（用分贝表示）。

一般电视机增益分配为：高频头 20dB，中放 55～60dB。放大器增益提得太高将会产生自激。

提高增益的办法是用高增益天线，放大所接收的电视信号。拉杆天线的增益为 1.17dB，半波振子天线的增益为 2.15dB，多单元天线的增益从 3～4dB 到 20dB 以上。天线的增益越高，电视机的总灵敏度就越高。

（二）电视接收天线的分类

电视接收天线的种类有许多，从形状到尺寸，从结构到机理各不相同，为区分起见，人为地按功能、频段、方向性（或增益高低）、使用场所、天线形状、尺寸大小、制作的材料和结构、发明者名字、工作机理等一系列因素来划分天线类型。

例如：按结构划分有半波振子天线、折合振子天线、扇形振子天线、V 形天线、八木天线、环形天线、背射天线和对数周期天线等类型。

按安装方式划分有分立式、山字形、出字形等类型。

按接收频带划分主要有：VHF 单道天线（1～12 任一频道）、VHF 全频段天线（1～12 频道）、VHF 低频段天线（1～5 频道）、VHF 高频段天线（6～12 频道）、UHF 单道天线（13～68 任一频道）、UHF 低频段天线（13～44 频段）、UHF 高频段天线（44～68 频道）、SHF 卫星接收天线、FM 天线。

第二节　天线的主要参数

一、天线输入阻抗

天线输入阻抗关系到天线能否尽可能多地接收来自自由空间的电磁波能量。

天线的输入阻抗

$$Z_{in}=\frac{U_{in}}{I_{in}}$$

式中　U_{in}——天线输入端（即天线与馈线连结的端面）的高频电压；

I_{in}——天线输入端的高频电流。

Z_{in} 由电阻 R_{in} 及电抗 X_{in} 组成，即：

$$Z_{in}=R_{in}+jX_{in}$$

式中　R_{in}——天线的输入电阻；

X_{in}——天线的输入电抗。

当天线处于谐振状态时，输入端的电流和电压同相，此时，$X_{in}=0$，$Z_{in}=R_{in}$，即输入阻抗为纯电阻。

但在一般情况下，天线为非谐振工作状态，其输入阻抗随工作频率变化，即天线的输入阻抗既有电阻分量也有电抗分量，可能是容抗，也可能是感抗。

严格地计算天线的输入阻抗很困难，它不仅与天线的振子长度、粗细、馈电点的位置有关，而且还和周围的环境有关。在不考虑地面影响的情况下，半波对称振子的输入阻抗 Z_{in} 可用下式❶近似计算：

---

❶ 公式引自《共用天线电视原理和设计》一书。

$$Z_{in} = \frac{R_\Sigma}{\sin^2\left(\frac{2\pi l}{\lambda}\right)} - j120\left(\ln\frac{2l}{d} - 1\right)\operatorname{ctg}\frac{2\pi l}{\lambda} \quad (\Omega) \tag{4-1}$$

式中 $2l$——对称振子实际总长度，即为半波长（m）；

λ——工作波长（m）；

d——导线直径（m）；

R_Σ——对称振子的辐射电阻（Ω）。

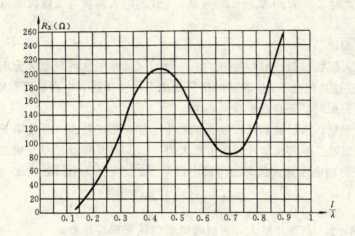

图 4-2 对称振子辐射电阻 R_Σ 与 l/λ 的关系曲线

图 4-2 为对称振子辐射电阻 R_Σ 与 l/λ 的关系曲线。由图 4-2 可查得不同 l/λ 时对称振子的辐射电阻 R_Σ 的值。

采用式（4-1）计算输入阻抗是复杂的，一般工程上常用 l/d 为参数画出对称振子输入阻抗与 l/λ 的关系曲线，如图 4-3 所示。

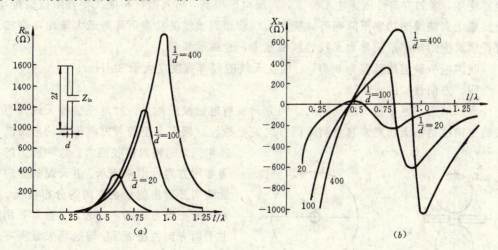

图 4-3 对称振子输入阻抗与 l/λ 的关系曲线

由于电抗分量中存贮一部分能量，使天线提供给电视机的有用信号功率减少了，而且由于电抗分量的存在使天线与馈线连接时产生失配，从而导致被传输信号的损耗。所以在制作天线时,都设法使其尽可能工作在谐振状态,以保证其输入阻抗为纯阻性质。

对于对称天线,当天线的长度接近(略短于)接收信号频率的 $\lambda/2$ 或是波长的整数倍时,天线就处于谐振工作状态。对于半波振子天线,即 $2l=\dfrac{\lambda}{2}$,$l=\dfrac{\lambda}{4}$ 时,输入阻抗的电抗值为零,即

$$Z_{in} = R_{in} = R_{\Sigma} = 73.1(\Omega) \tag{4-2}$$

对于不对称天线,当天线长度约等于接收信号频率的 $\lambda/4$ 或波长的整数倍时,天线也为谐振工作状态,此时 $Z_{in}=R_{in}$ ($X_{in}=0$)。可见,天线的输入阻抗与天线尺寸以及工作波长有关。

二、电压驻波比

当天线的输入阻抗与馈线的特性阻抗不一致时(通常把这种现象称为不匹配或失配),就会产生反射。在这种情况下,接收到的信号功率不能全部送入电视机而影响收看效果,当馈线很长且严重失配时,还会产生重影现象。

根据传输线理论,入射波和反射波在馈线中迭加会形成驻波(参见第五章第四节的图 5-5)。即同相迭加的点形成波腹,电压为最大值(V_{max}),反相迭加点形成波节,电压为最小值(V_{min}),线上的电压最大值 V_{max} 与最小值 V_{min} 之比定义为电压驻波比($VSWR$):

$$VSWR = \frac{V_{max}}{V_{min}} \tag{4-3}$$

显然 $VSWR \geqslant 1$,$VSWR$ 越大,天线与馈线的匹配程度越差。

三、频带宽度

任何电视接收天线都不是工作在单一的频率上,而是工作在一定的频率范围内。频带宽度就是天线的各种电气性能(增益、$VSWR$、方向性系数等)满足一定要求的频率范围。有时也将频带宽度理解为阻抗带宽,例如,要求在频带内 $VSWR \leqslant 1.5$。

通常,工作在中心频率时,天线输送到馈线的功率最大,偏离中心频率时,天线的性能将变坏,诸如方向性图像主瓣变宽,副瓣电平增高,输入阻抗和馈线特性阻抗失配增大,天线输送到馈线的功率下降等等。规定天线输送到馈线的功率下降到最大输出功率的一半时,所对应的频率范围称为天线的频带宽度,也称通频带。

我国电视频道的频宽为 8MHz,因此天线的频带宽度应大于 8MHz。

四、方向性

天线的方向性是指天线向空间不同方向发射电磁波的能力。对电视接收天线而言,天线的方向性是指天线对来自空间不同方向的电磁波(假定自空间各方向传来的电磁波的场强相同)的相对接收能力。这种能力的大小通常用方向性图来表示。由天线的方向性图就能明显看出能量在空间的分布情况。由于天线的三维方向图不好表示,通常只用两个主平面方向性图表示,即电场矢量所在的平面称为 E 面和磁场矢量所在平面称为 H 面。由于电视发射天线辐射水平极化波,所以 E 面与水平面一致,H 面与垂直面一致。图 4-4(a)所示的水平面方向性图与图 4-4(b)

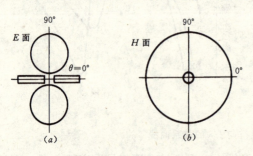

图 4-4 对称半波振子天线的方向性图

所示的垂直面方向性图用来表示对称半波振子天线的方向性。

由图 4-4（a）可见，沿振子的轴线方向上（$\theta=0°$ 和 $\theta=180°$）辐射为零；在垂直振子的两个方向上（$\theta=90°$ 和 $\theta=-90°$）辐射最强，即形成所谓的"8"方向性图。因此，在架设天线时，必须对准最大辐射方向，即来波方向（电视台方向），否则收到的电视信号会很弱，而干扰信号可能较大，严重地影响电视信号的接收质量。

我国电视广播采用的是水平极化波，因此，天线方向性主要考虑水平面内的方向性图，而电视接收天线一般要水平架设。

对于强方向性天线，衡量其方向性通常还采用以下参数：

（一）主瓣宽度

主瓣宽度是说明天线方向性的一个指标。强方向性天线辐射能量在空间分布呈花瓣（波瓣）形状，因此，其方向性图为多波瓣状曲线，如图 4-5 所示。其中主瓣是波瓣中最大的瓣，它集中了天线接收功率（或场强）的主要部分。除了主瓣以外，其余的瓣都是副瓣。副瓣代表天线在不需要的方向上接收的功率，副瓣电平越高，越容易接收干扰波，因此希望它越小越好。与主瓣方向完全相反的在主瓣正后方的副瓣称为后瓣，希望后瓣也是越小越好。

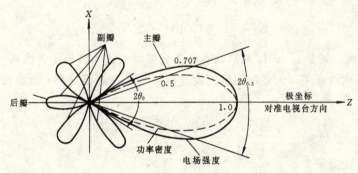

图 4-5 极坐标场强方向性图

方向性图以场强最大值为 1，其他各方向按最大值的百分数标注。因为功率密度正比于场强值的平方，所以平均功率密度的天线方向图形比场强图形稍微窄一些。

主瓣宽度指的是主瓣最大值为 0.707 倍（或 3dB）时的波瓣宽度，即场强为最大场强的 0.707 倍；或指功率密度为最大接收方向上功率密度之半的两点间的夹角称为波瓣宽度，也称半功率波瓣宽度或称半功率波束宽度。通常用 $2\theta_{0.5}$ 表示主瓣宽度。

主瓣宽度对天线方向性有决定性的作用，$2\theta_{0.5}$ 的大小反映出方向性图的尖锐程度。$2\theta_{0.5}$ 越小，说明天线的方向性图越尖锐，天线的定向接收（或辐射）能力就越大，抗干扰能力也就越强。常用的 VHF 频段定向电视接收天线的主瓣宽度大约在 60° 左右；在 UHF 频段，约为 30°。

（二）前后比

前后比是衡量天线排除后向干扰能力的一个重要指标。它是指电视接收天线的前向（对准电视台方向）最大接收能力与后向（背向电视台方向，即 180°±60° 范围内）最大接收能力的比值，常用 F/B 表示，前后比的单位为分贝，其表达方式为：

对于磁场方向图：　　$F/B(\text{dB}) = 20\lg \dfrac{\text{前向最大接收场强}}{\text{后向最大接收场强}}$ 　　　　　(4-4)

对于功率方向图：　　$F/B(\text{dB}) = 10\lg \dfrac{\text{前向最大功率密度}}{\text{后向最大功率密度}}$ 　　　　　(4-5)

由式（4-4）和式（4-5）可见，前后比越大，天线后向接收能力越差，排除后向干扰能力就越大。半波振子天线的 F/B 等于 1 或 0dB，它表示这种天线的前后辐射能量一样。高增益天线的 F/B 都比较大，通常都希望 F/B 越大越好，以便抑制后向干扰波。

五、增益

天线增益表示天线在特定方向接收远处电视信号的能力。天线增益高，接收点处电视信号的场强小也会接收到。在电视标准中，电视天线的增益均以半波振子天线作为比较标准。即把半波振子天线的增益视为 1 或为 0dB。半波振子天线增益比无方向性天线高 2.15dB，用 G 表示增益。因而天线的增益是指在辐射功率相同的条件下，某一定向天线在最大接收方向上接收到的功率 P_1 与半波振子标准天线接收到的功率 P_0 之比值。

$$G = \dfrac{P_1}{P_0} \text{ 或 } G(\text{dB}) = 10\lg \dfrac{P_1}{P_0} \quad (4-6)$$

对于平面电磁波，P 与 E^2 成正比，即

$$G = \dfrac{E_1^2}{E_0^2} \text{ 或 } G(\text{dB}) = 20\lg \dfrac{E_1}{E_0} \quad (4-7)$$

例如，某天线的增益为 6dB，就意味着该天线的增益比半波振子天线高 6dB。天线的增益与天线的方向性图有关，天线的主瓣宽度越窄，后瓣、副瓣越小，天线的增益就越高。

第三节　半波振子天线

一、基本半波振子天线

半波振子天线又称半波偶极子天线，它是最基本、最简单的电视接收天线，常用的室外接收天线中绝大多数都是在这种天线基础上发展起来的（如引向天线等），因此也称它为基本半波振子天线。半波振子天线是由两根长度相等、粗细一样的直金属管组成，其总长约等于半个工作波长，对称放置，两臂中心处有间隙作为馈电点，与馈线连接。

（一）对称振子上的电流分布

根据对称振子的对称性特点，可以把它视为由一对终端开路的传输线（长线）的两臂向外展开而成，如图 4-1 所示。因为无损耗开路传输线上的电流是按正弦规律分布，当振子的导线直径远小于工作波长时，对称振子上的电流也近似正弦规律呈驻波分布，如图 4-6 所示。振子馈电点的电流最大，为波腹电流，而其终端电流为零，是波节电流。

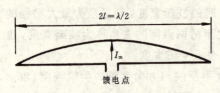

图 4-6　半波振子天线的电流分布

（二）基本半波振子天线的特性

1. 输入阻抗

半波振子天线是谐振式天线，即当振子的总长度 $2l$ 略短于工作波长的一半时，天线所接收到的信号最强，输入阻抗为纯阻性质，其阻值为 73.1Ω，见式（4-2）。若振子长度等于

半波长时，输入阻抗不仅有实部（即电阻），而且还有虚部（即电抗），其电抗值为 42.5Ω，见图 4-3。为了使半波振子天线谐振，即让电抗为零，就应略微减小振子长度。

对于单一频道的中心频率可以实现半波振子天线谐振，这时振子的粗细差别对振子输入阻抗的影响不明显。一旦工作频率偏离时，输入阻抗就会发生变化，其电阻部分 R_{in} 和电抗部分 X_{in} 会随振子长度 $2l$ 与波长 λ 比值的变化而变化，振子粗细对输入阻抗的影响也明显了，振子越粗，影响越小，见图 4-3。设计和制做半波振子天线就是尽量让 $R_{in}=75\Omega$，$X_{in}=0$，这样才能使天线匹配。

2. 增益

增益用来衡量天线辐射（或接收）电视信号的能力。电视天线的增益均以半波振子天线的增益为基准进行比较。半波振子天线的增益表达式❶ 为：

$$G = \frac{30\beta^2 L_e^2}{R_\Sigma} \qquad (4\text{-}8)$$

式中　β——相移常数，$\beta = 2\pi/\lambda$ (rad)；
　　　L_e——天线有效高度，$L_e = \lambda/\pi$ (m)；
　　　R_Σ——天线的辐射电阻 (Ω)。

半波振子天线的辐射电阻 $R_\Sigma = 73.1\Omega$，因此，半波振子天线的增益 $G = 1.64$。

用分贝表示，则为：G (dB) $= 10\lg 1.64 = 2.15$ (dB)。

3. 频带宽度

半波振子的频带宽度与振子导体的直径有关，导体的直径越粗，则频带越宽。我国电视标准规定，每一电视频道的频带宽度为 8MHz。因此，选用适当的振子直径，可满足 8MHz 带宽的要求。

在 VHF 频段，振子直径一般选为 10～20mm，在 VHF 频段，振子直径选为 2～3mm 时，通常就能满足接收 8MHz 带宽的要求。制做半波振子天线的材料常用铜管或铝管。

4. 方向图

基本半波振子天线的 E 面（振子所在平面）方向图为"8"字形，如图 4-4 所示。其 H 面（与振子所在平面垂直的面）方向图为一圆形。

（三）基本半波振子天线与馈线的连接

半波振子天线的输入阻抗为 73.1Ω，而在电缆电视系统中使用的馈线一般是 75Ω 的同轴电缆，两者的阻抗基本上是匹配的。但半波振子天线是对称的，而同轴电缆馈线则是不对称的，必须在天线馈电点和馈线间加装平衡变换器，使之实现平衡-不平衡的变换。

二、折合半波振子天线

将图 4-6 所示的基本半波振子天线的两个尾端用导体连接起来，便构成折合半波振子天线，如图 4-7 所示。折合半波振子天线可视为由两个半波振子天线并联构成。折合半波振子天线在结构上与半波振子天线大不相同，但它们的基本电气性能则大体相同，例如方向性图、增益等，但折合半波振子天线的输入

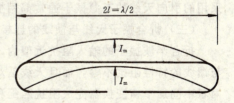

图 4-7　折合半波振子天线的电流

---

❶ 公式引自《共用天线电视原理和设计》一书。

阻抗比基本半波振子天线的输入阻抗高，通频带也比基本半波振子天线宽。

（一）输入阻抗

基本半波振子天线的波腹点电流最大为 I_m，折合半波振子天线的电流被均分在上下两根导体上，每根导体中间点电流最大值为 $I_m/2$（假设折合半波振子天线上下两臂导体的直径相同）。设基本半波振子天线的输入阻抗为 R_{in1}，输入功率为 P_{in1}，折合半波振子天线的输入阻抗为 R_{in1}，当两天线馈入相同功率时，则有：

$$P_{in1} = \left(\frac{I_m}{\sqrt{2}}\right)^2 \cdot R_{in1}, \qquad P_{in2} = \left(\frac{I_m/2}{\sqrt{2}}\right)^2 \cdot R_{in2}$$

因为
$$P_{in1} = P_{in2}$$

所以
$$\left(\frac{I_m}{\sqrt{2}}\right)^2 \cdot R_{in1} = \left(\frac{I_m/2}{\sqrt{2}}\right)^2 \cdot R_{in2}$$

即
$$R_{in2} = 4R_{in1} \tag{4-9}$$

折合半波振子天线的输入阻抗是基本半波振子天线的输入阻抗的 4 倍，约为 300Ω。由于输入阻抗高，当天线工作频率变化或接收的电视频道改变时，天线输入阻抗的相对变化少，易与馈线匹配。但在实际电缆电视系统工程中，天线的输入阻抗还受到天线周围其他物体存在的影响而改变。因此，为保证天线与馈线的良好匹配，在架设天线时，还必须通过测量适当调整天线的结构或加装匹配装置。

（二）频带宽度

振子天线的直径越粗，天线通频带就越宽，当折合振子上臂导体直径为 d_1，下臂导体直径为 d_2，上下两臂振子间距为 b 时，折合半波振子的等效直径 d_0 为：

$$d_0 = \sqrt{(d_1 + d_2) \cdot b} \tag{4-10}$$

例：取 $b=80$mm，$d_1=d_2=10$mm 求出：

$$d_0 = \sqrt{(10+10) \times 80} = 40 \text{(mm)}$$

折合半波振子的等效直径较基本半波振子的直径大，因此，折合半波振子天线的工作频带较基本半波振子天线频带宽，因而提高了接收图像的清晰度，在电缆电视系统中广为采用的引向天线的有源振子通常都用折合半波振子，原因就在于此。

（三）折合振子天线与馈线的连接

折合半波振子的输入阻抗近似为 300Ω，当采用 75Ω 同轴电缆馈线时，天线的输入阻抗与馈线的特性阻抗不等，而且天线是对称结构，同轴电缆馈线为非对称结构，因而必须在两者中间加平衡变换器完成阻抗匹配和平衡-不平衡变换。

（四）折合振子中点电位

折合振子的中点处于高频零电位，因此，可以不加绝缘而直接与金属天线立杆相连接，而对天线的性能没有影响。当天线立杆接地时，整个天线系统就自然有了防雷作用，这是折合振子天线的一大优点。

第四节 常用的天线

一、引向天线

引向天线又称八木天线或八木-宇田天线。引向天线既可以单频道使用，也可以多频道共用，既可作 VHF 接收，也可作 UHF 接收，其工作频率范围是 30～3000MHz。引向天线具有结构简单、馈电方便、易于制作、成本低、风载小等特点，是一种强定向天线，在电缆电视系统电视接收中被广泛采用。

（一）引向天线的结构

引向天线的结构如图 4-8 所示。它是由一个半波长的折合振子和一个稍长于半波长的反射器，以及若干个稍短于半波长的引向器组成。所有振子都平行配置在一个平面上，各振子中心点均为零电位，用一金属横杆固定。折合振子称为有源振子，其两个馈电点与天线馈线或通过匹配器与馈线相连。其他振子称为无源振子，它们与有源振子均没有直接的电联系。位于折合振子前面的称引向器，后面的称反射器。引向天线的反射器与最远一根引向器之间的距离称为天线长度。

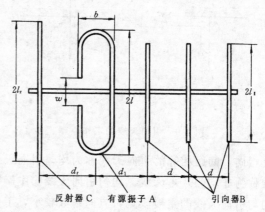

图 4-8 引向天线的结构

具有一个反射器，一个有源振子，一个引向器的天线称为三单元引向天线；而有一个反射器，一个有源振子，两个引向器的天线称为四单元引向天线，余类推。

（二）引向天线的工作原理

以三单元引向天线为例，说明引向天线的工作原理。反射器 C 和引向器 B 与有源振子 A 的距离均为 $\lambda/4$（λ 为电视频道的波长）。有源振子长度略小于 $\lambda/2$，处于谐振状态，其阻抗为纯电阻；反射器长度大于 $\lambda/2$，呈电感性；引向器长度小于 $\lambda/2$，呈电容性（见图 4-3 所示）。

引向器的作用是这样的：从天线前方来的电磁波先到达引向器，后到达有源振子。设在引向器上产生的感应电动势为 e_B，在有源振子上产生的感应电动势为 e_A。由于电磁波先到引向器，经 $\lambda/4$ 路程后再到有源振子，所以 e_B 比 e_A 超前 90°，如图 4-9（a）所示。因为引向器为电容性，所以引向器上的电流 I_B 比 e_B 超前 90°。引向器电流 I_B 产生的辐射场到达有源振子形成的磁场 H_B 又比 I_B 滞后 90°。根据电磁感应原理，H_B 在有源振子上的感应电动势 $e'_B = -\dfrac{d\Phi}{dt}$，即 e'_B 比磁通 Φ 滞后 90°，而 Φ 与 H_B 同相位，所以 e'_B 比 H_B 滞后 90°，结果 e'_B 和 e_A 同相位，即 e'_B 和 e_A 相加，使输出电压增加。

反向器的作用如图 4-9（b）所示：电波从有源振子到反射器又多走了 $\lambda/4$ 的路程，所以反射器上的感应电势 e_C 滞后 e_A 90°。由于反射器为感性，反射器上的感应电流 I_C 滞后 e_C 90°。H_C 在有源振子上的感应电动势 e'_C 又滞后 H_C 90°，这样，e'_C 比 e_A 共滞后 360°，相当

于 e'_C 和 e_A 同相位,可见,反射器的作用也使天线的输出电压增加了。

如果电磁波方向反过来,从天线后方传过来,同样的分析可得到 e'_B 和 e_A 反相,见图 4-9(c), e'_C 和 e_A 反相,见图 4-9(d),使天线输出电压减少。即引向器和反射器都抑制来自天线后方的电磁波。

当增加引向器数目,则可以增加天线的增益,而且引向器的数目越多,增益越高,方向性图就越尖锐。但是,引向器个数太多时,性能的改善已不太明显,有源振子后面一般可加一个或两个反射器,再多加对提高天线增益的作用也不大。

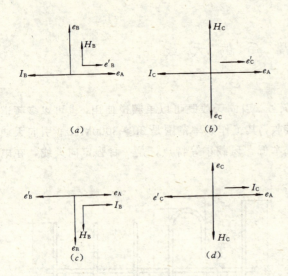

图 4-9 引向天线的工作原理

(三) 引向天线的设计

引向天线可分为两类:引向振子的长度相同,间距相等的引向天线称为均匀引向天线;引向振子的长度和间距不相等的引向天线称为非均匀八木天线。均匀引向天线的主瓣窄,方向系数大,整个频带内增益均匀;非均匀引向天线的主瓣较宽,方向系数较小,工作频带内增益不均匀,但工作频带宽。

下面介绍均匀引向天线尺寸的计算步骤。

1. 计算高、低端波长和中心波长

由电视频道表查出天线在频道低端和频道高端的工作频率 f_1 和 f_2,再根据 f_1 和 f_2 换算出相应的工作波长 λ_1 和 λ_2 及几何中心波长 λ_0。计算公式如下:

波长
$$\lambda = \frac{c}{f} \tag{4-11}$$

式中 c——光速,$c = 3 \times 10^8$ m/s;

f——天线的工作频率,单位为 Hz。

$$\lambda_0 = \sqrt{\lambda_1 \cdot \lambda_2} \tag{4-12}$$

2. 确定天线的单元数目 N

在 8MHz 的频带范围内,引向天线的增益与单元数目 N 有如图 4-10 所示的关系。利用该曲线,根据所要求达到的增益,可确定所需引向天线的单元数目 N,用图 4-11 可确定天线的长度 $2l/\lambda$。

3. 确定有源折合振子长度 $2l$,宽度 b 和接口宽度 w

考虑到天线的缩短效应,有源振子长度 $2l$ 按下式计算:

$$2l = (0.45 \sim 0.49) \cdot \lambda_0 \tag{4-13}$$

有源折合振子宽度 b 可按下式计算:

$$b = (0.01 \sim 0.08) \cdot \lambda_0 \tag{4-14}$$

b 值增大,有利于加宽频带,但若 b 取得太大,则两条窄边(即折合振子的上下两臂)会产生辐射,天线增益下降,且方向性图受到破坏。b 值太小,振子的输入阻抗要降低,不易和

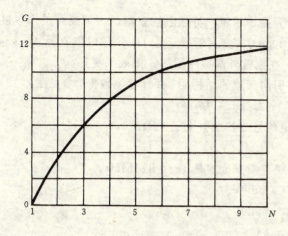
图 4-10　天线振子数 N 与增益的关系

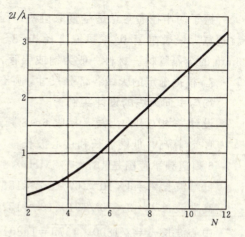
图 4-11　天线振子数 N 与 $2l/\lambda$ 的关系曲线

馈线匹配。通常在 VHF 频段选 $b=0.02\lambda$，在 UHF 频段选 $b=0.08\lambda_0$。

有源振子的接口宽度 w 在 VHF 频段一般取 $50\sim80$mm；在 UHF 频段一般取 20mm。

4. 确定引向器的长度及间距

一般引向器长度 $2l_1$ 可按下式估算：

$$2l_1 = (0.4\sim 0.45)\cdot \lambda_2 \tag{4-15}$$

在电缆电视系统中，通常所用引向器长度是通过实际调试确定的。引向器的数目越多，所取长度越短。当引向器的数目多于 3 个时，可取 $2l_1=0.4\lambda_2$。

引向器之间的距离 d 取值较大，则增益高，方向性尖锐，但副瓣也高，易接收干扰信号，若引向器间距过大，则还会因振子间感应减弱，而使天线增益下降。而引向器间距较小时，不仅使增益降低，而且有源振子输入阻抗也减少，不宜与馈线匹配。引向器之间的距离可按下式取：

$$d = (0.15\sim 0.4)\cdot \lambda_2 \tag{4-16}$$

引向器之间的距离按等距排列。但第一根引向器距有源振子之间的距离 d_1 应取得小一些，可取：

$$d_1 = (0.1\sim 0.28)\cdot \lambda_2 \tag{4-17}$$

这样有利于加宽频带。一般在 VHF 频段，取 $d\leqslant 0.3\lambda_2$，$d_1=0.21\lambda_2$；在 UHF 频段，取 $d=(0.2\sim 0.25)\cdot\lambda_2$，$d_1=0.15\lambda_2$。

5. 确定反射器的长度及间距

反射器长度 $2l_r$ 应略大于有源振子的长度，一般取：

$$2l_r = (0.5\sim 0.55)\cdot \lambda_1 \tag{4-18}$$

具体长度可通过实验调整确定。

反射器与有源振子之间的距离 d_r 计算公式为：

$$d_r = (0.15\sim 0.23)\cdot \lambda_1 \tag{4-19}$$

d_r 取得较大时，有源振子的输入阻抗较高，天线与馈线匹配的频带较宽，但缺点是方向性图的前后比较小。因此，在电缆电视系统中，一般情况下取 $d_r=0.2\lambda_1$ 为宜。

6. 确定振子的直径和材料

振子的半径通常总是尽量取粗些，因为振子越粗，特性阻抗就越低，天线的工作频带就越宽。一般在 VHF 频段取直径 $\phi = 8 \sim 20$ mm 的金属管材；在 UHF 频段取直径 $\phi = 3 \sim 6$ mm 的金属管材。材料一般为铜或铝管，在铜管外部镀一层银，则效果更好。

7. 根据确定的天线各部分尺寸，画出引向天线的结构图，并标注上数据，参见图 4-12。

均匀引向天线的设计实例：

设计一均匀引向天线，接收 6～8 频道信号，其增益大于 8dB。

1. 计算高、低端波长和中心波长

6 频道频率范围是 167～175MHz，8 频道频率范围是 183～191MHz。

低端波长 $\lambda_1 = 3 \times 10^8 / 167 \times 10^6 \approx 1800$ (mm)，

高端波长 $\lambda_2 = 3 \times 10^8 / 191 \times 10^6 \approx 1570$ (mm)，

中心波长 $\lambda_0 = \sqrt{1800 \times 1570} = 1680$ (mm)。

2. 确定天线的单元数目 N

查图 4-10，确定天线单元数目 $N = 4$。

3. 确定有源折合振子长度 $2l$，宽度 b 和接口宽度 w

折合振子长度 $2l = 0.45\lambda_0 = 0.47 \times 1680 \approx 790$ (mm)，

折合振子宽度 $b = 0.02\lambda_0 = 0.02 \times 1680 \approx 34$ (mm)，取 40mm，

折合振子的接口宽度 $w = 60$ (mm)。

4. 确定引向器的长度及间距

引向器长 $2l_1 = 0.42\lambda_2 = 0.42 \times 1570 \approx 659$ (mm)，

引向器间距 $d = 0.3\lambda_2 = 0.3 \times 1570 = 471$ (mm)，

第一引向器与有源振子间距 $d_1 = 0.21\lambda_2 = 0.21 \times 1570 \approx 330$ (mm)。

5. 确定反射器的长度和间距

反射器长 $2l_r = 0.52\lambda_1 = 0.52 \times 1800 = 936$ (mm)，

反射器与有源振子间距 $d_r = 0.2\lambda_1 = 0.2 \times 1800 = 360$ (mm)。

6. 确定振子的直径和材料

振子均选用管径 $\phi = 10$ mm 的铝管。

7. 根据以上计算，得到 6～8 频道天线结构如图 4-12 所示。

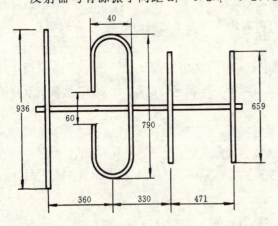

图 4-12　6～8 频道 4 单元引向天线（单位：mm）

二、天线阵

（一）等幅同相天线阵

为了进一步提高天线的方向性和增益，可以利用几个多单元引向天线组成天线阵。

天线阵排列方法通常有三种，一种为水平排列，即将几副结构相同的引向天线按相等间距在水平线上排列，称为"列"，也称水平天线阵，如图 4-13（a）所示。另一种为垂直排列，即将几副结构相同的天线按相同的距离在垂直线上排列，称为"层"，也称垂直天线阵，如图 4-13（b）所示。还可将水平天线阵与垂直天线阵组合在一起，构成复合天线阵，如图 4-14 所示。

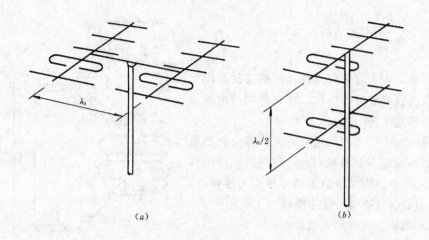

图 4-13 单层双列和双层单列天线阵

水平天线阵能提高天线的增益,天线数越多,增益也越大。水平天线阵也能改变天线的水平方向性,使水平波瓣变窄。天线数越多,水平方向性越尖锐,抗水平方向的干扰能力越强。

垂直天线阵同样能提高天线的增益,天线数越多,天线阵的增益也越高。垂直天线阵改变天线的垂直方向性,而且天线数目越多,垂直方向性越好。

复合天线阵可使天线增益更高,而且使得整个方向性图变得更加尖锐,因而抗干扰能力更强。

天线阵要求天线和馈线阻抗相匹配,保持单元天线馈电的对称性和保证各副多单元引向天线同相馈电。天线阵与连接馈线的匹配方法可以有多种,图 4-15 示出一种用同轴电缆线对双层单列或单层双列天线进行匹配的方法,在半波折合振子馈电端接入 $\lambda/2$ 平衡变换

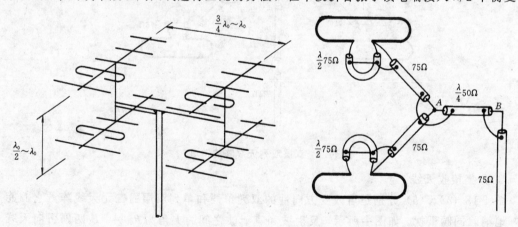

图 4-14 双列双层天线阵　　图 4-15 双层单列及单层双列天线阵的馈电

器(U形管),转换后引向天线输出阻抗变为 75Ω 不平衡式。在每副引向天线的输出端再各接一段长度完全相同、特性阻抗为 75Ω 的同轴电缆,将两段同轴电缆在 A 点并联后等效阻抗为 $Z_{CA}=75/2=37.5(\Omega)$。因天线阵引下线的特性阻抗为 75Ω,为使两者阻抗匹配,需要在引下线与 A 点间接入 $\lambda/4$ 阻抗变换器。其特性阻抗为:

$$Z_0 = \sqrt{Z_{CA}Z_{CB}} = \sqrt{37.5 \times 75} = 53(\Omega) \tag{4-20}$$

因此，取长为 λ/4 的 50Ω 电缆做阻抗变换器能使天线与馈线获得较好的匹配。注意各同轴电缆的铜网应互相连接在一起。

四层单列天线阵和双层双列天线阵正确馈电方法的基本原理与双层单列和单层双列天线阵相同。图 4-16 示出四层单列天线阵馈电的连接法，图 4-17 示出双层双列天线阵馈电的正确连接法。

（二）可变方向性的天线阵

电视信号由于受到高大物体影响形成多径反射波，它们比直射波滞后一段时间到达天线，因此在电视主图像右侧出现重影。若反射波来自斜向，可通过改变天线阵的方向性来抑制反射波造成的重影。可变方向性天线清除重影的原理是调整双层或双列二元天线阵的间距或它们之间的相移，使天线方向性图的零辐射角对准反射波的来向，从而达到消除重影的目的。零辐射角 2θ。就是天线方向性图中等于或接近于零的最小值所对应的角度，见图 4-5 所示。

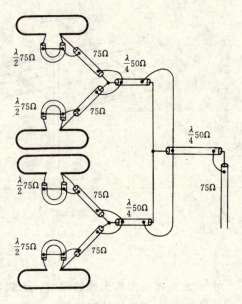

图 4-16 四层单列天线阵的馈电

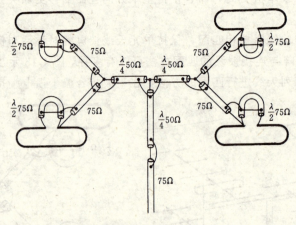

图 4-17 双层双列天线阵的馈电

1. 分集接收天线

图 4-18（a）、（b）分别是可改变方向性的双列单层和单列双层的二元天线阵，它们能较好地消除同频干扰。如图中所示，反射波和直射波之间的夹角为 θ，A、B 两副引向天线的间距为 d，并和直射波的来向成直角，A、B 两天线的输出采用相同长度的同轴电缆馈线引出。

当反射波的来向角度 θ 已知时，可根据下式求出两天线的间距 d：

$$d = \frac{(2n-1)\lambda}{2\sin\theta} \tag{4-21}$$

当 $n=0$，$d=\lambda/\sin\theta$ 时，方向性图的第一个零辐射角正好对准了反射波的方向。

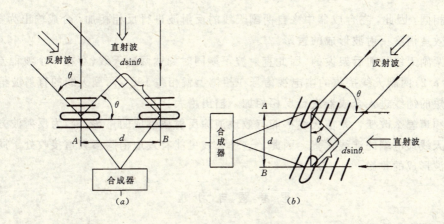

图 4-18 可变方向性天线阵

2. 移相天线

采用改变二元天线阵间距 d 的办法消除反射波形成的重影对于两个以上频道则显得不便。因为二元天线阵间距 d 与波长 λ 有关。改变频道时，λ 也改变，d 也要随着改变才能继续对该方位的反射波起抗重影的作用，对于已架设好的二元天线阵来说，移动两副天线相对位置是很不方便的。移相天线则是在不改变天线架设位置（即 d 不变）的情况下，通过两副天线相移使二元天线阵的零辐射角对准反射波达到消除重影的目的。

图 4-19 示出了移相天线的组成原理。方法是利用信号在电缆中传输产生的缩短效应的特点，（即电缆中信号波长 λ_c 比信号在空间传播的波长 λ 短些），通过调整移相天线中某个引向天线的馈线长度即可实现相移，因此，虽然二元天线阵间距 d 固定，但只要适当地改变两副天线馈线的长度，就能改变天线和干扰波之间的夹角 θ，从而使零辐射角对准重影信号。

3. 差值天线

差值天线的组成原理如图 4-20 所示，它是由反相馈电的两副相同结构的天线构成的。两副天线的输出用同样长的馈线接入合成器，两副天线除水平间要保持一定距离外，前后也要有一定距离，并使两副天线馈电端的连接与干扰信号波的方向垂直。

由于反射波的方向与两副天线馈电端的连线垂直，反射波同时到达两副天线，其幅度

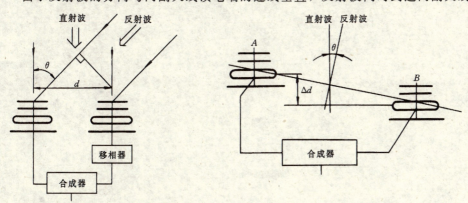

图 4-19 移相天线的组成原理　　　　图 4-20 差值天线

和相位均相同，因此，在合成器中来自两副天线的反射波进行反相相加，合成输出为零，因此它能有效地消除反射波形成的重影。

由于两副天线是前后架设的，因此直射波不能同时到达两副天线，存在一个波程差 Δd，只要 $\Delta d = \lambda/2$，两副天线接收的主电视信号在相位上就相差 $180°$，两副天线的直射波信号经过同样长短的馈线进入合成器进行反相相加，输出增大。

无论频道怎么改变，差值天线都能有效地消除反射波形成的重影，因为反射波方向始终与两副天线馈电端的连线垂直。因此，这种天线更能有效地消除多频道接收处于同一方位的反射波形成的重影。

思考题与习题

1. 什么是天线互易原理？
2. 电视天线的作用有哪些？
3. 电视天线有哪些主要的参数？其定义是什么？
4. 设计一副 10~12 频道增益不低于 9dB 的均匀引向天线。
5. 设计一副 8 单元 15 频道均匀引向天线，其增益是多少？它还适合于接收什么频道的电视信号？

第五章 电缆电视系统的传输线（馈线）

在电缆电视系统中，各种信号都是通过传输线（又称馈线）进行传输的，掌握传输线的基本能参数、结构、种类等，对于合理进行系统的工程设计具有重要的意义。在电缆电视系统中，应用的传输线主要是同轴射频电缆和光缆，而目前各种类型的电缆电视系统使用的传输线仍然是同轴电缆，光缆主要是用于主干线之间的传输，本章主要介绍同轴电缆，光缆将在第十一章中介绍。

第一节 同轴射频电缆

一、同轴电缆的结构

同轴电缆是用介质使内、外导体绝缘且保持轴心重合的电缆，一般由内导体、绝缘体、外导体、护套四个部分构成，如图 5-1 所示。

（一）内导体

内导体通常是一根实芯导体，也可采用空心铜管或双金属线，一般对不须供电的用户网，采用铜包钢线，而对于需要供电的分配网或主干线，则采用铜包铝线，这样既能保证电缆的传输性能，又可满足机械性能要求。目前，国内的产品均采用实芯铜导体，美国产品多采用双金属线结构，随着工

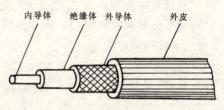

图 5-1 同轴电缆结构

艺水平的提高和铜价的上涨，国内产品也有采用双金属的趋势。

（二）绝缘体

绝缘体的种类主要有聚乙烯、聚氯乙烯等，常用的是介质损耗小、工艺性能好的聚乙烯。绝缘的形式可分为实芯绝缘、半空气绝缘、空气绝缘三种。由于半空气绝缘的形式在电气、机械性能方面均占优势，因而得到普遍采用。

（三）外导体

外导体有两重作用，它既作为传输回路的一根导体，又具有屏蔽作用，通常有三种结构：

1. 金属管状

采用铜和铝带纵包焊接，或者用无缝铝管挤包拉延而成，这种形式的屏蔽性能最好，但柔软性差，常用于干线电缆。

2. 铝箔纵包搭接

这种结构有较好的屏蔽作用，制造成本低，但由于外导体是带纵缝的圆管，电磁波会从缝隙泄漏，一般较少采用。

3. 铜网和铝箔纵包组合

这种结构柔软性好,重量轻,接头可靠,其屏蔽作用主要由铝箔完成,由镀锡铜网导电,这种结构形式在电缆中大量采用。

4. 护套

考虑电缆的抗老化,外皮(护套)用聚氯乙烯或聚乙烯材料构成。

二、同轴电缆的编号

(一) 电缆型号的组成

我国同轴电缆型号的组成方法如下:

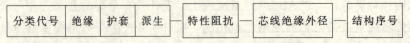

(二) 字母代号及其意义

几个主要字母代号的意义如下:S——同轴射频电缆;Y——聚乙烯;YK——聚乙烯纵孔半空气绝缘;D——稳定聚乙烯空气绝缘;V——聚氯乙烯。

例如:SYKV-75-5 表示射频同轴电缆、聚乙烯纵孔半空气绝缘(藕芯)、聚氯乙烯护套、特性阻抗为 75Ω、芯线绝缘外径为 5mm。

上述同轴电缆的编号方法已不能满足日益发展的需要,一些新型电缆的编号已超出上述代号的范畴,目前国内编号还没有实现完全统一。

三、同轴电缆的种类

同轴电缆的种类依据对内、外导体间绝缘介质的处理方法不同可分为下列几种:

(一) 实芯同轴电缆

这种电缆的内、外导体间填充以实芯的聚乙烯绝缘材料,由于介质为实芯状,这种电缆介电常数高,传输损耗大,属于早期应用的产品,目前已基本淘汰,国产常用型号为 SYV 系列。

(二) 藕芯同轴电缆

这种电缆将聚乙烯绝缘介质材料经过物理加工,使之成为纵孔状(藕芯状)半空气绝缘介质,如图 5-2(a)所示。信号在这种介质电缆中的传输损耗比实芯介质电缆中的传输损耗要小得多,但这种电缆的最大缺点是防潮防水性能差。国产常用型号为 SYKV、SDVC 等系列,这是目前电缆电视分配网络中普遍采用的一种传输线。

(三) 物理高发泡同轴电缆

这种电缆是在聚乙烯绝缘介质材料中注入气体(如氮气),使介质发泡,通过选择适当工艺参数使之形成很小的互相封闭的气孔,如图 5-2(b)所示。经过这种加工后的电缆不易老化,不易受潮,信号在这种介质电缆中的传输损耗比藕芯电缆中的传输损耗小。国产常用型号为 SDGFV、SYWFV 等系列,美国产 QR 系列,在较大型电缆电视系统中,一般均采用这种电缆作为干线性输线。

(四) 竹节电缆

这种电缆是将聚乙烯绝缘介质经物理加工,使之成为竹节状半空气绝缘的结构,如图 5-2(c)所示。这种电缆具有物理高发泡电缆同样的优点,但由于对生产工艺和环境条件要求高,产品规格受到一定限制。国产型号为 SYDV 系列,美国产 MC^2 系列,这种电缆一般均作为干线传输线。

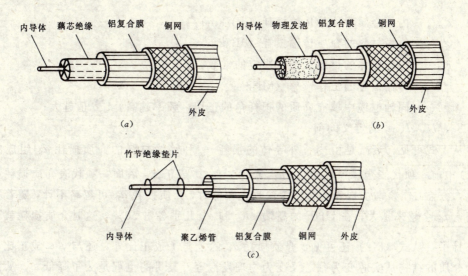

图 5-2 常用同轴电缆结构
(a) 藕芯电缆;(b) 物理发泡电缆;(c) 竹节电缆

第二节 同轴电缆的基本参数

同轴电缆作为当前电缆电视系统中的主要传输线,具有很重要的一些基本参数,主要有下列几种:

一、特性阻抗

同轴电缆粗细均匀、内外导体间的距离处处相等,分布参数是沿线均匀分布的,因此同轴电缆是一种均匀传输线。在均匀传输线上任意一点的入射波电压与入射波电流的比值,称为同轴电缆的特性阻抗,用 Z_C 表示,对于无耗传输线 Z_C 为纯电阻。根据微波传输理论有:

$$Z_C = \frac{138}{\sqrt{\varepsilon_r}} \lg \frac{D}{d} \quad (\Omega) \tag{5-1}$$

式中 D——同轴电缆外导体的内直径(mm);
  d——同轴电缆内导体的外径(mm);
  ε_r——绝缘层的相对介电常数。

从上式可见,同轴电缆的特性阻抗取决于内、外导体的直径和绝缘介质的材料和形状,而与电缆的长度无关,同轴电缆的特性阻抗有 50Ω、75Ω、100Ω 等规格,电缆电视系统常用 Z_C 为 50Ω 和 75Ω 的同轴电缆。

二、衰减常数

电视信号在同轴电缆中传输时存在着传输损耗,其损耗的大小用衰减常数 β 表示,单位为:dB/km、或 dB/100m、或 dB/m 均可,根据微波传输理论有:

$$\beta = \alpha_{金} + \alpha_{介} = \frac{3.56\sqrt{f}}{Z_C}\left(\frac{K_1}{D} + \frac{K_2}{d}\right) + 9.9f\sqrt{\varepsilon_r}\,\text{tg}\delta \quad (\text{dB/km}) \tag{5-2}$$

式中　$\alpha_{金}$——内外金属导体的传输损耗（dB/km）；
　　　$\alpha_{介}$——绝缘材料的介质传输损耗（dB/km）；
　K_1、K_2——内外导体的材料和形状决定的常数；
　　　f——传输信号的工作频率（MHz）；
　　　$tg\delta$——同轴电缆中填充介质的损耗角的正切，频率越高，$tg\delta$值越大；
　　Z_C、D、d、ε_r的定义同前。

从上式可见，衰减是由内、外导体的损耗 $\alpha_{金}$ 和绝缘材料的介质损耗 $\alpha_{介}$ 组成的，式 (5-2) 中前一项代表金属损耗造成的衰减，它与 $\sqrt{f}$ 成正比，后面一项代表介质损耗造成的衰减，它与工作频率 f 成正比。当传输频率较低时，介质损耗 $\alpha_{介}$ 可忽略不计，随着频率的提高，$\alpha_{介}$ 会越来越大，在 UHF 的高端，$\alpha_{金}$ 和 $\alpha_{介}$ 几乎各占 50%，这时介质损耗就不能忽略不计了。从式 (5-2) 还可见，介质损耗 $\alpha_{介}$ 除了与 f 成正比外，还与 $\sqrt{\varepsilon_r}$ 成正比，因此绝缘介质的结构从实芯变为藕芯又变为物理发泡等，其目的也就是为了降低 ε_r，从而减小 $\alpha_{介}$。另外，经研究可知，在金属损耗中，内导体的损耗约占 $\alpha_{金}$ 的 78%，外导体的损耗占 $\alpha_{金}$ 的 20%，采用铜内导体、铝外导体的结构，衰减仅比全铜结构大 6%，但铜的消耗量可减少 65%，因此以铝代铜作外导体是一种方向。图 5-3 所示为几种常用同轴电缆的衰减频率特性曲线图。

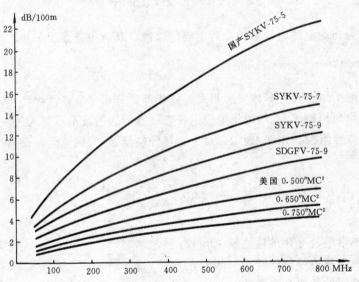

图 5-3　同轴电缆频率特性曲线

从图 5-3 可见，在目前城市电缆电视系统的工作频率范围内，由于传输频率较低，衰减常数与频率之间的关系近似为线性。工程上为了计算方便，通常认为衰减常数 β 与工作频率的平方根 $\sqrt{f}$ 成正比，即有：

$$\beta \approx K\sqrt{f} \quad (dB/km) \qquad (5-3)$$

需要注意，当频率较低时，这种计算与实际值较接近，当频率较高时，这种计算有一定的误差。由于同轴电缆具有频率特性，当系统中同时传输若干个频道信号时，频率高的频道传输损耗大，频率低的频道传输损耗小。对于一定长度的电缆，信号经传输后，必然导致高低频道电平有差值，这种差值称为斜率。

【例】 已知某 SYKV-75-5 同轴电缆在频率为 55MHz 时衰减常数为 4.5dB/100m，(1) 求频率为 550MHz 时的衰减常数？(2) 150m 长的该电缆在 55MHz 和 550MHz 时的传输损耗各为多少分贝？

【解】 （1）已知 $f_1=55\text{MHz}$、$f_2=550\text{MHz}$、$\beta_1=4.5\text{dB}/100\text{m}$

则 $$\beta_2 = K\sqrt{f_2} = \frac{\beta_1}{\sqrt{f_1}} \cdot \sqrt{f_2} = \frac{4.5}{\sqrt{55}} \times \sqrt{550} = 14.2(\text{dB}/100\text{m})$$

（2）在 55MHz 时的传输损耗为 $1.5\times 4.5=6.75$（dB）

在 550MHz 时的传输损耗为 $1.5\times 14.2=21.3$（dB）

可见，电缆的损耗是有斜率的，系统传输的频率越高，电缆的长度越长，高低频道之间的电平差就越大。若直接输入放大器，放大器将会产生严重的非线性失真；若传输至用户的电视机，会使得用户电平的高低频道差超过国家规定值（国家规定：邻频传输系统各频道用户电平差≤3dB，全频道系统各频道用户电平差≤12dB），同样会在电视机中产生严重的非线性失真。因此，在电缆电视系统中必须进行频率补偿。补偿的方法有：（1）在放大器的输入端外加斜率均衡器，利用均衡器随着频率的增加均衡量下降的特性，来补偿同轴电缆的频率特性；（2）采用本身具有斜率均衡功能的放大器（内均衡）。

三、温度系数

信号在电缆中传输的损耗除了与频率有关外，还随着环境温度的变化而变化，这种特性就称为电缆的温度特性。当电缆很长时，电缆温度特性的影响更加明显。衡量电缆的温度特性通常用温度系数表示，一般情况下，温度每变化 1℃，电缆损耗变化约 0.2%，即温度系数为 0.2%/℃。如果有一条干线，其总损耗量（又称电长度）为 100dB，温度每变化 1℃，损耗就要变化 $100\times 0.2\%=0.2\text{dB}$，若一年中温度变化为 ±30℃，就会产生 $100\times 0.2\%\times(\pm 30℃)=\pm 6\text{dB}$ 的变化，这样大的变化量，累积在用户端将会导致用户无法正常收看电视图像。电缆的温度特性除了导致电缆损耗的变化，还会导致电缆的斜率随温度而变化。

【例】 某一电缆在常温（+20℃）时，频率为 52MHz 时的衰减为 40dB/km，频率为 800MHz 时的衰减为 100dB/km，求 -20℃、+40℃ 时的衰减常数。

【解】 -20℃时，$\beta_{52\text{MHz}}=40+40\times 0.002\times(-40℃)=36.8$（dB）

$\beta_{800\text{MHz}}=100+100\times 0.002\times(-40℃)=92$（dB）

+40℃时，$\beta_{52\text{MHz}}=40+40\times 0.002\times(+20℃)=41.6$（dB）

$\beta_{800\text{MHz}}=100+100\times 0.002\times(+20℃)=104$（dB）

上例中，在常温 +20℃ 时，该电缆斜率为 $100-40=60\text{dB}$；在 -20℃ 时，斜率为 $92-36.8=55.2\text{dB}$，斜率变化了 $55.2-60=-4.8\text{dB}$；在 +40℃ 时，斜率为 $104-41.6=62.4\text{dB}$，斜率变化了 $62.4-60=2.4\text{dB}$。这种斜率的变化会破坏原有系统经过频率补偿达到的平衡，同样会导致放大器产生非线性失真等，也会累积在用户端，使用户端的电平在一年四季中发生变化而无法正常收看。干线越长，一年中温差变化越大，这种影响就越大。因此在较大型的系统中必须进行温度补偿，补偿的方法主要有：（1）采用有自动电平控制（ALC）功能的放大器。利用双导频信号,一个导频信号控制放大器的增益(AGC),以控制电缆损耗的变化;另一个导频信号控制放大器的斜率(ASC),以控制电缆斜率的变化。(2)在放大器中使用热敏电阻,取出气温的变化部分来自动控制放大器的增益,以控制电缆损耗的变化。(3)采用有自动增益控制(AGC)功能的放大器,通过单导频信号来控制放大器的增益,以控制电缆损耗的变化。上述(2)和(3)的方法不能控制电缆斜率随温度的变化,故只能在干线不太长时使用。

四、波速因数

电视信号在电缆中传输时,由于绝缘介质的影响,使得信号的传输速度要发生变化,已知信号在空气中传输的速度为光速 c,波长为 λ_0,则有 $\lambda_0 = \frac{c}{f}$。设信号在同轴电缆中的传输速度为 v,波长为 λ,根据微波传输理论有:$v = \frac{c}{\sqrt{\varepsilon_r}}$,$\lambda = \frac{\lambda_0}{\sqrt{\varepsilon_r}}$,$\varepsilon_r$ 定义同前。信号在同轴电缆中传输的波长 λ 与在空气中传输的波长 λ_0 的比值称为波速因数(又称为波长缩短系数),用 K 表示,有:

$$K = \frac{\lambda}{\lambda_0} = \frac{1}{\sqrt{\varepsilon_r}} \tag{5-4}$$

从上式可见,波速因数取决于电缆中绝缘介质的材料、结构,对于 SYKV 同轴电缆,$\varepsilon_r = 1.45$,则 $K = \frac{1}{\sqrt{1.45}} = 0.83$。国内几种型号同轴电缆波速因数见表 5-1。了解波速因数可使我们在利用电缆进行阻抗变换时能确定电缆的实际长度,例如长度为 1/2 波长的同轴电缆(SYKV 型),电缆的实际长度为 $\frac{\lambda_0}{2} \times 0.83$。

国内几种型号同轴电缆波速因数   表 5-1

参　　数	实　芯	藕　芯	物理发泡
相对介电常数	2.35	1.45	1.26
波速因数	0.65	0.83	0.89

五、屏蔽系数

屏蔽系数表示电缆屏蔽作用的大小,设被屏蔽空间内某一点电场强度为 E(或磁场强度为 H),无屏蔽层时该点的电场强度为 E'(或磁场强度为 H'),则:

屏蔽系数 $\qquad S = E/E' = H/H' \tag{5-5}$

由上式可见,屏蔽系数的绝对值在 1~0 之间,S 越小,屏蔽效果越好,当屏蔽系数为 0 时,说明有理想的屏蔽效果。在 CATV 系统内传输信号的过程中,电缆的屏蔽性能也是一项重要指标,它既防止周围环境中各种高频信号干扰本系统,又防止本系统的传输信号泄漏干扰其他系统,采用金属管状外导体具有最好的屏蔽特性。

第三节 馈线的匹配

高频电视信号在CATV系统内传输，通过馈线将系统内各个部件连接成一个整体，为了能最大限度地传输信号能量，要求馈线与各个连接部件之间都要阻抗匹配。馈线同天线匹配，是为了使馈线从天线获得最大能量；馈线同负载匹配，是为了使馈线上传输的信号能量全部被负载吸收。系统内馈线匹配程度的好坏，将直接影响到信号传输的质量，利用不同长度的馈线，可以做成阻抗变换器。

一、终端匹配的馈线

馈线终端所接负载阻抗 Z_L 等于馈线特性阻抗 Z_C 时，称为终端匹配连接。终端匹配的馈线有如下特点：

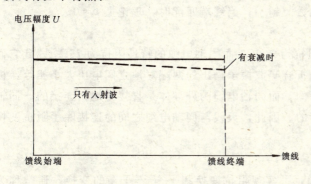

1. 馈线中的电波始终沿一个方向传输，馈线上只有入射波而没有反射波，此时馈线上所传送的电波能量全部被负载吸收，电压（电流）沿线分布为行波状态。无损耗传输情况如图5-4中实线所示，这时入射波在传输线各处的电压幅度相等，如果考虑传输线的损耗，则入射波将逐渐平坦下降，如图5-4中虚线所示。

图 5-4 终端匹配时馈线上的行波

2. 不论馈线多长，馈线上任意一点的阻抗都等于它的特性阻抗，即 $Z_入 = Z_0$。

二、终端不匹配的馈线

当馈线终端的阻抗不等于馈线的特性阻抗时，负载只能吸收电波的部分能量，而不能全部吸收，多余的能量必然由终端向始端反射形成反射波，这样在馈线上同时存在入射波和反射波，两者叠加后的合成波称为驻波，如图5-5所示。在反射波与入射波相位相同的地方振幅相加为最大，称为波腹；在反射波与入射波相位相反的地方振幅相减为最小，称为波节；其他各点的振幅介于波腹与波节之间。

由于终端不匹配时馈线中出现了反射波，输入信号的功率不能被负载全部吸收，使用户端信号达不到规定值。而且由于反射波的出现，当反射波与输入端阻抗仍不匹配时，又会产生反射而成为新的入射波。这样在终端负载上就会有多重入射波，从而产生右重影现象。反射波严重时，甚至会破坏整个传输系统的正常运行。

衡量系统内由于阻抗不匹配而引起的反射波的大小，可用反射系数、驻

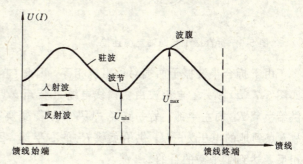

图 5-5 终端不匹配时馈线上的驻波

波系数、反射损耗等表示。其定义为：

$$\text{反射系数} \rho = \frac{\text{反射波电压幅度}}{\text{入射波电压幅度}} = \frac{U_\text{反}}{U_\text{入}} = \frac{Z_\text{L} - Z_\text{C}}{Z_\text{L} + Z_\text{C}} \tag{5-6}$$

$$\text{驻波系数} S = \frac{\text{驻波波腹电压幅值}}{\text{驻波波节电压幅值}} = \frac{U_\text{max}}{U_\text{min}} = \frac{Z_\text{L}}{Z_\text{C}} \tag{5-7}$$

$$\text{反射损耗} R_\text{L} = 20\lg\frac{1}{\rho} = 20\lg\left|\frac{Z_\text{L} + Z_\text{C}}{Z_\text{L} - Z_\text{C}}\right| \text{(dB)} \tag{5-8}$$

从上述公式可见，反射损耗 R_L 值越大，说明馈线与负载匹配的程度越好，信号绝大部分被负载吸收，当终端匹配时，理论上 $R_\text{L} \to \infty$；从驻波系数的角度分析，馈线与负载的匹配程度越好，驻波系数 S 值越接近于 1，当终端匹配时，理论上 $S=1$；从反射系数的角度分析，馈线与负载匹配越好，反射系数 ρ 越小，当终端匹配时，理论上 $\rho=0$。

三、阻抗变换器

在 CATV 系统中，天线的输入阻抗为 300Ω，而同轴电缆的特性阻抗为 75Ω，因此它们之间需要进行阻抗变换。同时，天线折合半波振子输出的两端对地之间电压大小相等，极性相反，因此两个输出端对地是平衡的，而同轴电缆的外导体是直接与地相连接的，同轴电缆的内外导体与地之间又是不平衡的。因此，天线与同轴电缆之间的连接除了阻抗变换以外，还需进行平衡-不平衡的变换。

（一）同轴电缆变换器

利用一段长度为 $\lambda/2$ 的同轴电缆，可实现阻抗变换和平衡-不平衡的变换，通常称为"U"形平衡变换器。它的接法如图 5-6 所示，1/2 波长同轴电缆的屏蔽层和主馈线电缆的屏蔽层相连接（即铜网相连），芯线分别接在折合半波振子的两个馈电点上，而主馈线电缆的芯线接天线的任一个馈电点。

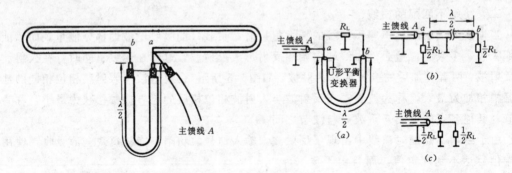

图 5-6　折合振子与同轴电缆连接　　图 5-7　$\lambda/2$ 平衡变换器的变换原理图

由于折合半波振子两端对地阻抗相等，因此它可等效为中心点接地的负载 R_L，其电路如图 5-7 (a) 所示。电磁波由主馈线电缆 A 传至 a 点后分成两路，设 a 点到地的电压为 U，供给负载 R_L 的左半部；另一路经"U"形平衡变换器到达 b 点，b 点与 a 点相差 1/2 波长，故 b 点到地的电压为 $-U$，供给负载 R_L 的右半部，因此在 a、b 两点的电压大小相等，相位相反，达到了平衡的目的。

将图 5-7 (a) 画成图 5-7 (b)，可以看出，a 点到地及 b 点到地之间均接有负载 $R_\text{L}/2$，

b 点到地的阻抗径 1/2 波长的同轴电缆反映到 a 点到地仍为 $R_L/2$，因此图 5-7（b）可画成图 5-7（c），主馈线电缆的特性阻抗为 75Ω，其负载阻抗为 300Ω，a 点阻抗为 $R_L/4=75Ω$，达到了阻抗匹配。

需要注意在确定馈线实际长度时，必须考虑波速因数。此外，还有 $λ/4$ 阻抗变换器，主要应用于天线阵的阻抗变换，详见第四章第四节第二部分天线阵的有关内容。

（二）传输线变压器式阻抗变换器

前面所述 $λ/2$ 阻抗变换器，由于所取长度和波长有关，因此只适用于单频道天线和馈线的连接，在多频道接收时，为了满足宽频带范围内的匹配，可采用传输线变压器式阻抗变换器。如图 5-8（a）所示，它是由导线（传输线）绕在 NXO-100 或 NXO-200 高频双孔磁芯上而成，每个孔中有两个线圈，用直径为 0.2～0.5mm 的单股塑包铜线（或镀银铜线）双线并绕 3～4 圈。每个孔中绕组的等效电路如图 5-8（b）所示。因为两个绕组的圈数相同，所以等效变阻器的阻抗变换比为 1∶1。两孔中的四个绕组相当于两个等效变阻器，当四个绕且按图 5-8（c）连接时，其等效电路如图 5-8（d）所示。因为输入端是 b'、a' 与 d'、c' 串联，阻抗增大一倍，而输出端是 b、a 与 d、c 并

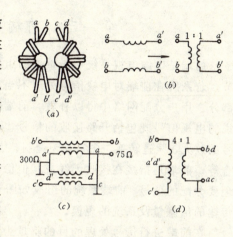

图 5-8 变压器式阻抗变换器

联，阻抗为原阻抗的 1/2，所以总的阻抗变换比为 4∶1。因此当输入端 $b'c'$ 阻抗为 300Ω 时，则输出端 d、c 间的阻抗就是 300/4＝75（Ω），所以能起 300Ω/75Ω 的阻抗变换作用。又由于输入端是中点（a' 和 b'）接地，输出端是一端（a 和 c）接地，所以还起到了平衡-不平衡的变换作用。这种变换器广泛应用于引向天线与馈线之间的变换。

思 考 题 与 习 题

1. 同轴电缆的衰减常数是由哪两个部分组成的？它们与工作频率之间是怎样的关系？

2. 某 300MHz 系统中，信号经过一段长度为 250m 的 SYKV-75-9 同轴电缆传输，其最低频道和最高频道的传输损耗各为多少 dB？

3. 某 550MHz 系统中，干线采用 QR-540 同轴电缆，其温度系数为 0.1%/℃，已知两放大器之间的距离为 625m，当温度从 +20℃ 变化到 −10℃ 时，550MHz 频率的电缆损耗变化了多少分贝？

4. 在选择器件时，反射损耗大好还是小好？为什么？

第六章 前端设备

第一节 前端系统的组成及技术要求

前端是电缆电视系统中最重要的组成部分，它是对用户提供高质量电视信号的主要环节。若系统在前端对电视信号处理不当，造成信号质量差劣，则一般来说难以在干线传输部分、用户分配网络中得以补救。前端的主要任务是进行电视信号接收后的处理。这里所说的电视信号既包括开路接收的信号，又包括闭路信号。电视信号接收后的处理应包括：信号的放大、频道转换、视频音频调制、信号的滤波、导频信号的发送、信号电平的调整、混合等。前端是指接在接收天线或其他信号源与电缆分配系统其余部分之间的设备，用以处理要分配的信号。前端系统的组成如图6-1所示，由前端系统的组成亦可反映出系统功能、传输的信息量及系统的规模。

在前端进行信号处理的目的就是为了保证信号的质量达到一定的技术要求，电缆电视分配系统主要参数要求在国标CY106—93中作出了规定（参见附录1）。CY106—93将系统参数分为两类：第一类参数是关于电平的参数。其目的是给电视接收机提供一个最佳输入电平的范围，使电视机处于最佳工作状态。否则，如果电视机的输入电平太高，会在高频头的放大器中产生非线性失真，使图像质量下降；相反，如果电视机的输入电平太低，则会受到高频头噪声系数的影响，使观察到的图像信噪比不合格。因此，电视机无疑需要有一个比较适中的电平输入范围，使电视机不致过多地劣变图像质量，这就是电平指标的意义。但必须指出，电平指标并不是信号质量指标，即使电平很合适，也不一定触保证图像的质量。因为电平的含意只是信号的强弱，并没涉及信号质量的好坏。不言而喻，尽管信号幅度很合适，但若信号中渗杂了许多干扰信号，那是不会得到高质量图像的。

CY106—93的第二类参数是关于系统信号质量的参数。这些参数都与图像质量有关，载噪比不合格在图像上的表现为雪花状干扰；载波互调比不合格在图像上表现为网纹干扰；交扰调制比不合格在图像上表现为背景图像；信号交流声比不合格在图像上表现为滚道（水平横道的滚动）；回波值不合格在图像上表现为重影；微分增益不合格在图像上表现为饱和度随亮度而变化；微分相位不合格在图像上表现为色度随亮度而变化；色/亮度时延差不合格在图像上表现为彩色镶边；频道频率不合格在图像上表现为频道间互相干扰或图像伴音质量的劣变；图像伴音频率差不合格表现为伴音失真；系统输出口相互隔离不合格可引起电视机间的相互干扰。

前端输出的电平值与传输分配系统的规模及用户多少有关。在前端输出电平和天线输出电平确定之后，前端系统的增益（dB）就可以通过前端输出电平减去天线输出电平得到。

根据前端增益的要求来选择参数不同的天线放大器、衰减器、混合器和宽带放大器等设备，以达到所要求的前端输出电平。

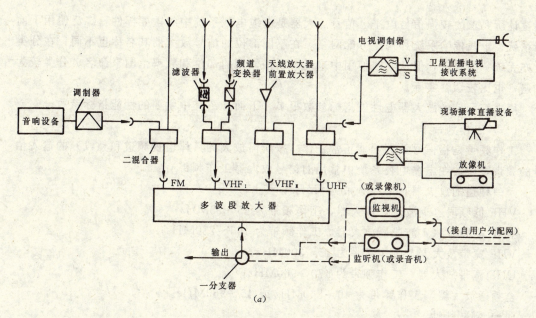

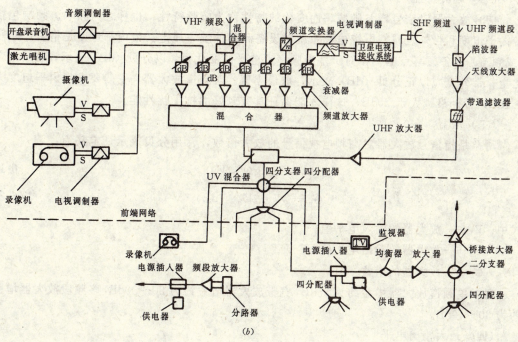

图 6-1 前端系统的组成

(a) 电缆电视系统全频道前端组合典型设计方案之一; (b) 电缆电视系统全频道前端组合典型设计方案之二

第二节 天线放大器

一、信号放大器的主要性能指标

在电缆电视系统中使用的信号放大器都是将输入端接收到的弱信号放大,从输出端得到设计所要求的较强信号电平。信号放大器是电缆电视系统中的重要部件,广泛使用于前端系统、干线传输系统和用户分配网络。在不同部位的信号放大器其名称也不同,在分类上亦无统一的规定,但从实践使用中来说,以按使用的部位和频率范围来命名、分类较为普遍,也比较切合实际。

用来表示信号放大器电性能指标参数很多,下面介绍其中主要的性能指标参数。

(一) 工作频带

工作频带是指信号放大器能正常工作(按所需放大的具体电视频道和频段)的输入信号的频带宽度。在电缆电视系统中常用的信号放大器工作频带有:

单一频道的放大器,工作频带为 8MHz;

VHF 低频段(Ⅰ波段)放大器,工作频带为 45～95MHz;

VHF 高频段(Ⅲ波段)放大器,工作频带为 165～230MHz;

VHF 宽带放大器,工作频带为 45～300MHz;

UHF 宽带放大器,工作频带为 470～960MHz;

全频通放大器,工作频带为 40～860MHz 或 45～960MHz。

(二) 幅频特性

信号放大器对信号增益随频率而变化的特性称为幅频特性,也称之为频响。频响包括带内平坦度和带外衰减。电缆电视系统的设备和部件统一规定:带内平坦度是指工作频段(或频道)内各频率点电平相对于基准频率点电平的变化量,以分贝(dB)表示,取最大变化量;带外衰减以正分贝(dB)表示,取最小值。对频道放大器,一般要求带内平坦度为 ±1dB,带外衰减大于 20dB,这样才能保证具有较好的抗干扰性能。

(三) 增益

增益是指信号放大器对高频电视信号的放大倍数,常用分贝表示,定义为:

$$G_F = 20\lg(V_2/V_1) \tag{6-1}$$

$$G_F = V_2 - V_1 \quad (dB) \tag{6-2}$$

式中 V_1——放大器的输入电平值;

V_2——放大器的输出电平值;

G_F——放大器的增益。

通常单频道放大器增益约为 35dB,宽带放大器增益约为 20～30dB,多频段放大器增益约为 30～40dB。

(四) 最大输出电平

放大器的最大输出电平对于单频道放大器而言,是指该放大器在线性放大区的最高输出电平。对宽带放大器来说,通常是指输入两个频道的电视信号,交扰调制比为 57dB 时的最大输出电平。当多台放大器串接使用和多频道电视信号输入时,放大器的实际输出电平要低于最大输出电平。若信号放大器的最大输出电平越高,则系统的交扰调制比就越大。

(五) 噪声系数

信号经过放大器放大后,将使反映电视图像质量的载噪比变差,这是因为放大器本身有噪声功率产生,例如热噪声和散弹噪声等。通常用噪声系数这个参数来衡量放大器使载噪比劣变的能力。噪声系数 F 的定义请参见第八章第一节的有关内容。噪声系数 F 若用分贝表示，则为：

$$N_F = 10\lg F \tag{6-3}$$

噪声系数只与放大器本身的性能有关，多级放大器的总噪声系数取决于前面一、二级，主要是第一级。N_F 的数值越小表示放大器性能越好，对于不同的放大器有着不同的要求。一般的放大器要求 N_F 为 5～10dB，对于天线放大器（在系统中通常处于第一级的位置）则要求 N_F 在 5dB 以下，有些品质好的天线放大器能做到在 1～2dB。

（六）反射损耗

在电缆电视系统中，为了保证设备、线路之间的匹配连接，要求放大器的输入、输出标称阻抗为 75Ω。反射损耗有输入反射损耗和输出反射损耗，它用来表示放大器输入端和输出端的阻抗匹配的程度。以前用输入、输出电压驻波比（VSWR）来表示的较多。在传输线中，入射波与反射波迭加而产生驻波。驻波比表示驻波形状的起伏变化程度。传输线上相邻最大电压与最小电压的比值，称其为电压驻波比，该值越接近 1 越好。由于反射损耗、反射系数和电压驻波比存在着一定的关系，现在通常用反射损耗来表示。

（七）增益控制

增益控制是表示增益的变化范围，即放大器从最大增益到最小增益的可调整范围。可分为自动增益控制和手动增益控制。手动增益控制一般采用连续可调或步进式，通常接在第一放大级后，这样不会直接使噪声系数变坏。通常不直接采用插入衰减器式，这是因为插入衰减器一般是插在放大器的输入端，从而使放大器的噪声系数变坏。

二、天线放大器工作原理

直接与天线联用的放大器称为天线放大器。天线放大器主要是用来放大弱场强区的接收信号，要求其具有低噪声系数和高增益的特性，这样使得前端的载噪比得到大大改善。在电缆电视系统中常用的天线放大器有两种，一种是单频道天线放大器，只对某一频道的电视信号进行放大，其带宽与射频电视信号相同，为 8MHz；另一种是分波段的宽带天线放大器，如 VHF Ⅰ 波段（1～5 频道）、VHF Ⅲ（6～12 频道）、UHF 波段（13～50 频道左右）天线放大器。根据实际需要，一般要求与接收天线的工作频带进行配合使用。

在电缆电视系统中，接收天线往往架设在比较高的位置，能够实现与电视发射台之间的视距接收，该位置若属于弱场强区，再经过较长距离的射频电缆传输到前端，这样接收到的信号电平就很低。为了提高前端系统的载噪比，通常是在天线输出端直接接天线放大器，将天线放大器直接安装在天线竖杆上，要求天线放大器做成室外型防水结构，其供电一般用射频同轴电缆馈送，通常由前端控制室 220V、50Hz 交流稳压电源的供电。射频同轴电缆既向天线放大器馈送工作电源，同时又通过其将射频电视信号传送至前端控制室。

天线放大器的工作原理可用方框图 6-2 表示。由天线输入的射频电视信号，经滤波、电平调整和三级放大之后输出至前端设备，同时还通过射频同轴电缆为各级放大器提供工作电源。

就电路设计来讲，频道型有两种形式：一种是单调谐回路加放大电路，采用这种回路的电路 Q 值较高，有较好的选频特性，对邻频有着较强的抑制作用。但调试工艺复杂，目前几乎已不采用；另一种是宽带放大器，它在输入端加有带通滤波器，阻止不需要的信号和各种干扰信号进入放大器，要求通带内有很小而且均匀的衰减特性，阻带内有较大衰减。

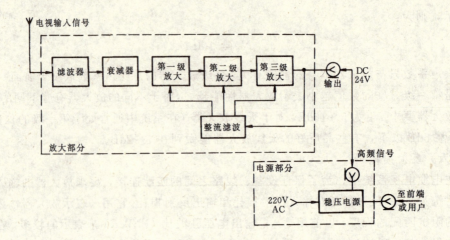

图 6-2　天线放大器的工作原理方框图

这是较普遍采用的一种电路。武汉无线电天线厂生产的 FT338 型 VHF 频道天线放大器电路图如图 6-3 所示。

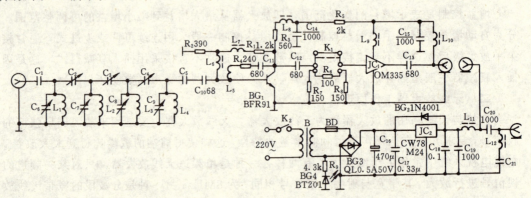

图 6-3　FT338 型 VHF 频道天线放大器电路图

  该放大器是由两级放大电路组成的单频道型放大器，第一级为晶体管放大电路，选用噪声系数低的晶体管；第二级为集成块放大电路。输入信号通过由 $C_1 \sim C_9$、$L_1 \sim L_4$ 组成的 LC 带通滤波器，按所需要的对应频道进行调试。由电容 C_{10} 耦合到 BG_1（BFR91）进行第一级放大，再由 C_{12} 耦合到 IC_1 放大后输出。第一级放大采用 L_5、R_4、C_{11} 构成电压负反馈电路，在 BG_1 和 IC_1 两放大级之间加有开关 K_1，一路为信号直通，另一路加有固定衰减器，用来调整电平。如果改用可调衰减器，调整电平就更方便一些。由于采用了集成块 OM335 进行放大，电路比较简单，调试方便。采用一般直流稳压电路供电，并用集成稳压块稳压。

  UHF 频段天线放大器中较普遍地采用了分立元件和集成电路混合放大电路。图 6-4(a) 是 FT445 型 UHF 频段（工作频带：470～860MHz）天线放大器电路图；图 6-4(b) 是 FT430 型 UHF 频段天线放大器电路图。

  采用分立元件与集成电路混合电路，可以大大提高天线放大器的性能，使其具有噪声低、增益高、动态范围大等特点。但不论采用何种电路的天线放大器，其设计的重点都应放在降低噪声系数上，尤其是第一级应选用噪声系数低（$N_F \leqslant 2.5\text{dB}$、截止频率高 $f_T \geqslant$

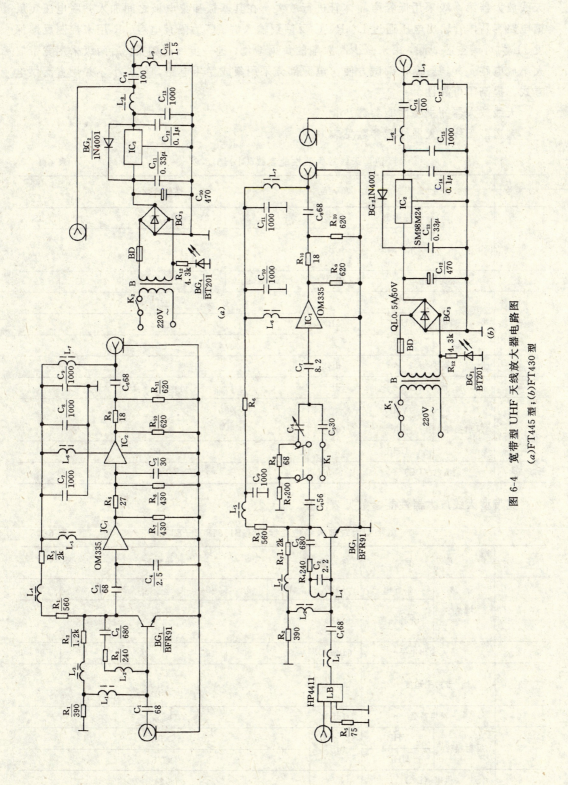

图 6-4 宽带型 UHF 天线放大器电路图
(a)FT445 型；(b)FT430 型

1.2GHz）的晶体管，此外在电路结构上还需采取相应措施。图 6-4（a）所示的 UHF 频段天线放大器第一级采用低噪声晶体管进行放大，在其基极和集电极之间加入并联电压负反馈电路、晶体管输出电压通过 L、R、C 反馈到输入端。C 为隔直电容、R 用来控制反馈深度、L 为可调空芯线圈，用来减少高频端的负反馈量，进一步展宽频带。后两级采用宽带放大集成电路，其增益高，调试方便。电源部分采用集成稳压电路，纹波小，并用直流供电方式，提高了可靠性。

天线放大器的主要性能参数：

频道型天线放大器性能参数见表 6-1。

频道型天线放大器性能参数（GB11318.2—89）　　　　表 6-1

序号	项目		单位	性能参数						
1	增益	标称值	(dB)	18	21	24	27	30	33	36
		允许偏差	(dB)	+3 −1						
2	最大输出电平		(dBμV)	90	90	90	90	90	95	95
3	带内平坦度	VHF	(dB)	±1						
		UHF		±1.5						
		FM		±2						
4	带外衰减		(dB)	≥20						
5	噪声系数		(dB)	≤5，≤7，≤10						
6	反射损耗	VHF FM	(dB)	≥7.5						
		UHF		≥6						
7	供电（DC）		(V)	24						

宽带型天线放大器性能参数见表 6-2。

宽带型天线放大器性能参数（GB11318.2—89）　　　　表 6-2

序号	项目		单位	性能参数						
1	增益	标称值	(dB)	18	21	24	27	30	33	36
		允许偏差	(dB)	+3 −1						
2	最大输出电平		(dBμV)	90	90	90	90	90	95	95
3	带内平坦度		(dB)	+3 −1						
4	噪声系数		(dB)	≤3，≤5，≤7						
5	反射损耗	VHF	(dB)	≥10						
		UHF		≥7.5						
6	供电（DC）		(V)	≤24						

第三节 混合器、分波器

将两个或多个输入端上的信号馈送给一个输出端的装置称为混合器；将一个输入端（覆盖某个频段）上的信号分离成两路或多路输出，每路输出都覆盖着该频段某一部分的装置称为分波器，也称为频离分离器。

混合器在电缆电视系统中能将多路电视（天线接收的电视节目、调制在不同频道的卫星节目和自办节目等）信号和声音（FM 波段）信号混合成一路，共用一根射频同轴电缆进行传输，实现多路复用的目的。同时，混合器能够滤除干扰杂波，具有一定的抗干扰能力。分波器和混合器的功能作用是相反的，具有可逆性。通常将无源混合器的输入端和输出端互换使用，则混合器就可作为分波器。因此，只要掌握了混合器的工作原理，也就自然掌握了分波器的工作原理。

混合器按电路结构可分为两大类：一类是滤波器式；另一类是宽带传输线变压器式。前者为带通滤波器构成的频道混合器或由高通和低通滤波器组成的频段混合器，这类混合器的特点是插入损耗小，抗干扰性能强，但调试较麻烦，要根据不同的前端系统、不同的频道或频段要求，分别进行设计调试，不适于超前批量生产。由于其电路的固有特点，这类混合器不适用于相邻频道的混合，在目前大、中城市的有线电视网（邻频传输系统）中均不使用这类混合器。而宽带传输线变压器式混合器属于功率混合方式，对频率没有选择性，可对任意频道进行混合。它在电路结构上，相当于分配器或定向耦合器反过来运用，结构简单，不需调整。但插入损耗比较大，且随混合路数的增加而增加。宽带传输线变压器式混合器具有相互隔离好、反射损耗大的优点。基于以上宽带传输线变压器式混合器的特点，在信号混合之前应采用具有高输出电平、良好的抗干扰特性的信号处理器对信号进行处理。

在实际使用中，习惯将混合器按输入信号的路数分为二混合器、三混合器等等。

一、混合器的主要技术指标

（一）工作频率

根据不同的需要，混合器的工作频率也不相同。尤其是在使用由带通滤波器构成的频道混合器时，所需混合的信号频道必须与混合器各输入端口的工作频率相对应。

（二）插入损耗

混合器输入功率与输出功率之比为插入损耗，通常用分贝表示为输入端电平分贝数与输出端电平分贝数之差。不同类型的混合器插入损耗也不一样，由高通、低通滤波器组成的混合器插入损耗一般在 1dB 左右；而窄带带通滤波器组成的混合器插入损耗一般在 2.5～3dB。

（三）带内平坦度和带外衰减

在信号放大器的主要性能指标中提到的幅频特性里讨论了带内平坦度和带外衰减，对于混合器通常要求带内平坦度在 ±1dB 或 ±2dB，带外衰减大于 20dB。

（四）相互隔离（是指输入端之间）

在理想情况下，混合器任一输入端加入信号时，其他输入端不应出现该信号；任一输入端有开路或短路现象时也不应影响其他输入端，但实际上总会有一定的影响。在各端匹配的情况下，给某一输入端加入一信号，该信号电平与其他输入端出现的该信号电平之差，即为混合器输入端之间的相互隔离，一般用分贝来表示。对于不同的混合器有不同的要求，一般要求大于 20dB。

（五）反射损耗

这是反映混合器输入、输出端阻抗匹配程度的一项指标，要求应与其他相接部件之间良好匹配。规定混合器的输入输出阻抗都是 75Ω。

混合器主要性能参数（GB11318.2—89）　　　　表 6-3

序号	项目	性能参数			
		输入通路类别			
		频道（TV）	频段（FM）	频段（TV）	宽带变压器
1	插入损耗（dB）	≤4			不作规定
2	带内平坦度（dB）	±1	±2	±2（各频道内频响±1）	
3	带外衰减（dB）	≥20			不作规定
4	相互隔离（dB）	不作规定			≥20
5	反射损耗（dB） VHF	≥10		≥10	
	反射损耗（dB） UHF	≤7.6		≥10	

注：有 5 频道输入的滤波器式混合器，FM 频段宽度可适当压缩。

表 6-3 为电缆电视系统混合器的主要性能参数。

二、混合器工作原理

（一）滤波器式混合电路

HH302 型混合器电路如图 6-5 所示，是由高通、低通滤波器组成的频段混合器。一般生产的 UHF 和 VHF 两个频段电视信号的混合器是采用由低通、高通滤波器并联而成的厚膜电路组成。其性能稳定、抗干扰性好、具有相互隔离度大、插入损耗小、便于调试等优点。

频道混合器通常是由多个带通滤波器组成，每个带通滤波器对应于一个频道。在通带内的信号能通过，通带外的信号呈现较大的衰减，从而使各频道之间互不影响。图 6-6 所示是 HH-7 型频道混合器电路图。

图 6-7 是 HH408 型频道混合器，此种混合器用于多个 VHF 频道与 UHF 频

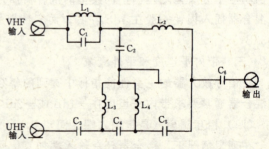

图 6-5　HH302 型混合器电路图

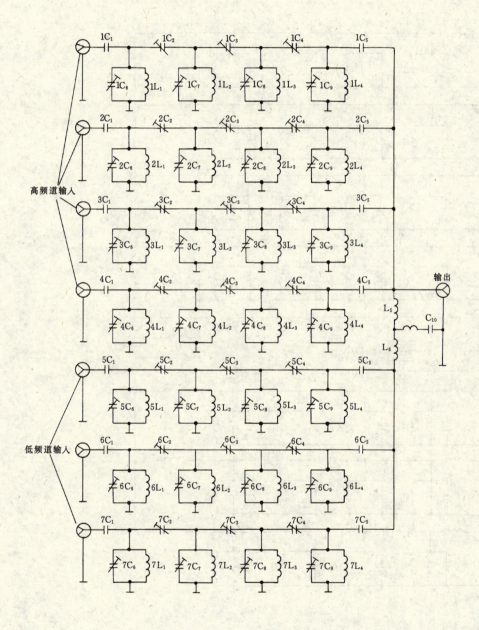

图 6-6 HH-7型频道混合器电路图

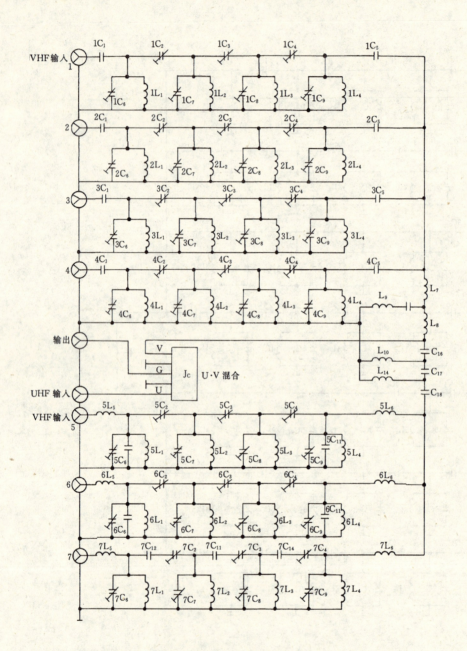

图 6-7 HH408 型混合器电路图

段之间的直接混合。对于多个 VHF 频道信号也可先混合成一路,然后再与输入的 UHF 频段信号通过厚膜电路混合再输出。如果同时接收几个 UHF 频道信号,还必须用 UHF 频道混合器,即平常所说的"腔体"滤波器式混合器。若用一副 UHF 频段接收天线,可将接收到的 UHF 信号先进行分波,分别滤除某频道外的信号,然后再将各频道信号进行混合。若用几副 UHF 分频段天线,可直接将接收到的信号进行混合。"腔体"滤波器式混合器电路图如图 6-8 所示。

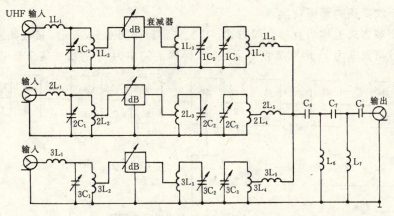

图 6-8 "腔体"滤波器式混合器电路图

该电路仍为 LC 滤波器电路,只是要求传输 UHF 信号性能稳定、抗干扰性好、带外衰减特性好,它采用多节 LC 带通滤波器组成,即 $L_1 \sim L_5$、$C_1 \sim C_3$,调整 L、C 之间的耦合来保证频率特性。各频道电路相同,仅按需要分别调试后再混合。混合信号由 C_7、L_6、L_7 组成的高通滤波器滤波后输出。在电路中接入可调衰减器以控制输入信号电平。这种混合器在结构上要求比较考究,一般采用精密压铸盒,要求屏蔽性能好,而且各频道之间、有关元件之间要隔离,以防止相互干扰。一般 UHF 频段(频道)混合器都采用这种电路形式。

(二)宽带传输线变压器式混合器电路

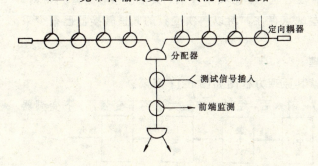

图 6-9 由定向耦合器和分配器构成的混合器

图 6-9 为采用定向耦合器和分配器组成混合器的一个实例。

从图中可看出,混合用的定向耦合器及分配器都是反装的。同时,在前端中还用了一个定向耦合器插入专用的测试信号,例如定期维护所需的扫频信号等。采用定向耦合器混合的原因是其有较大的反向隔离,使各路输入的信号互不干扰。

第四节 频道转换器

频道转换器也称为频率变换器,它是在送入馈线传输前将一个或多个信号的载波频率加以改变的装置。距电视发射台较近的电缆电视系统在接收电视信号时,由于场强较高,开路电视信号会直接进入电视机,比电缆电视系统送来的信号提前到达,在图像左面形成重影干扰,虽然加大电缆电视系统的输出电平会使情况有所改变,但根本办法是改变频道后,再在电缆电视系统中传输,以提高信号质量,避免产生重影。另外,由于同轴电缆在传输高频段的电视信号时衰减很大,故也需通过降低电视信号的频率,减小电缆损耗,以提高传输距离。

一、一次变频的频道转换器

一次变频方式也称为直接变频方式,其工作原理如图 6-10 所示。接收频道的频率为 f_1 的电视信号与频率为 f_0 的本振信号混频后,得到了频率为 f_2 的所需某个频道的电视信号。

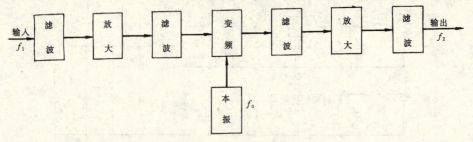

图 6-10　一次变频的原理方框图

当 $f_1 < f_2$,即由低频道变换为高频道时,本振频率 $f_0 = f_2 - f_1$,输出频率 $f_2 = f_0 + f_1$,这就是说,应当取本振与输入信号的和拍输出。

当 $f_1 > f_2$,即由高频道变换为低频道时,本振频率 $f_0 = f_1 - f_2$,输出频率 $f_2 = f_1 - f_0$,也就是说,应当取本振与输入信号的差拍输出。

本振频率采取这种选取法,是为了使变换后输出频道的伴音载频仍然比图像载频高 6.5MHz。

一次变频方式的电路比较简单,价格较低,但存在的问题是:变频后信号较弱,需要高频放大,高频放大器容易产生非线性失真和交扰调制及相互调制。此外,一次变频方式频道间隔离度差,当接收与转换频道相隔很近时,本振频率较低,其谐波很容易落到带内,在电视图像上产生网纹干扰。由于有这些缺点存在,所以一次变频的频道转换器已很少采用。

二、二次变频的频道转换器工作原理

二次变换方式也称为中频变换方式,其原理方框图如图 6-11 所示。

f_{V1} 为输入信号的图像载波频率,当 f_{V1} 输入后,经过滤波放大送到下变频器。下变频器

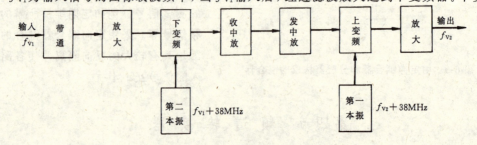

图 6-11　二次变频的原理方框图

实质上也是一个混频器，只是混频后输出的频率为中频信号，低于 f_{v_1}。第一本振的信号频率为 $(f_{v_1}+38)$ MHz，也送到下变频器。在下变频器中两个信号进行混频，经滤波器取出其差频为 38MHz。38MHz 是我国国家标准规定的中频图像信号的载波频率。可见下变频器的功能是将输入信号 f_{v_1} 变成中频信号。按标准的规定，中频信号的极性是反的，即伴音载波频率比图像载波频率低 6.5MHz，中频信号的伴音载波频率为：

$$(f_{v_1}+38)-(f_{v_1}+6.5)=31.5 \quad (\text{MHz})$$

将下变频器输出的中频信号在中频放大器中进行放大后，送入上变频器。若输出信号的图像载波频率为 f_{v_2}，则第二本振的信号频率为 $(f_{v_2}+38)$ MHz，它也被送到上变频器。在上变频器中，两个信号进行混频，经带通滤波器取出其差频，即为输出的图像载波频率 f_{v_2}。再经放大滤波后输出。

二次变频的频道转换器特点是：两个本机振荡频率离输入、输出频道都较远，频率较高，其谐波分量所造成网纹干扰的可能性较一次变频的频道转换器要小得多。由于具有中频放大部分，且中频频率较低，使得中频放大器的增益可以做得较高，提高了工作稳定性，同时，也便于进行自动增益控制。通常在中放电路中对信号进行各种处理，技术上容易实现。采用中频变换方式的频道转换器对于频道几乎没有什么限制，频道间可以任意转换。

不论是哪一种方式的频道转换器，其本振信号频率必须稳定准确。因此，频道转换器的本地振荡器通常使用晶体振荡器，LC 振荡器是不可能达到高的稳定性的。为生产上的方便，有些产品用锁相环振荡器来做本地振荡器，使晶体的频率统一。关于频道转换器的规定请见表 6-4。频道转换器按性能高低分为 Ⅰ、Ⅱ 类：Ⅰ 类指标较高；Ⅱ 类指标较低。在中、小型电缆电视系统中使用频道转换器，也是考虑了性价比的因素。

频道转换器性能参数(GB11318.2—89) 表 6-4

序号	项目		单位	性能参数		备注
				Ⅰ 类	Ⅱ 类	
1	增益	标称值	(dB)	24，27，30，33，36，39，42，45，48，51，54		
		允许偏差	(dB)	$+3$ -1		
2	带内平坦度	VHF	(dB)	± 1		按输出端口确定 VHF 或 UHF
		UHF		± 1.5		
3	带外衰减		(dB)	$\geqslant 20$		V/V 变换为 $f_0 \pm 12$MHz 外 其余为：$f_0 \pm 20$MHz 外
4	最大输出电平		(dBμV)	110，115，120		
5	工作输出电平		(dBμV)	105，110，115		
6	噪声系数	VHF	(dB)	$\leqslant 8$		
		UHF		$\leqslant 10$		

续表

序号	项目		单位	性能参数		备注
				Ⅰ类	Ⅱ类	
7	反射损耗	VHF	(dB)	≥10		
		UHF		≥7.5		
8	AGC 特性		(dB)	输入电平变化±10时,输出电平变化在±1以内		
9	频率准确度	VHF	(kHz)	≤5	≤20	
		UHF		≤25	≤50	
10	频率总偏差	VHF	(kHz)	≤20	≤75	按输出端口确定 VHF 或 UHF
		UHF		≤100	≤500	
11	无用输出抑制		(dB)	≤−60	不作规定	

第五节 调 制 器

一、调制器的作用和种类

电视调制器通常在自办节目的播出、并有卫星电视接收和微波中继等场合使用,如图 6-12 所示。调制器是将本地制作的摄像节目信号、录像节目信号及由卫星电视接收、微波中继传来的视频信号及音频信号变换成射频已调制信号的装置。它是具有自办节目功能的电缆电视系统必不可少的设备。

调制器的种类根据调制方式的不同可分为:中频调制和射频调制两大类。凡是电气性能要求比较高的场合都采用中频调制方式,而一些简易的调制器则采用直接射频调制。

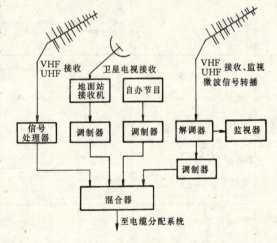

图 6-12 调制器的作用

二、中频调制式调制器的工作原理

所谓中频调制方式,是将视频信号对 38MHz 图像中频载波进行调幅,得到图像中频信号;将伴音信号对 31.5MHz 伴音中频载波进行调频,得到伴音中频信号,两者混合,便得到电视中频信号,再与不同频率的射频本振信号进行混频,就可得到所需的射频电视信号。其工作原理如图 6-13 方框图所示。

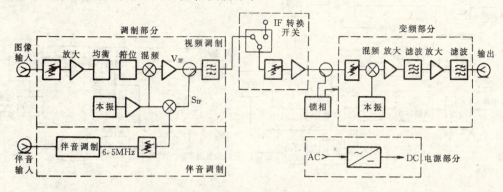

图 6-13 中频调制式调制器方框图

中频调制式调制器主要由三大部分组成，即调制部分、变频部分和电源部分。调制部分包括视频调制和音频调制。视频输入信号经放大并对 38MHz 晶体振荡器产生的图像中频载波进行调幅，变为图像中频载波信号。音频输入信号经放大调制输出 6.5MHz 的伴音信号对 31.5MHz 伴音中频载波进行调频，再送入视频调制组件，将产生的伴音中频信号与图像中频信号同时送入混合器，滤波后得到理想的残留边带特性。变频部分主要由晶体振荡器产生本振频率信号，经放大、滤波与相混合后的图像、伴音中频信号频率混频。本振频率 $f_{本}=f_{射}+f_{中}$，由本振频率与中频频率选出差频，即为所需要的射频图像和伴音信号。再经过滤波、放大达到所需要的电平后输出。根据设计需要，在变频部分以前还可装入 IF（中频）转换开关和锁相电路等附加功能电路。前者是为了防止接收信号出现故障或停播而设置的，它可以自动将机内信号接入；后者锁相电路是对接收信号锁相，减少干扰，在多频道工作时更为需要。

中频调制方式由于在固定的载波信号上进行低电平调制，因此工作稳定可靠，调制特性良好，只是电路较为复杂。

三、射频调制式调制器的工作原理

射频调制方式亦称为直接调制方式，它是将视频信号和音频信号直接去调制射频载波信号。电路中只需一个晶体振荡器用以产生射频图像载频就可以了，其电路比较简单，但调制特性一般。其工作原理如图 6-14 方框图所示。

图 6-14 (a) 为视频信号和音频信号分别输入，经各自放大、滤波后再调制混频、放大后射频输出。图 6-14(b) 是只有一个视频输入，即输入复合全电视信号，经滤波器将 6.5MHz 伴音信号选出，再分别放大、调制后混频将射频信号输出。

电视调制器按性能高低分为 I、II 两类：I 类调制器指标较高，为中频调制方式；II 类调制器指标较低，价格低廉，为射频直接调制方式。表 6-5 为电视调制器的性能参数。由于电视调制器按性能指标高低和电路复杂程度分为两类，因此在系统设计选用时要认真考虑。一般在大型复杂、邻频传输系统中要尽量选用中频调制方式的调制器，由于近来普遍采用声表面波带通滤波器（SAWBP），使之能有效地克服差频和倍频干扰。尤其在使用多台调制器的系统中更应考虑这个问题。而在中、小型系统中采用射频直接调制方式的调制器即可，但调制器的数量不易过多，且要设置好调制器之间的频道配置。

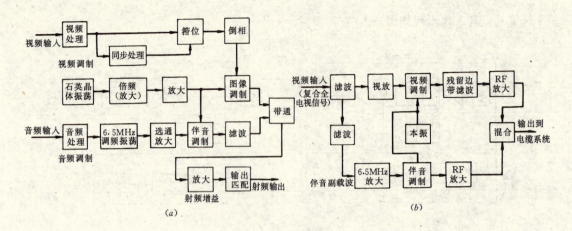

图 6-14 射频调制式调制器方框图

电视调制器性能参数(GB11318.2—89)　　　　　表 6-5

序号	项目		单位	性能参数		备注
				Ⅰ类	Ⅱ类	
1	视频输入信号	幅度	(V_{p-p})	1（全电视信号）		
2		极性		正极性（白色电平为正）		
3		输入阻抗	(Ω)	75		
4	音频输入信号	标称电平	(V)	0.775		
5		输入阻抗	(Ω)	600Ω 平衡或≥10kΩ 不平衡	≥10kΩ 不平衡	
6	视频信号箝位能力		(dB)	≥26	不作规定	
7	视频信号调制度		(%)	80±7.5	75±10	
8	视频带内平坦度		(dB)	≤3	≤6	5MHz 以内
9	微分增益		(%)	≤8	≤10	
10	微分相位		(°)	≤8	≤12	
11	色/亮度时延差		(ns)	≤0	≤100	
12	视频信噪比		(dB)	≥45	不作规定	
13	频率准确度	VHF	(kHz)	≤5	≤20	
		UHF		≤25	≤50	
14	频率总偏差	VHF	(kHz)	≤20	≤75	
		UHF		≤100	≤500	
15	图像载波输出电平		(dBμV)	≥92		
16	图像-伴音功率比		(dB)	10～20 连续可调	15±3	
17	射频输出阻抗		(Ω)	75		

续表

序号	项目		单位	性能参数		备注
				Ⅰ类	Ⅱ类	
18	射频输出反射损耗	VHF	(dB)	≥10	≥9	
		UHF		≥7.5		
19	带外寄出输出抑制		(dB)	≥60	不作规定	$f_0\pm4MHz$ 外
20	图像伴音载频间距		(kHz)	6500±10	6500±20	
21	伴音	最大频偏	(kHz)	±50		
22		预加重	(μs)	50		
23		带内平坦度	(dB)	(80Hz~10kHz)±2	(330Hz~7kHz)±3	参考点 1kHz
24		失真度	(%)	≤2	不作规定	±60kHz 频偏时
25		音频信噪比	(dB)	≥50	不作规定	

第六节 衰 减 器

在电缆电视系统中，有些部位的输入或输出电平超过规定的范围，就会影响接收效果，使用衰减器可以适当调节电平，使其保持在合适的范围内。例如图 6-1 所示前端系统的组成中，利用衰减器来调整各频道、频段在混合前的输入电平，使其基本一致，达到设计要求。在放大器的输入、输出端也常接入衰减器，用来控制放大器的输入、输出电平。在分支器中，为了获得更大的分支耦合衰减量，也要使用衰减器。

衰减器分无源衰减器和有源衰减器。无源衰减器因为电路简单、制作方便、可靠性高，因而得到广泛地使用。

无源衰减器一般分固定式和可调式，在系统设计、调试时可根据情况进行选用。固定式衰减器为不同规格衰减量的系列产品，其体积小，性能稳定，安装简捷；可调式衰减器通常分为两种：一种是步进可调式，用波段开关进行步进调节；另一种是连续可调式，用可调电阻代替固定电阻，在一定范围内可任意进行调整。

几种常用的衰减器电路及计算公式见表 6-6。

目前，电缆电视系统中普遍采用无级可调衰减器，它适用于宽带传输系统电平需要调整的场合。其主要性能指标如下：

频率范围：40~860MHz；

衰减可调范围：0.5~20dB；

反射损耗：≥10dB；

配用接插件：FL10-ZY-2 或 CT-75K、CT-75。

在表 6-7 中提供了各种不同规格的 T 形和 π 形 75Ω 衰减器的元件数值。

表 6-8、表 6-9 分别为固定衰减器和可调衰减器的性能指标。

几种常用衰减器电路及计算公式 表 6-6

类别		电路图	计算公式	备注
固定式	π 形	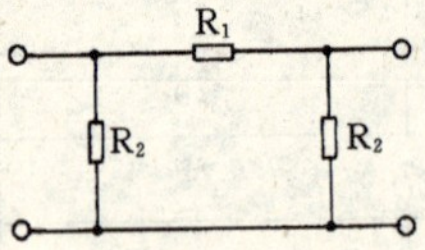	$R_2 = \dfrac{75(K+1)}{K-1}$ $R_1 = \dfrac{75(K^2-1)}{2K}$	
	T 形	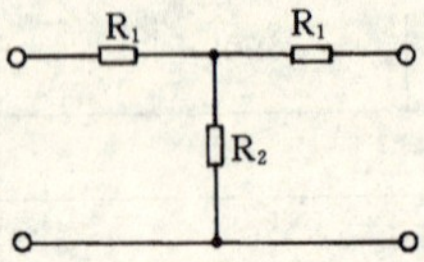	$R_1 = \dfrac{75(K-1)}{K+1}$ $R_2 = \dfrac{150K}{K^2-1}$	公式中的 K 可通过下式求出： $20\lg K = \beta$ (dB) 式中 β——衰减器的衰减量（dB）
	步进 Γ形	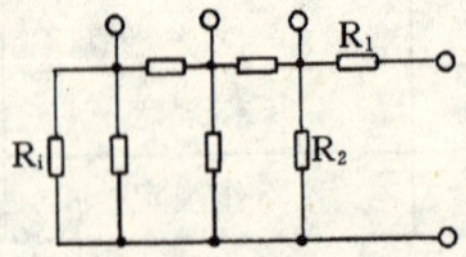	$R_1 = 75(K-1)$ $R_2 = \dfrac{75K}{K-1}$ $R_i = 75K$	
可调式	无级	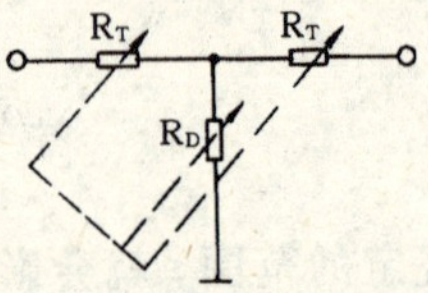		

75Ω 衰减器的电阻值 表 6-7

衰减量 (dB)	T 形		π 形	
	R_1 (Ω)	R_2 (Ω)	R_1 (Ω)	R_2 (Ω)
0.5	2.16	1300	4.32	2610
1.0	4.32	650	6.68	1305
1.5	6.46	431	13	872
2.0	8.60	323	17.4	652
3.0	13.8	212	26.4	438
4.0	16.8	157	35.8	331
5.0	21.0	124	45.5	267
6.0	24.9	100	55.9	226
7.0	28.6	83.2	67.1	196
8.0	32.3	71	79	174
9.0	35.8	60.8	92.2	157
10.0	38.9	52.6	106.5	144.2

续表

衰减量 (dB)	T 形		π 形	
	R_1 (Ω)	R_2 (Ω)	R_1 (Ω)	R_2 (Ω)
12.0	44.9	40.2	140.6	125
14.0	50	31	181	112
16.0	54.3	24.3	230	103
18.0	58.2	19	292	96.5
20.0	61.2	15.2	371	91.6

固定衰减器的性能指标　　　　表 6-8

技术参数＼项目　产品型号	衰减量 (dB)		带内平坦度 (dB)		反射损耗 (dB)	
	标称值	允许偏差	VHF	UHF	VHF	UHF
JZ03FA-A	3	±0.5	±0.5		≥16	≥10
JZ06FA-A	6	±1				
JZ09FA-A	9	±1				
JZ12FA-A	12	±1				
JZ15FA-A	15	±1.5	±1			
JZ20FA-A	20	±2				

可调衰减器的性能指标　　　　表 6-9

技术参数＼项目　产品型号	最大衰减量 (dB)		插入损耗 (dB)		带内平坦度 (dB)		反射损耗 (dB)	
	标称值	允许偏差	VHF	UHF	VHF	UHF	VHF	UHF
JZCK20 I	20	+3 −2	≤2		±1	±1.5	≥16	≥10

第七节　均　衡　器

　　射频电视信号在射频同轴电缆中传输的损耗与频率的平方根成正比，均衡器就是用来补偿射频同轴电缆衰减倾斜特性的。要求均衡器的频率特性与电缆的频率特性相反，即低频段信号电平得到较大的衰减，高频段信号电平得到较小的衰减。
　　均衡器是电缆电视系统中使用的一种无源器件，由电感、电容和电阻元件构成，其电路图如图 6-15 示。图 6-15（a）为一般型，图 6-15（b）为馈电型。

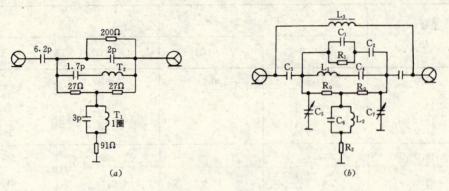

图 6-15 均衡器电路图

均衡器的幅频特性通常有四种：一种是斜线式的，恰恰与电缆的衰减特性相反；另一种是梯样式的，即高频端衰减较小，低频端衰减较大。图 6-16 中分别给出了两种不同的幅频特性。

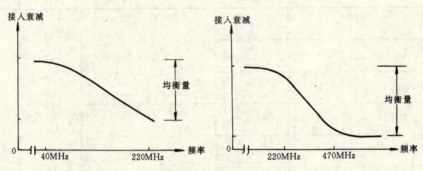

图 6-16 均衡器的幅频特性

均衡器有一主要性能指标就是均衡量，它是指工作频率范围内上限频率和下限频率两点之间衰减量之差。均衡器的反射损耗、插入损耗等项性能指标与其他无源器件类似。其性能指标参数见表 6-10。

均衡器主要性能参数　　　　　　　　　　表 6-10

型　号	频率范围 (MHz)	反射损耗 (dB)	插入损耗 (dB)	均衡量 (dB)	通过电流电压	备　注
JH209	45～700	≥10	≤1.5	9	0.3A，60V	配用/FL10型插头
JH212				12		
JH215				15		
JH306	45～230	≥10	≤1	6	1A，60V	
JH309				9		
JH312				12		

第八节 滤波器

一、滤波器的作用和种类

在电缆电视系统的前端设备中,如天线放大器、混合器、频道转换器、调制器等器件的电路中都使用了不同的滤波器。可以说,滤波器是电缆电视系统中及其重要的器件之一。

滤波器可分为有源滤波器和无源滤波器两类,在电缆电视系统中主要使用的是无源滤波器。无源滤波器的种类也很多,如LC滤波器、石英晶体滤波器、机械滤波器、陶瓷滤波器、螺旋滤波器、声表面波滤波器等等,它们各有不同的特点。例如LC滤波器,插入损耗大,电感电容耦合调整(即寄生参数的影响)难以控制,但结构简单,设计灵活;石英晶体滤波器体积小,幅频特性稳定,但成本较高,生产工艺要求高,且仅适用于100MHz以下的频率;螺旋滤波器插入损耗小,带外衰减特性好,结构较复杂,适用于整个电视频道的频率范围;声表面波滤波器性能更好,其延迟失真小,波形陡,设计及生产工艺要求高。目前,在电缆电视系统中较常用的滤波器为LC滤波器和螺旋滤波器。这里着重介绍这两种滤波器。

滤波器是一种双口网络,它在规定的某一频率范围内对信号的衰减很小,使得信号容易通过,这个频率范围称之为滤波器的通带。对通带以外的频率信号衰减很大,抑制信号的通过,称之为阻带。根据滤波器的通频带范围,可分为:低通型、高通型、带通型和带阻型滤波器。图6-17为四种类型理想滤波器的频率特性,图6-17(a)为理想低通型滤波器的衰减特性,在通带$0\sim f_c$内衰减α为零,在f_c以上的阻带内衰减很大;图6-17(b)为理想高通型滤波器的衰减特性,在通带f_c以上衰减α为零,在$0\sim f_c$的阻带内衰减很大;图6-17(c)为理想的带通型滤波器衰减特性,在通带$f_{c1}\sim f_{c2}$内衰减α为零,而在此频率范围之外的信号受到很大的衰减;图6-17(d)为理想的带阻型滤波器的衰减特性,在阻带$f_{c1}\sim f_{c2}$内衰减α很大,而在此频率范围之外的信号衰减α为零。

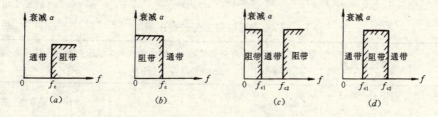

图 6-17 四种理想滤波器的频率特性
(a) 低通滤波器;(b) 高通滤波器;(c) 带通滤波器;(d) 带阻滤波器

实际的滤波器不可能具有如图6-17所示那样的理想特性,在通带内总会有一定的衰减,而在阻带内的衰减也不可能为无穷大。以实际的带通滤波器为例,其衰减特性如图6-18所示。可以看出,在通带内滤波器有一定的衰减,但不大于某一规定值a_c,通带与阻带之间有一过渡,即在通带分界频率f_{c1}(或f_{c2})到阻带中指定频率f_{s1}(或f_{s2})的区间内,衰减α是以一定斜率随频率的变化而增加的。很显然衰减特性曲线越陡则过渡带越窄,表示抑制通带以外的干扰信号的能力越强,即具有的选择性越好。

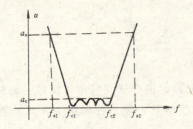 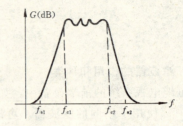

图 6-18 实际的带通滤波器的衰减特性和带通特性
(a) 衰减特性；(b) 带通特性

二、滤波器的主要性能指标

在电缆电视系统中所使用的滤波器的主要性能指标为：

(1) 频率范围；

(2) 带内平坦度；

(3) 带外衰减；

(4) 插入损失；

(5) 反射损耗。

以上性能指标的意义在前面的内容里均作出解释。作为专业滤波器设计时，通常在任务书中要明确的内容为：

(1) 中心频率（f_0）；

(2) 工作频带宽度及 Δf_{3dB}；

(3) 在带外衰减达到某一电平值时，所允许的过渡带带宽。例如在 Δf_{20dB} 处，允许过滤带带宽为 3.5MHz；

(4) 带内衰减及带内平坦度。

表 6-11 列出 LC 频道滤波器主要性能指标，供参考。

LC 频道滤波器主要性能指标　　　表 6-11

型　号	频道频率范围	带内平坦度 (dB)	带外衰减 (dB)	插入损失 (dB)	反射损耗 (dB)	备　注
LB1	VHF 任一频道 FM	≤1	≥20	2±1	≥10	室外型
LB2	UHF 任一频道	±1	≥20	≤3±1	≥10	
LB3	VHF 任一频道 FM 频段	<±0.5	>20	<2±1	>13	室内、室外均可

第九节　导频信号发生器

导频信号是系统内部发送的用来反映传输电平变化的一种引导信号。导频信号发生器提供了实现整个系统自动电平控制（ALC）和自动斜率控制（ASC）用的基准信号。对基准信号的要求是即使在环境温度和电源电压发生变化时，也能输出稳定的载波电平。

一、导频信号发生器的工作原理

在电缆电视系统中所使用的射频同轴电缆的衰减量，是随温度和频率而变化的。信号在干线中传输时，由于干线有时长达几公里，而且随着季节的气温变化，输出信号的衰减和幅频特性的倾斜度都会发生变化。要使信号质量保持不变，则必须在干线放大器中进行自动增益控制（AGC）和自动斜率控制（ASC）。对应电缆衰减量的变化来控制放大器增益的控制方式，称为自动电平控制。一般的自动增益控制是以输出信号电平恒定为条件而工作的，而在干线放大器中，因为所用的信号不是恒定的，这就不能把输出信号从放大器里取出来实行自动增益控制，以补偿电缆衰减量的变化。而采用导频信号发生器，就可以将导频信号从前端同电视和声音信号混合后一起送入干线传输系统，通过干线放大器放大，并在系统的输出端取出一小部分导频信号，经处理后再对放大器增益特性进行自动控制。当导频信号电平过低时，控制信号使放大器增益提高，反之使放大器增益降低，达到稳定输出电平的目的。

为了使自动增益控制和自动斜率控制同时进行工作，一般使用两种方法：

(1) 采用一个频率的导频信号进行自动增益控制，再用热敏元件来控制斜率。

(2) 采用二个不同频率的导频信号，一个控制增益，而另一个控制斜率。

比较起来第一种方法比较简单，但存在控制精度不高、时间偏移等问题。因为电缆需要较长时间才能适应周围的温度变化，而热敏元件却对温度变化灵敏得多，这会引起补偿不同步；另外热敏元件还不能感应和补偿放大器本身增益和频响网络的微小变化，也不适应各种不同敷设电缆条件。例如，处于地面上的热敏元件就不能准确地感应到敷设在地下的电缆温度变化情况。因此，这种控制方法要求补偿网络与电缆衰减特性配合得相当好，但这是比较难以实现的。所以采用热敏元件作自动电平控制，一般只适用于较小的系统，或者作为一种辅助的补偿方法。

采用比较普遍的是第二种控制方法，即双导频控制方法。这种方法控制的逼真度高，尽管它很复杂，成本高一些，但在要求比较高的电缆电视系统中被广泛地使用。

目前，在我国《有线电视广播系统技术规范》国家标准中规定，导频信号共设置三个。第一导频为 65.75MHz 或 77.25MHz；第二导频为 110.00MHz；第三导频为 296.25MHz 或 448.25MHz，分别俗称为低导频、中导频和高导频。低导频和高导频适用于双导频电缆分配系统；中导频适用于单导频电缆分配系统。为了达到最佳的电平控制，普遍采用双导频控制方法，对于具有 ALC 的干线放大器可选低导频和高导频，低导频用于 ASC，高导频用于 AGC。如果使用单导频控制信号电平时，对于不带斜率补偿的只具有 AGC 控制的干线放大器，一般宜选用中导频，并使导频频率在工作频段的中点附近。

导频信号发生器主要由晶体振荡器、带通滤波器、可调衰减器和放大器等电路组成，有的还加有 AGC 电路。采用晶体振荡电路，其振荡频率稳定，可调衰减器用以调整输出电平，信号在末级进行功率放大后再输出。

导频信号发生器的方框图如图 6-19(a) 所示，图 6-19(b) 为加拿大 TPG 型导频信号发生器电路图。电路中 CCCN84-34 为晶体振荡器，Q_1 为振荡放大器，输出信号经 LC 滤波器到 Q_2 进行放大，滤波后接一可调衰减器，该输出信号可与辅助输入信号混合后输出，也可直接输出。晶振频率根据需要选取，该电路比较简单，没有 AGC 功能。

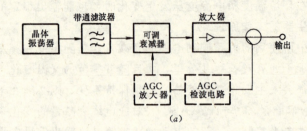

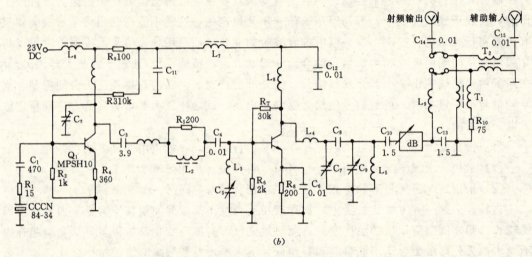

图 6-19　导频信号发生器的方框图和电路图
(a) 方框图；(b) 电路图

二、导频信号发生器的主要性能指标

导频信号发生器的主要性能指标通常有下列几项：

(1) 导频频率；
(2) 标称输出电平；
(3) 频率总偏差；
(4) 输出电平稳定度；
(5) 频率准确度；
(6) 无用输出抑制。

其中，频率的稳定和幅度的稳定是最重要的二项性能指标。

思 考 题 与 习 题

1. 叙述天线放大器的技术特点；阐述弱场强信号在接收时，为什么要在天线的馈电点处直接安装天线放大器。
2. 简述二次变频的频道转换器工作原理。
3. 设计衰减量为 11dB 的 T 形和 π 形衰减器。
4. 说明导频信号发生器在电缆电视系统中的作用，以及单导频信号与双导频信号的区别。

第七章 传输网与分配系统设备

第一节 分 配 器

一、分配器的作用

将一路高频信号的能量平均地分成二路或二路以上的输出装置，称为分配器。它主要用于前端经混合后的总信号的分配、干线分支或用户分配。通常有二分配器、三分配器、四分配器和六分配器，其表示符号见图 7-1。

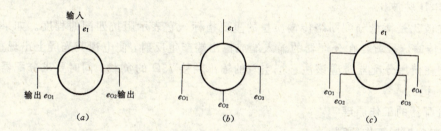

图 7-1 分配器表示符号

(a) 二分配器；(b) 三分配器；(c) 四分配器

分配器的主要作用有以下三个：

（一）分配作用

它将输入信号平均地分配给各路输出线，且插入损耗不超过规定范围，这就是分配器完成的主要任务，即分配作用。

（二）隔离作用

分配器的隔离作用是指分配输出端之间应有一定的隔度，相互不影响。例如，任意一路输出线上的电视接收机，其本机振荡辐射波或发生故障产生的高频自激振荡，对其他输出线上的接收机应不产生影响。

（三）匹配作用

输入信号传输线阻抗为 75Ω，经分配器分配为多路后，各输出线的阻抗也应为 75Ω。因此，分配器还应起到阻抗匹配的作用，使输入阻抗与输入线路匹配，各输出端的输出阻抗与输出线路阻抗匹配。

二、分配器的技术指标

（一）分配损失

分配损失也叫分配损耗或分配衰减，它是指信号从输入端分配到输出端的传输损失，即在输入端输入的信号电平 e_I 与传送到输出端的信号电平 e_O 之差，通常以 L_P 表示，故有：

$$L_P = e_I - e_O \quad (\text{dB}) \tag{7-1}$$

若将一路信号均等地分为 n 路输出信号，则在理想情况下，分配损失为：
$$L_P = 10\lg n \quad (\text{dB}) \tag{7-2}$$

（二）隔离度

分配器的隔离度又称为耦合衰减，它是指在分配器的一个输出端加入的输入信号电平 e'_1 与另一输出端的输出信号电平 e'_0 之差。

通常用 L_S 表示隔离度，则有：
$$L_S = e'_1 - e'_0 \quad (\text{dB}) \tag{7-3}$$

隔离度的大小是衡量分配器输出端间相互影响大小的一个重要指标，一般要求在 20dB 以上。

（三）阻抗

在电缆电视系统中，为了得到稳定的信号电平和良好的阻抗匹配，输入和输出端必须与传输线匹配，系统中使用的部件输入、输出阻抗都采用 75Ω。

（四）电压驻波比

电压驻波比是衡量分配网络传输质量的重要指标，它表示阻抗匹配的程度。如果驻波比太大，则传输信号就会在分配器的输入端或输出端产生反射，使电视荧光屏上出现重影。

因此，在使用分配器时应该注意把空着的输出端接 75Ω 的负载。同时要求分配器的电压驻波比小于 2。

三、分配器的工作原理

（一）二分配器工作原理

二分配器是分配器的基础。因为三、四、六分配器都是由二分配器扩展而成的。二分配器是由匹配电路和分配电路（含隔离元件）组成。分配电路将单路输入信号均等地分配给两个输出端，并保证它们间有一定的隔离度，匹配电路则保证分配器输入、输出端与 75Ω 电缆线有良好的匹配。

二分配器工作电原理如图 7-2 (a) 所示，图中 B_1 为阻抗变换器，B_2 为功率分配器（功率分配线圈），R_1 为隔离电阻，C_1 为平衡电容。现在我们分别来讨论它的分配、匹配和隔离作用。

1. 分配作用

在 A 端加入信号后，经变压器 B_1 转移到 Q 点，信号分两路分配给两输出端 B 和 C，由于分配变压器 B_2 从中心抽头，电路是对称的，故两路电流大小相等，方向如图箭头所示，加之 B 和 C 输出端负载阻抗相同 ($R_{L1}=R_{L2}=75Ω$)，故 B 和 C 点电位相等，R_1 上无电流流过，这意味着功率分配器线圈两端无电位差，Q、B、C 三点同电位，故其等效电路可用图 7-2 (b) 表示。可见，Q 端送入的信号功率被均等地分配在两个输出端 B 和 C 的 75Ω 负载上了。

2. 输入阻抗

由图 7-2 (b) 等效电路知，Q 点阻抗应为两输出端阻抗的并联，即
$$R_Q = R_{L1} // R_{L2} = R_L/2 = 35Ω$$

为了达到阻抗匹配的目的。阻抗变换器 B_1 的匝数比 N 应为
$$N = \frac{n_1}{n_2} = \frac{\sqrt{R_A}}{\sqrt{R_Q}} = \frac{\sqrt{75}}{\sqrt{35}} = \sqrt{2} \tag{7-4}$$

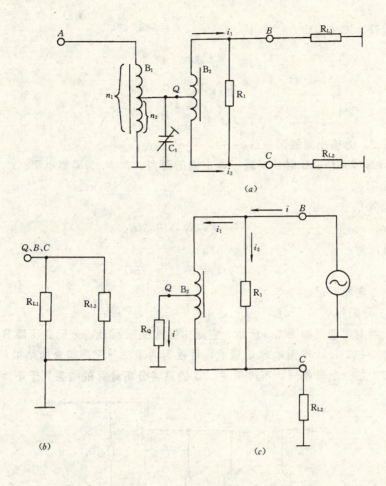

图 7-2 二分配器电原理图

这样就保证了输入阻抗为 75Ω。

3. 输出间相互隔离问题

二分配器反向隔离等效电路如图 7-2 (c) 所示。当从 B 端加入信号时,电流 i 经分流后流入 R_1 和 B_2。分别用 i_1 和 i_2 表示。若实现理想隔离,则连接在 C 端的电阻 R_{L2} 上无电流流过,故 R_1 中的电流 i_2 也全部流过 B_2。根据理想变压器条件,B_2 有如下关系

$$ni_1 = ni_2 \tag{7-5}$$

则
$$i_1 = i_2 = 0.5i \tag{7-6}$$

而
$$U_{BC} = 0.5iR_1 \tag{7-7}$$

所以
$$U_{QC} = 0.5U_{BC} = 0.25iR_1 \tag{7-8}$$

又
$$U_Q = R_Q(i_1 + i_2)$$
$$= 0.5R_L(i_1 + i_2)$$
$$= 0.5R_L i \tag{7-9}$$

由于假设为理想隔离，$U_C = 0$

所以 $$U_Q = U_{QC} \tag{7-10}$$

即 $$0.25iR_1 = 0.5R_L i \tag{7-11}$$

有 $$R_1 = 2R_L \tag{7-12}$$

式（7-12）为输出间隔离条件。

当 $R_1 = 2 \times 75 = 150\Omega$ 时，实现了输出间的隔离，称 R_1 为隔离电阻。

4. 输出阻抗

从 B 端加信号，则

$$U_B = i_2 R_1 = 0.5 i R_1$$

输出阻抗为：

$$U_B / i = R_1 / 2 = 75\Omega \tag{7-13}$$

可见，与电缆匹配。

（二）三分配器

三分配器电原理图如图 7-3 所示，它是由匹配变压器 B_1、分配变压器 B_2、B_3、B_4 以及隔离电阻 R_1、R_2、R_3、平衡电容 C 组成，可视为两个二分配器组合的结果。其匹配、分配和隔离原理与二分配器相同，不再赘述。我们只将分析计算的结果列于下面：

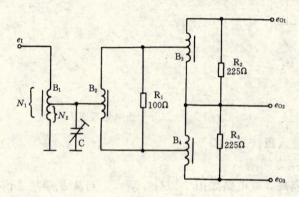

图 7-3 三分配器电原理图

1. 阻抗匹配变压器 B_1 匝数比

$$N_1 : N_2 = \sqrt{3} : 1$$

2. 分配变压器匝数比

B_2、B_3、B_4 皆在中心抽头。

3. 隔离电阻

$R_1 = 100\Omega$

$R_2 = R_3 = 225\Omega$

（三）四分配器

四分配器电原理图如图 7-4 所示，它也可视为两个二分配器组合而成。其有关参数如下：

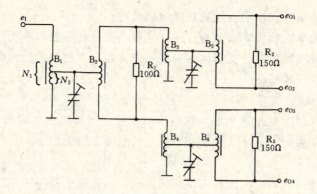

图 7-4 四分配器电原理图

1. 阻抗匹配变压器 B_1 匝数比

$N_1 : N_2 = 2$

2. 分配变压器匝数比

B_2、B_3、B_4、B_5、B_6 皆在中心抽头。

3. 隔离电阻

$R_1 = 75\Omega$

$R_2 = R_3 = 150\Omega$

第二节 分 支 器

一、分支器的作用

分支器是从干线上取出一小部分信号传送给电视接收机的部件，因此，它的作用是以较小的插入损耗从传输干线或分配线上分出部分信号经衰减后送至各用户。其表示符号见图见 7-5，它由一个主输入端 e_I 和主输出端 e_O 以及若干个分支输出端 e_{ZO} 等构成。

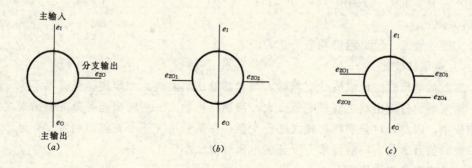

图 7-5 分支器表示符号

(a) 一分支；(b) 二分支；(c) 四分支

在理想情况下，只有在主输入端加入信号时，在主路和支路输出端才有该信号输出。如果从主输出端加入反向干扰信号，应对支路输出没有影响，如果从各支路加入反向干扰信号,也应对主路输出没有影响。这就是定向耦合特性。

按照分支器的分支输出端来分有:一分支器、二分支器和四分支器等。输出端口直接插接电视机的一分支器和二分支器称为串接一分支器(串接单元)和串接二分支器。

二、分支器的技术指标

(一)插入损失

分支器的插入损失是指从主输入端输入的信号电平传输到主输出端信号电平的损失,若主输入信号电平为 e_I,主输出信号电平为 e_O,则插入损失用 L_n(dB) 表示为:

$$L_n = e_I - e_O \quad (dB) \tag{7-14}$$

在使用频率范围内,分支器插入损失的大小与所传输的信号频率无关,只与分支器的分支损失有关,分支损失大,则插入损失就小。插入损失一般在 0.3～4dB 之间。

(二)分支损失

分支损失又称分支耦合衰减量或分支耦合损失,它是指分支器主输入端信号电平转移到分支输出端信号电平的损失。设分支输出端信号电平为 e_{ZO},则分支损失 L_Z 可写为:

$$L_Z = e_I - e_{ZO} \quad (dB) \tag{7-15}$$

分支损失一般在 7～35dB 范围内。

(三)反向隔离

反向隔离又称反向耦合衰减量,它是指从分支器一个分支输出端加入的信号电平传输到其主输出端信号电平的损失。设分支输入电平为 e_{ZI},则分支隔离应为:

$$L_{FG} = e_{ZI} - e_O \quad (dB) \tag{7-16}$$

一般要求分支器的反向隔离度应大于 25dB。

(四)分支隔离

分支隔离也称分支输出间耦合衰减量,它是指在分支器一个分支输出端加入信号电平传输到其他分支输出端信号电平的损失。设分支输出端输入的信号电平为 e_{ZI},其他分支输出端的信号电平为 e_{ZO},则分支隔离为:

$$L_{ZG} = e_{ZI} - e_{ZO} \quad (dB) \tag{7-17}$$

可见,它表示了分支器各输出端之间相互干扰的程度,故要求分支器的分支隔离度愈大愈好,一般要求大于 20dB。

(五)阻抗

分支器的输入、输出阻抗均应为 75Ω。

(六)电压驻波比

分支器的电压驻波比说明分支器输入端和各输出端阻抗的准确度。分支器不像分配器那样,输入端和各输出端之间影响那么大,特别是主输入、主输出与各分支输出端之间相互影响较小。因此,对分支损失较大的分支器,在某种情况下分支输出端可以开路而不会影响系统的信号质量。一般要求分支器的电压驻波比小于 1.6。

三、分支器的工作原理

分支器有如下几种形式:变压器型分支器、阻抗插入型分支器和阻容型分支器。下面着重讲述变压器型一分支器工作原理,然后简要介绍其他两种分支器。

(一)变压器型一分支器工作原理

图 7-6 是变压器型一分支器电路原理图,该分支器由变压器 B_1 和变压器 B_2 构成,它

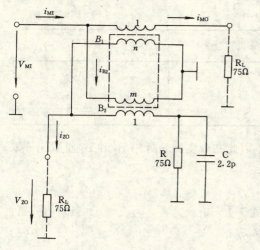

图 7-6 变压器型一分支器电路原理图

们都绕在同一个磁芯上,故称为定向耦合线圈。B_1 的匝比为 $1:n$,B_2 的匝比为 $m:1$。R 为吸收电阻,吸收从分支输出端来的反向干扰信号;C 用来抵消变压器漏感和补偿高频特性。图中,V_{MI} 为主路输入电压、i_{MI} 为主路输入电流、i_{MO} 为主路输出电流、V_{ZO} 为分支输出电压、i_{ZO} 为分支输出电流、i_{B2} 为变压器 B_2 初级输入电流。

主路输入电压为主路输出负载电压与 B_1 初级电压降之和,即

$$V_{MI} = i_{MO}R_L + V_{ZO}/n \tag{7-18}$$

在分支器的设计上应保证分支端输出电流 i_{ZO} 为主路输出电流 i_{MO} 的 $1/n$,即

$$i_{ZO} = i_{MO}/n \tag{7-19}$$

这样,需保证 B_2 次级电流为零,为此,应使

$$V_{ZO} = V_{MI}/m \tag{7-20}$$

式中,V_{MI} 亦为 B_2 初级电压降。将式(7-18)代入(7-20),有:

$$V_{ZO} = (i_{MO}R_L + V_{ZO}/n)/m \tag{7-21}$$

而

$$V_{ZO} = R_L i_{ZO} = R_L i_{MO}/n$$

即:

$$V_{ZO} = R_L i_{MO}/n \tag{7-22}$$

将式(7-22)代入式(7-21),有:

$$m = n(1 + 1/n^2) \tag{7-23}$$

结论:

1. 分支原理

若 m 按式(7-23)取值,则保证了分支输出电流或分支输出电压为主路输出电流或主路输出电压的 $1/n$,这就是分支原理。

2. 分支损失参数确定

根据分支损失的定义

$$L_Z = 20\lg(V_{MI}/V_{ZO})$$

将式(7-18)、(7-21)代入上式,有:

$$L_Z = 20\lg m \tag{7-24}$$

这样,根据分支损失要求,由给定的 L_Z 值计算出 B_2 的匝数比 m,再由式(7-23)求出 B_1 匝数比中的 n 值。表 7-1 给出了几种常用分支损失量的 m、n 值。

常用分支损失量的 m、n 值计算表　　表 7-1

分支损失	m 值	n 值
20dB	10	10
18dB	8	8
17dB	7	7

续表

分支损失	m 值	n 值
14dB	5	5
12dB	4	4
6dB	2	2

从表中可以看出，一般情况下 m、n 值相等。因此在分支器设计中 B_1 和 B_2 匝数比皆取 n。

3. 插入损失与分支损失的关系

理想情况下插入损失为 B_1 初级电压降，由式 7-17 知

$$L_n = 20 \lg V_{ZO}/n \tag{7-25}$$

而

$$L_Z = 20 \lg n \tag{7-26}$$

可见，分支损失大的分支器，其插入损失小；分支损失小的分支器，其插入损失大。

4. 反相隔离原理

由图 7-6 可以看出，当从分支输出端加信号时，大部分信号被电阻 R 吸收。由于电路的对称性，只有剩余部分的 $1/n$ 加到主路输入端。可见反相隔离作用明显。

5. 输入、输出阻抗

由于 B_1 的初级阻抗很低，故输入、输出阻抗皆为线路阻抗 75Ω。

(二) 二分支器和四分支器

二分支器是在一分支器的分支输出端加一个二分配器而构成，如图 7-7 所示。其电路结构和线圈的制作方法分别与一分支器和二分配器相应部分相同。二分支器的分支损失是一分支器的分支损失与二分配器的分配损失之和。四分支器是在一分支器的分支输出端加一个四分配器而构成，如图 7-8 所示。当然，也可以将两个二分支器装在同一机壳里，作为四分支器。

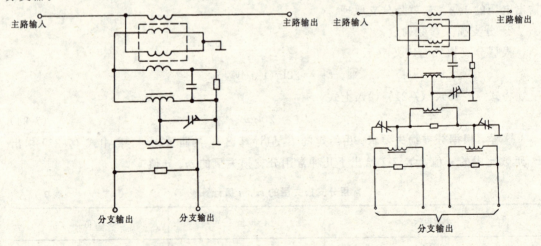

图 7-7 二分支器电路图　　　　图 7-8 四分支器电路图

(三) 阻抗插入型分支器

阻抗插入型分支器是一种定向型耦合器件，其电路主要有三种形式，如图7-9所示。

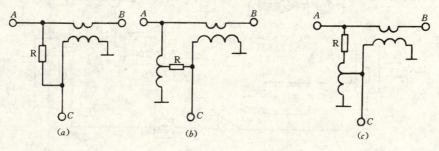

图7-9 阻抗插入型分支器原理图

（四）阻容型分支器

用电阻和电容也可构成分支器，如图7-10所示。图7-10（a）的分支器插入损失为1dB，分支损失为20dB，相互隔离度大于25dB。它的工作频带宽，可用于VHF、UHF全频道。图7-10（b）的分支损失随频率的升高而减小，它在二频道时分支损失约23dB。改变C_1与C_2的值，可以改变分支输出端从干线耦合的能量。这两种分支器的主输出和主输入均无方向性。

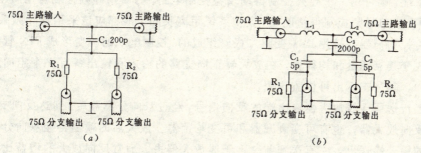

图7-10 阻容型分支器原理图

第三节 传输网与分配系统的放大器

一、干线放大器

基本的干线放大器组成如图7-11所示。这是一种双向带自动电平控制（ALC）的干线放大器。如果是单方向的，就没有反向部分；如果不带ALC就没有ALC控制电路，ALC电路由自动增益控制电路（AGC）和自动斜率控制电路（ASC）组成。

下面介绍这种干线放大器的工作原理。

信号进入干线放大器后，先经过双向分离器送入正向放大电路。在放大前，要经过衰减器和均衡器，补偿干线电缆的损耗。双向分离器的功能是按频率范围分离正向和反向信号，反向信号的频率范围常为5～30MHz。所以分离器实质上是一个低通滤波器和一个高通滤波器的组合。其分割区域是30～45MHz，衰减器和均衡器通常都做成插件式，调整时可换用不同规格的插件。插件式的主要优点是稳定可靠，避免了最不可靠的可变电容器，因为干线放大器的稳定性是非常重要的。正向信号经过放大后再通过一个可控衰减器和一个

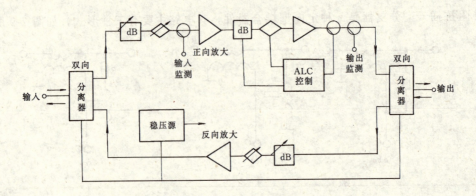

图 7-11 干线放大器框图

可控均衡器而输出，正向放大器的输出端有一个定向耦合器（或分压电路），耦合出一小部分信号，经过 ALC 电路将其中的导频信号选出来，放大整形后成直流信号，其大小正比于正向放大的输出信号。用直流放大器将其放大后分别去控制可控衰减器和可控均衡器，相应形成自动增益控制和自动斜率控制。因而，保持了输出电平的恒定，也保持了斜率的恒定。如果是单导频系统，用一个导频信号可同时控制自动增益控制和自动斜率控制电路。如果是双导频系统，则可用一个导频控制自动增益控制电路，另一个导频控制自动斜率控制。当然，双导频要比单导频控制得精确些，大型系统距离长的干线都应该采用双导频系统。可控衰减器和可控均衡器都是用 PIN 变阻二极管组成的，控制电流的改变形成 PIN 管电阻的改变，从而改变其衰耗量和均衡量。在放大器正向支路的输入和输出各有一个定向耦合器（或分压电路），其分支输出可供监测用。

从用户上行送回干线放大器输出端的反向信号，经过双向分离器后，到达反向支路。反向支路中有反向放大器，也有可变衰减器和可变均衡器。放大后的输出再经双向分离器从干线放大器的输入端送出，一直送到前一台干线放大器去。通常反向放大的增益比正向放大器的增益低，因为反向信号是低频率的，其电缆损耗要小得多。

双向分离器中另有一路输出，它利用截止频率很低的低通滤地器将同轴电缆中的低压交流电源取出来，一方面供本放大器的电源用，另一方面再通过输出端的分离器送到下一台放大器去。当然这条电源支路是可逆的，反相供电也可以。放大器本身应该有稳压电源提供一个稳定的直流电压给放大电路。

干线放大器通常是露天安装的，因而在结构上一定要防雨密封，用密封橡皮圈保护，还要求能防腐蚀，所以都采用外表面不加工的铸铝外壳。外壳的连接罩要保证良好的电接触，以防止电波外泄和干扰侵入。干线放大器和干线的连接要采用防雨的密封接插件，这种接插件是专门设计的。电缆的内导体由放大器上的螺钉压住，外导体用插头紧紧压在机壳上，最外面用橡皮套防水。为了保证能有更好的防雨效果，常将全频道干线放大器在防雨箱内，输入输出可使用标准接插件，要求做好电屏蔽。

在复杂的传输网中常常要使用干线分配放大器及干线桥接放大器，以形成几个支干线或支线。干线分配放大器是将干线信号放大并平均分送给几个支干线，因此它具有一个输入端，多个输出端。干线桥接放大器是具有一个主输入端、一个主输出端，及几个分支输出端，用以形成支线。通常，每台干线放大器都可以分出一路支线。

干线放大器在电指标上和别的放大器不同处在于:(1)不平度很小;(2)反射损耗高;(3)非线性失真小;(4)遥控供电。所以,在电路上也加有很多措施,例如补偿不平度的元件,补偿反射损耗的元件,混合电路集成块等等,因而价格比较高。典型干线放大器的指标如表 7-2。

典型干线放大器的指标　　　　　　　　表 7-2

序号	项目	正向	反向	备注
1	频带（MHz）	45～300	5～20	
2	不平度（±dB）	0.25	0.25	
3	最小全增益（dB）	26	13	
4	反射损耗（dB）	16	18	
5	ALC 功能,输入±4dB 时输出变化（±dB）	0.5	—	
6	导频工作电平（dBμV）	91	—	
7	工作输出电平（dBμV）	91	94	
8	频道数	28	4	
9	工作增益（dB）	22		
10	复合三次差拍比（dB）	90	100	
11	交扰调制比（dB）	91	100	在 7、8、9 项条件下
12	二次互调比（dB）	88	87	
13	三次互调比（dB）	112	101	
14	载波交流声比（dB）	65	65	
15	噪声系数（dB）	8	9	

二、分支放大器和分配放大器

分支放大器和分配放大器通常都是相同的设备,它们的性能要求和干线放大器大致相同,结构上也和干线放大器的要求相同。不同的是它们的增益比较高,一般约为 30～34dB;输出电平也比较高,常为 105～110dBμV。在大部分情况下不带自动控制功能。它们主要用在干线的末端,提高信号电平以满足分配、分支部分的需要。

三、线路延长放大器

线路延长放大器通常安装在支干线上,用来补偿分支、插入损耗和电缆损耗。它的输出端不再有分配器,因而输电平通常只有 103～105dBμV。

在结构上,线路延长放大器只具有一个输入端和一个输出端,外形也比较小。

四、电源附加器

电源附加器也称电源插入器,它起着向插入的干线放大器用低压交流供电的作用,即芯线低压供电,见图 7-12。它的原理很简单,将 220V 交流电源用降压变压器变成 36V 的低压交流电,然后通过阻流圈送上干线,地线就直接连通同轴插座的外壳。阻流圈阻止了射频信号通过变压器而短路到地,因为它的感抗对射频信号是很高的。但是对 50Hz 交流电几乎为零。从传送电源的效率方面看,交流电压越高越好,国际上多数用 60V 供电。但我国规定的安全电压限制了电压的提高。

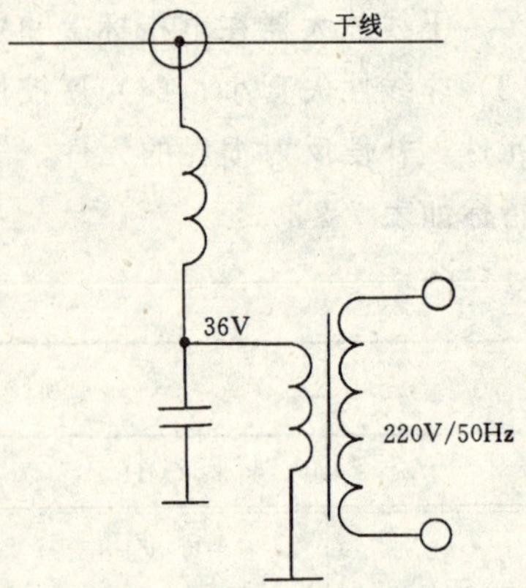

图 7-12 电源附加器原理图

思考题与习题

1. 分配器的作用是什么?
2. 分配器的几个主要技术指标是什么?
3. 分支器的作用是什么?
4. 分支器有哪些技术指标?一般为多少?
5. 一个 14dB 的二分支器,输入电平为 90dB,接入损失为 1dB,求分支输出端和主输出端的输出电平。
6. 干线放大器(包括干线分配放大器和干线桥接放大器)、分支放大器、分配放大器和线路延长放大器各有什么用处?

第八章 电缆电视系统的工程设计

第一节 设 计 基 础

一、增益

(一) 电压增益和功率增益

增益是衡量 CATV 系统中放大器等有源器件放大信号能力大小的参数。在系统中有两种表示增益的方法,一种为功率增益,一种为电压增益。通常 CATV 系统中的增益均取对数表示。图 8-1 所示为某一放大器,其输入、输出端各参数符号如图所示。

定义:

$$（功率增益）= \frac{输出功率（P_o）}{输入功率（P_i）} （倍）$$

对上式两边取 10lg 后,功率增益的单位由倍数变成为分贝 (dB),有:

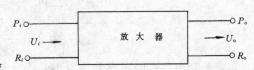

图 8-1 放大器输入、输出端参数

$$功率增益 = 10\lg \frac{P_o}{P_i} \quad (dB) \quad (8-1)$$

定义:
$$（电压增益）= \frac{输出电压（U_o）}{输入电压（U_i）} （倍）$$

对上式两边取 20lg 后,电压增益的单位也由倍数变成为分贝,有:

$$电压增益 = 20\lg \frac{U_o}{U_i} \quad (dB) \quad (8-2)$$

在 CATV 系统中,已知各个器件的输入、输出阻抗、电缆的特性阻抗均为 75Ω,即 $R_o = R_i = 75Ω$,

则 $功率增益 = 10\lg \frac{P_o}{P_i} = 10\lg \frac{U_o^2/R_o}{U_i^2/R_i} = 10\lg \frac{U_o^2}{U_i^2}$

$$= 20\lg \frac{U_o}{U_i} = 电压增益 \quad (dB)$$

所以,CATV 系统中器件的增益,既可用功率比表示,也可用电压比表示,二者的比值是相等的。

(二) 分贝

在 CATV 系统中,通常均用分贝 (dB) 表示放大器的放大倍数,或者表示系统中任意一点的电压、功率值。由于系统中的电压,通常在几百 μV~100mV 之间,当用 μV、mV 来计量时数值常显得过大,计算不方便,所以常取对数来计算。

在 CATV 系统中,当用 1μV 电压作计量标准,将某点的电压 U 与计量标准 1μV 做如下运算:

$$20\lg \frac{U}{1\mu V}$$

的单位为 dBμV。

例如，系统中某点的电压分别为 10μV、100μV、1mV，当用 dBμV 表示的数值分别为：

$$20\lg \frac{10}{1} = 20 (\text{dBμV})$$

$$20\lg \frac{100\mu V}{1\mu V} = 40 (\text{dBμV})$$

$$20\lg \frac{1000\mu V}{1\mu V} = 60 (\text{dBμV})$$

$$1\mu V \text{ 电压为 } 20\lg \frac{1\mu V}{1\mu V} = 0 (\text{dBμV}) \tag{8-3}$$

当用 1mV 的电压作为计量标准，此时的单位定义为 dBmV，有 20lg1mV = 0（dBmV）则

$$10\mu V \text{ 为 } 20\lg \frac{10\mu V}{1mV} = -40 (\text{dBmV})$$

$$100\mu V \text{ 为 } 20\lg \frac{100\mu V}{1mV} = -20 (\text{dBmV})$$

$$1V \text{ 为 } 20\lg \frac{1V}{1mV} = 60 (\text{dBmV})$$

如果系统中某点的功率分别为 100μW、1mW、1W，而计量标准为 1mW 时，则该点的电平值分别为：

$$10\lg \frac{100\mu W}{1mW} = 10\lg \frac{10^{-1}mW}{1mW} = -10 (\text{dBmW})$$

$$10\lg \frac{1mW}{1mW} = 0 (\text{dBmW})$$

$$10\lg \frac{1W}{1mW} = 10\lg \frac{10^3 mW}{1mW} = 30 (\text{dBmW})$$

二、载噪比

在 CATV 系统中存在着放大器、调制器等有源器件，这些器件中的晶体管等电子元器件会不同程度地产生噪声功率，当电视信号在系统中传输时，这些噪声功率也同样地要在系统中传输，当这些噪声功率传输至用户端时，在电视机的屏幕上将会出现雪花状或杂乱无章的信号，从而影响到整个 CATV 系统的收视质量，所以必须尽量控制整个系统的噪声。系统内的噪声包含两个方面：（1）电阻产生的热噪声，用噪声源电压表示；（2）放大器中的晶体管等器件产生的噪声，用噪声系数表示。

（一）热噪声源电压

一个无源网络如图 8-2（a）所示，可用一个等效电阻 R 来等效。无源网络的热噪声就等于其等效电阻 R 的热噪声。而热噪声的电阻可以用一个电阻值与其相等的无噪声电阻 R 和与之串联的热噪声电压源 U_{no} 的等效电路来等效，见图 8-2（b），这个噪声电压源 U_{no} 与产生它的电阻 R 有如下关系：

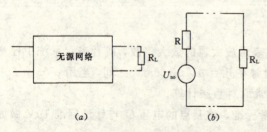

图 8-2 无源网络等效电路
(a) 无源四端网络；(b) 等效电路

$$U_{no} = 2\sqrt{KTBR} \tag{8-4}$$

式中 U_{no}——热噪声源电压（V）；

K——波兹曼常数 [W/(Hz·K)]，取 1.38×10^{-23}；

T——绝对温度值，常温取 293K；

B——图像的噪声频带宽度，我国 PAL-D 制为 5.75MHz；

R——噪声源内阻，该电阻已是无噪声的理想电阻，CATV 系统为 75Ω。

将上述数据代入式（8-4）得：

$$U_{no} = 2\sqrt{1.38 \times 10^{-23} \times 293 \times 5.75 \times 10^6 \times 75}$$
$$= 2.64(\mu V)$$

由于 CATV 系统中各个器件的输入、输出阻抗均为 75Ω，所以外接匹配负载 R_L 上产生的噪声电压为：

$$U_{ni} = \frac{U_{no}}{2} = \frac{2.64}{2} = 1.32(\mu V)$$

用分贝表示为：

$$U_{ni} = 20\lg 1.32 = 2.4(dB\mu V)$$

匹配负载 R_L 上的噪声功率为：

$$P_{ni} = \frac{U_{ni}^2}{R_L} = \frac{(1.32 \times 10^{-6})^2}{75} = 2.32 \times 10^{-14}(W)$$

（二）载噪比

为了衡量系统中噪声干扰对电视图像质量的影响程度，用载噪比 $\left(\frac{C}{N}\right)$ 来衡量。其定义为：

$$\left(\frac{C}{N}\right) = \frac{载波功率}{噪声功率} \quad （倍）$$

用分贝表示：

$$\frac{C}{N} = 10\lg\left(\frac{C}{N}\right) \quad (dB) \tag{8-5}$$

由于 CATV 系统中器件的输入、输出阻抗均为 75Ω，式（8-5）也可写成：

$$\frac{C}{N} = 20\lg\frac{载波电压}{噪声电压} \quad (dB) \tag{8-6}$$

为了计算方便，用 $\left(\frac{C}{N}\right)$ 表示倍数，用 $\frac{C}{N}$ 表示分贝值，用分贝值表示时，功率比和电压比所得结果是相同的。系统的 $\frac{C}{N}$ 越高，则图像的清晰度越好。按照系统载噪比的大小，我国将图像划分成 5 个等级，如表 8-1 所示。并规定 CATV 系统图像质量必须达到 4 级以上。

图 像 质 量 等 级 表 8-1

图像等级	载噪比（dB）	电视画面的主观评价
5	51.9	优异的图像质量（无雪花等）

续表

图像等级	载噪比（dB）	电视画面的主观评价
4	43	良好的图像质量（稍有雪花）
3	36.3	可通过（可接受）的图像质量（稍令人讨厌的雪花）
2	31.8	差的图像质量（令人讨厌的雪花）
1	29.5	很差的图像质量（很令人讨厌的雪花）

（三）噪声系数

CATV系统中的噪声，除了前述无源器件中电阻产生的热噪声源电压为 $2.4\text{dB}\mu\text{V}$ 以外，更主要的噪声源则是来自于放大器中的有源器件。在图8-3所示的放大器中，P_{si}、P_{so} 分别为输入和输出载波功率，P_{ni}、P_{no} 分别为输入和输出噪声功率。P_{si}、P_{no} 和放大器内部产生的噪声功率 P_r 有如下关系：

$$P_{no} = GP_{ni} + P_r$$

式中 G 为放大器的功率增益。将放大器输出端的总噪声功率 P_{no} 与输入端噪声功率 P_{ni} 经放大后产生的噪声功率 GP_{ni} 之比，定义为放大器的噪声系数，用 F 表示，有：

$$F = \frac{P_{no}}{GP_{ni}} \tag{8-7}$$

即有

$$P_{no} = G \cdot F \cdot P_{ni}$$

而

$$\frac{\text{输入载噪比}\left(\frac{C}{N}\right)_入}{\text{输出载噪比}\left(\frac{C}{N}\right)_出} = \frac{P_{si}/P_{ni}}{P_{so}/P_{no}} = \frac{P_{si}/P_{ni}}{G \cdot P_{si}/G \cdot F \cdot P_{ni}} = F \tag{8-8}$$

所以放大器的噪声系数也可定义为输入载噪比与输出载噪比之比。若用对数表示，有：

$$N_F = 10\lg F = 10\lg \frac{\left(\frac{C}{N}\right)_入}{\left(\frac{C}{N}\right)_出} = \frac{C}{N}_入 - \frac{C}{N}_出 \quad (\text{dB}) \tag{8-9}$$

从式（8-7）得

$$F = \frac{P_{no}}{GP_{ni}} = \frac{GP_{ni} + P_r}{GP_{ni}} = 1 + \frac{P_r}{GP_{ni}}$$

所以

$$P_r = (F-1)GP_{ni} \tag{8-10}$$

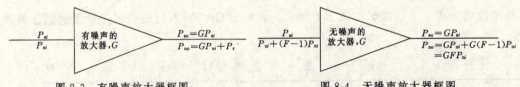

图 8-3　有噪声放大器框图　　　图 8-4　无噪声放大器框图

从（8-10）式可见，若把放大器本身产生的噪声功率等效到输入端，则为 $(F-1)P_{ni}$，图8-3可等效成图8-4。

(四)一台放大器的载噪比

如图 8-4 所示,当放大器输入端为无源器件(如天线)时,放大器输出端的载噪比为:

$$\left(\frac{C}{N}\right) = \frac{P_{so}}{P_{no}} = \frac{GP_{si}}{GFP_{ni}} = \frac{P_{si}}{FP_{ni}} = \frac{U_a^2/R}{FU_{ni}^2/R} = \frac{U_a^2}{F \cdot U_{ni}^2} \tag{8-11}$$

上式中 U_a 为放大器输入端的电压,$R=75\Omega$,$U_{ni}=132\mu V$,为前级无源器件输出的热噪声源电压。对式(8-11)两边取对数 $10\lg$ 得:

$$10\lg\left(\frac{C}{N}\right) = 10\lg U_a^2 - 10\lg F - 10\lg U_{ni}^2$$

即

$$\frac{C}{N} = 20\lg U_a - 10\lg F - 20\lg U_{ni} = S_a - N_F - 2.4(\text{dB}) \tag{8-12}$$

式中 S_a 为放大器输入端的信号电平,单位为 $\text{dB}\mu V$,N_F 为放大器的噪声系数,单位为 dB,$2.4\text{dB}\mu V$ 为前级无源器件的热噪声源电平。此公式具有很大的实用意义,它表明了放大器输出端的载噪比与输入电平之间的关系。

(五)n 台放大器串接时的载噪比

实际的 CATV 系统总是由 n 台放大器串接而成,如图 8-5 所示。

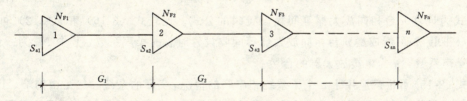

图 8-5 n 台放大器串接时各放大器的输入电平和噪声系数

设各级放大器的输入电平分别为 S_{a1}、S_{a2}、$\cdots$、S_{an},各级放大器的噪声系数分别为 N_{F1}、N_{F2}、$\cdots$、N_{Fn},应用公式(8-12)可求出各自的载噪比分别为 $\frac{C}{N_1}$、$\frac{C}{N_2}$、$\cdots$、$\frac{C}{N_n}$。当 n 台放大器串接时,前级放大器产生的噪声功率随着信号一起传送至后级放大器,与在后级放大器中产生的噪声功率迭加起来,如此下去,迭加的结果,使得总的噪声功率不断增大,总的载噪比下降。所以噪声功率的迭加实质上是载噪比 $\left(\frac{C}{N}\right)$ 的迭加,n 台放大器串接时总的载噪比与各级载噪比有如下关系:

$$\frac{1}{\left(\frac{C}{N}\right)} = \frac{1}{\left(\frac{C}{N_1}\right)} + \frac{1}{\left(\frac{C}{N_2}\right)} + \cdots + \frac{1}{\left(\frac{C}{N_n}\right)}$$

即

$$\left(\frac{C}{N}\right)^{-1} = \left(\frac{C}{N_1}\right)^{-1} + \left(\frac{C}{N_2}\right)^{-1} + \cdots + \left(\frac{C}{N_n}\right)^{-1} \tag{8-13}$$

对式(8-13)两边取对数 $10\lg$ 得:

$$10\lg\left(\frac{C}{N}\right)^{-1} = 10\lg\left[\left(\frac{C}{N_1}\right)^{-1} + \left(\frac{C}{N_2}\right)^{-1} + \cdots + \left(\frac{C}{N_n}\right)^{-1}\right] \tag{8-14}$$

因为

$$\frac{C}{N_1} = 10\lg\left(\frac{C}{N_1}\right) \quad (\text{dB})$$

所以
$$\left(\frac{C}{N_1}\right)=10^{\frac{C/N_1}{10}}, 则\left(\frac{C}{N_1}\right)^{-1}=10^{-\frac{C/N_1}{10}}$$

所以，从式（8-14）式可得到总的载噪比为：
$$\frac{C}{N}=-10\lg\left[10^{-\frac{C/N_1}{10}}+10^{-\frac{C/N_2}{10}}+\cdots+10^{-\frac{C/N_n}{10}}\right]$$
$$=-10\lg\sum_{i=1}^{n}10^{-\frac{C/N_i}{10}} \tag{8-15}$$

上式即为 n 台放大器串接时总的载噪比的计算公式，应用此公式时应注意 $\frac{C}{N_i}$ 的单位为 dB。

在 CATV 系统中，一般情况下，干线上的放大器均为同型号（即 $N_{F1}=N_{F2}=\cdots=N_{Fn}=N_F$），且输入电平相同（即 $S_{a1}=S_{a2}=\cdots=S_{an}=S_a$），此时各台放大器的输出载噪比相同（即 $\frac{C}{N_1}=\frac{C}{N_2}=\cdots=\frac{C}{N_n}$），式（8-15）可写为：
$$C/N=-10\lg\left[10^{-\frac{C/N_1}{10}}\cdot n\right]=\frac{C}{N_1}-10\lg n$$
$$=S_a-N_F-2.4-10\lg n \tag{8-16}$$

上式为计算 n 台相同放大器等间隔设置时的公式。比较式（8-16）和（8-12）可见，$-(N_F+10\lg n)$ 可看成是 n 台相同放大器等间隔设置时总的噪声系数，其中 N_F 为一台放大器的噪声系数，n 为串接放大器的台数。

公式（8-15）可推广应用于 n 个子系统相串联的情况，实际的系统一般是由前端、干线、用户分配三部分组成，而干线部分又是由干线、支干线、分支干线等组成，因此仍可应用式（8-15）计算系统总的载噪比，此时式中的 C/N_i 表示的是各个子系统的载噪比。

n 台放大器串接时总的载噪比的计算还可应用传统的分析方法，即先求出 n 台放大器的等效噪声系数 F_h，再应用式（8-12）进行计算。对于图 8-5 所示的图形，总的噪声系数为：
$$F_h=F_1+\frac{F_2-1}{G_1}+\frac{F_3-1}{G_1\cdot G_2}+\cdots+\frac{F_{n-1}}{G_1\cdot G_2\cdots G_{n-1}} \tag{8-17}$$

总的载噪比为：
$$\frac{C}{N}=S_{a1}-10\lg F_h-2.4=S_{a1}-N_{Fh}-2.4(\text{dB}) \tag{8-18}$$

式中，S_{a1} 为第一台放大器的输入信号电平，N_{Fh} 为 n 级放大器的等效噪声系数（dB）。当放大器不等间隔设置时，应用上式计算将很复杂。当放大器等间隔设置时，由于 $S_{a1}=S_{a2}=\cdots=S_{an}=S_a$，$F_1=F_2=\cdots=F_n=F$，则段间增益 $G_1=G_2=\cdots=G_n=1$，n 台串接的总噪声系数为：
$$F_h=F_1+(F_2-1)+(F_3-1)+\cdots+(F_n-1)=nF-(n-1)\approx n\cdot F \tag{8-19}$$

所以
$$\frac{C}{N}=S_a-10\lg F_h-2.4=S_a-N_F-10\lg n-2.4(\text{dB}) \tag{8-20}$$

可见，式（8-20）与式（8-16）完全相同。

（六）载噪比的分配

我国规定了整个CATV系统的$\frac{C}{N} \geqslant 43\text{dB}$，而整个系统是由若干个子系统组成的，因此在进行系统设计时，必须合理的分配给各个子系统一定的技术指标。当信号功率一定时，载噪比是衡量系统噪声功率大小的指标，而整个系统的噪声功率是随着信号的传输不断积累的，所以载噪比的分配实质上是噪声干扰功率的分配，必须把载噪比$\left(\frac{C}{N}\right)$变成为噪载比$\left(\frac{N}{C}\right)$才能分配。例如：某系统前端分配1/3的载噪比，干线分配2/3的载噪比，实质上是分配总噪声功率的1/3给前端，2/3给干线。则前端为$\left(\frac{N}{C}\right)_{前端} = \frac{1}{3}\left(\frac{N}{C}\right)_{总}$；干线的$\left(\frac{N}{C}\right)_{干线} = \frac{2}{3}\left(\frac{N}{C}\right)_{总}$，所以载噪比的分配遵循下列公式：

$$\left(\frac{C}{N}\right)_i = \frac{1}{q}\left(\frac{C}{N}\right)_总 \tag{8-21}$$

式中，q为分配比例，如$\frac{1}{3}$、$\frac{2}{3}$等，$\left(\frac{C}{N}\right)_i$为子系统的载噪比。两边取对数$10\lg$得：

$$\frac{C}{N_i} = \frac{C}{N_总} - 10\lg q \quad (\text{dB}) \tag{8-22}$$

上式也可推广应用于n台放大器相串接的情况。例如，已知某干线总的载噪比为$\frac{C}{N_干}$，干线由n台相同放大器等间隔设置，现平均分配指标，则每台放大器应满足的载噪比为：$\frac{C}{N_1} = \frac{C}{N_干} - 10\lg n \quad (\text{dB})$

【例】 某一系统，设计的总载噪比为44dB，前端和干线各分配1/2，求前端和干线的载噪比为多少分贝？

【解】 $\frac{C}{N_{前端}} = \frac{C}{N_{干线}} = \frac{C}{N_总} - 10\lg\frac{1}{2} = 44 - 10\lg\frac{1}{2} = 47 \quad (\text{dB})$

即实际的前端和干线的载噪比必须大于或等于47dB，才能满足总指标的要求。

（七）载噪比与信噪比的关系

在CATV系统中，很多视频设备往往用信噪比来衡量视频信号和噪声之间的数量关系，其定义为：

$$信噪比\left(\frac{S}{N}\right) = \frac{视频信号功率}{噪声功率} \tag{8-23}$$

而载噪比的定义为

$$载噪比\left(\frac{C}{N}\right) = \frac{载波功率}{噪声功率}$$

对于我国采用残留边带调幅的电视信号来说，根据奈奎斯特滤波特性，可得出信噪比与载噪比的关系为：

$$\left(\frac{S}{N}\right) = \left(\frac{C}{N}\right) \times \frac{0.1954\Delta f}{\Delta f_n - \frac{\Delta f_1}{3}} \tag{8-24}$$

式中 $\frac{S}{N}$——视频信号的信噪比；

$\frac{C}{N}$——射频信号的载噪比；

Δf——奈奎斯特滤波器的带宽，$\Delta f = \Delta f_1 + \Delta f_n$；

Δf_1——残留边带宽度，$\Delta f_1 = 0.75\text{MHz}$；

Δf_n——视频带宽，PAL-D 制 $\Delta f_n = 5.75\text{MHz}$。

故
$$\left(\frac{S}{N}\right) = \left(\frac{C}{N}\right) \times 0.2289$$

等式两边取对数得：

$$\frac{S}{N} = \frac{C}{N} - 6.4 \quad (\text{dB}) \tag{8-25}$$

三、非线性失真

当电视信号在 CATV 系统中传输时，由于系统中采用了很多的放大器等有源器件，而这些器件中的主要元件为晶体管，晶体管本身则是一种非线性器件。因此，当信号通过放大器时，必然会产生各种非线性失真，系统中串接的放大器台数越多，非线性失真就越严重。为了满足一定的非线性指标，就限制了系统中串接的放大器台数，从而也就限制了 CATV 系统的传输范围。CATV 系统主要考虑的非线性失真指标有：交扰调制比（CM）；载波互调比（IM）；组合三次差拍比（CTB）；组合二次差拍比（CSO）等。

（一）非线性失真的产物

图 8-6 所示为某一放大器，当输入信号为 U_i 时，由于放大器的非线性，输出信号 U_o 与 U_i 之间的关系可用幂级数展开得：

$$U_o = K_1 U_i + K_2 U_i^2 + K_3 U_i^3 + \cdots \tag{8-26}$$

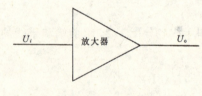

图 8-6 放大器框图

式中 $K_1 > K_2 > K_3 > \cdots$，为各阶次项的系数，其中 K_1 为放大器的线性项，即放大信数，K_2、K_3 均为非线性项，随着阶次项的增加，系数越来越小，影响也越来越小，通常仅考虑前三项。

为了分析方便，设仅输入三个频道的电视信号，即：

$$U_i = A_1 \cos\omega_1 t + A_2 \cos\omega_2 t + A_3 \cos\omega_3 t \tag{8-27}$$

式中，ω_1、ω_2、ω_3 分别为三个频道图像载频的频率；$A_1 = U_1(1 + m_1\cos\Omega_1 t)$，$A_2 = U_2(1 + m_2\cos\Omega_2 t)$，$A_3 = U_3(1 + m_3\cos\Omega_3 t)$ 分别为三个频道图像载频振幅变化规律；m_1、m_2、m_3 分别为三个频道图像载频的调制指数；Ω_1、Ω_2、Ω_3 分别为三个频道图像载频调制信号角频率。则放大器输出信号 U_o 为：

$$U_o = K_1(A_1\cos\omega_1 t + A_2\cos\omega_2 t + A_3\cos\omega_3 t) + K_2(A_1\cos\omega_1 t + A_2\cos\omega_2 t + A_3\cos\omega_3 t)^2$$
$$+ K_3(A_1\cos\omega_1 t + A_2\cos\omega_2 t + A_3\cos\omega_3 t)^3 \tag{8-28}$$

上式中的二次项、三次项为非线性失真项，相应的非线性失真产物称为二次失真产物（二阶失真产物）和三次失真产物（三阶失真产物）。

先分析二次失真的产物。将式（8-28）中的二次项展开得：

$$K_2(A_1\cos\omega_1 t + A_2\cos\omega_2 t + A_3\cos\omega_3 t)^2$$
$$= K_2(A_1^2\cos^2\omega_1 t + A_2^2\cos^2\omega_2 t + A_3^2\cos^2\omega_3 t + 2A_1 A_2\cos\omega_1 t \cdot \cos\omega_2 t$$
$$+ 2A_1 A_3\cos\omega_1 t \cdot \cos\omega_3 t + 2A_2 A_3\cos\omega_2 t \cdot \cos\omega_3 t)$$
$$= K_2\left[\frac{A_1^2}{2}(1 + \cos 2\omega_1 t) + \frac{A_2^2}{2}(1 + \cos 2\omega_2 t) + \frac{A_3^2}{2}(1 + \cos 2\omega_3 t)\right.$$

$$
\begin{aligned}
&+ A_1A_2\cos(\omega_1+\omega_2)t + A_1A_2\cos(\omega_1-\omega_2)t + A_1A_3\cos(\omega_1+\omega_3)t\\
&+ A_1A_3\cos(\omega_1-\omega_3)t + A_2A_3\cos(\omega_2+\omega_3)t + A_2A_3\cos(\omega_2-\omega_3)t]\\
=& K_2\Big[\frac{A_1^2}{2} + \frac{A_2^2}{2} + \frac{A_3^2}{2} + \frac{A_1^2}{2}\cos2\omega_1 t + \frac{A_2^2}{2}\cos2\omega_2 t + \frac{A_3^2}{2}\cos2\omega_3 t\\
&+ A_1A_2\cos(\omega_1+\omega_2)t + A_1A_2\cos(\omega_1-\omega_2)t + A_2A_3\cos(\omega_2+\omega_3)t\\
&+ A_2A_3\cos(\omega_2-\omega_3)t + A_1A_3\cos(\omega_1+\omega_3)t\\
&+ A_1A_3\cos(\omega_1-\omega_3)t]
\end{aligned}
\tag{8-29}
$$

上式可见，当输入三个频道信号时，二阶失真产物共有 12 项。其中 1、2、3 项为直流项，可通过放大器中的隔直流电容阻隔掉，不会产生干扰。第 4、5、6 项为二次谐波项，当 $2\omega_i$ 正好落在系统中某一传输频道时，就会对该频道产生干扰。对于全频道系统，仅 DS_5 的二次谐波（$2\times 85.25 = 170.5$ MHz）正好落在 DS_6，通过选择频道可避开，其余的二次谐波均不会落入正常频道，但对于采用邻频传输的 CATV 系统，由于增补频道的利用，会有许多的二次谐波落入正常频道造成干扰。第 7～12 项为二次差拍项（两个频率的和、差项），当二次差拍的频率正好落在系统中某一频道时，则会对该频道产生干扰。

从上面分析可见，无论是二次谐波项，还是二次差拍项，它们均是信号经过放大后产生的新的频率分量，只要这个新的频率分量落入系统中的某一频道，就会形成干扰，称为相互调制干扰，简称互调干扰。由于新的频率成分为一固定值，它与被干扰图像的载频差拍后会在电视屏幕上形成斜网状现象，干扰频率越接近于被干扰的图像载频，斜网表现的越粗。理论可证明，随着频道数量的增加，二次失真产物将会按指数规律增加。由式（8-29）可知，二次差拍项的幅度比二次谐波项的幅度大，所以二次差拍项造成的干扰要大些。

再分析三次失真的产物，将式（8-28）中的三次项展开得：

$$
\begin{aligned}
&K_3(A_1\cos\omega_1 t + A_2\cos\omega_2 t + A_3\cos\omega_3 t +)^3\\
=& K_3[A_1^3\cos^3\omega_1 t + A_2^3\cos^3\omega_2 t + A_3^3\cos^3\omega_3 t + 3A_1A_2^2\cos\omega_1 t\cdot\cos^2\omega_2 t\\
&+ 3A_1^2A_2\cos^2\omega_1 t\cdot\cos^2\omega_2 t + 3A_1^2A_3\cos^2\omega_1 t\cdot\cos\omega_3 t\\
&+ 3A_1A_3^2\cos\omega_1 t\cdot\cos^2\omega_3 t + 3A_2^2A_3\cos^2\omega_2 t\cdot\cos\omega_3 t + 3A_2A_3^2\cos\omega_2 t\cdot\cos^2\omega_3 t\\
&+ 6A_1A_2A_3\cos\omega_1 t\cdot\cos\omega_2 t\cdot\cos\omega_3 t]\\
=& K_3\Big[\frac{A_1^3}{4}(\cos3\omega_1 t + 3\cos\omega_1 t) + \frac{A_2^3}{4}(\cos3\omega_2 t + 3\cos\omega_2 t)\\
&+ \frac{A_3^3}{4}(\cos3\omega_3 t + 3\cos\omega_3 t) + 3A_1A_2^2\cos\omega_1 t\cdot\frac{1+\cos2\omega_2 t}{2}\\
&+ 3A_1^2A_2\cos\omega_2 t\cdot\frac{1+\cos2\omega_1 t}{2} + 3A_1^2A_3\cos\omega_3 t\cdot\frac{1+\cos2\omega_1 t}{2}\\
&+ 3A_1A_3^2\cos\omega_1 t\cdot\frac{1+\cos2\omega_3 t}{2} + 3A_2^2A_3\cos\omega_3 t\cdot\frac{1+\cos2\omega_2 t}{2}\\
&+ 3A_2A_3^2\cos\omega_2 t\cdot\frac{1+\cos2\omega_3 t}{2} + 3A_1A_2A_3\cos(\omega_1+\omega_2)t\cdot\cos\omega_3 t\\
&+ 3A_1A_2A_3\cos(\omega_1-\omega_2)t\cdot\cos\omega_3 t\Big]\\
=& K_3\Big[\frac{3}{4}A_1^3\cos\omega_1 t + \frac{3}{4}A_2^3\cos\omega_2 t + \frac{3}{4}A_3^3\cos\omega_3 t + \frac{A_1^3}{4}\cos3\omega_1 t
\end{aligned}
$$

$$+ \frac{A_2^3}{4}\cos 3\omega_2 t + \frac{A_3^3}{4}\cos 3\omega_3 t + \frac{3}{2}A_1 A_2^2 \cos\omega_1 t + \frac{3}{2}A_1^2 A_2 \cos\omega_2 t$$

$$+ \frac{3}{2}A_2 A_3^2 \cos\omega_2 t + \frac{3}{2}A_2^2 A_3 \cos\omega_3 t + \frac{3}{2}A_1^2 A_3 \cos\omega_3 t + \frac{3}{2}A_1 A_3^2 \cos\omega_1 t$$

$$+ \frac{3}{4}A_1 A_2^2 \cos(\omega_1 + 2\omega_2)t + \frac{3}{4}A_1 A_2^2 \cos(\omega_1 - 2\omega_2)t + \frac{3}{4}A_1^2 A_2 \cos(2\omega_1 + \omega_2)t$$

$$+ \frac{3}{4}A_1^2 A_2 \cos(2\omega_1 - \omega_2)t + \frac{3}{4}A_2 A_3^2 \cos(\omega_2 + 2\omega_3)t + \frac{3}{4}A_2 A_3^2 \cos(\omega_2 - 2\omega_3)t$$

$$+ \frac{3}{4}A_2^2 A_3 \cos(2\omega_2 + \omega_3)t + \frac{3}{4}A_2^2 A_3 \cos(2\omega_2 - \omega_3)t + \frac{3}{4}A_1^2 A_3 \cos(\omega_3 + 2\omega_1)t$$

$$+ \frac{3}{4}A_1^2 A_3 \cos(\omega_3 - 2\omega_1)t + \frac{3}{4}A_1 A_3^2 \cos(2\omega_3 + \omega_1)t + \frac{3}{4}A_1 A_3^2 \cos(2\omega_3 - \omega_1)t$$

$$+ \frac{3}{2}A_1 A_2 A_3 \cos(\omega_1 + \omega_2 + \omega_3)t + \frac{3}{2}A_1 A_2 A_3 \cos(\omega_1 + \omega_2 - \omega_3)t$$

$$+ \frac{3}{2}A_1 A_2 A_3 \cos(\omega_1 - \omega_2 + \omega_3)t + \frac{3}{2}A_1 A_2 A_3 \cos(\omega_1 - \omega_2 - \omega_3)t \Big]$$

(8-30)

上式可见，当输入三个频道信号时，三阶失真产物共有 28 项。其中 1、2、3 项频率不变，只是幅度上有些失真，其大小为 $\frac{3}{4}K_3 A_1^3$，它的影响是增加了一些图像失真。4、5、6 项为三次谐波项，有可能落入某一频道造成互调干扰。第 13～28 项为三次失真引起的差拍项，称为三次差拍项，它们同样会落入某一频道产生互调干扰。第 7～12 项频率不变，但是幅度上有其他频道的幅度信号，如第 7 项，除了自身的幅度 A_1 外，还有另一个频道信号幅度的平方 A_2^2，所以 A_1 频道信号幅度受到了 A_2 频道幅度信号的调制。同样的，A_2 频道的信号幅度也受到 A_1 频道信号幅度的调制。这种干扰称为交扰调制干扰，简称交调干扰。由于非线性失真系数 K_3 一般为负值，故交调干扰的产物在屏幕上显示的为负像（如黑变白），当两个频道的行频不同步时，干扰图像将左右移动。交调干扰通常以移动的白色竖条出现，类似汽车前窗的雨刷，当干扰严重时，会出现串像等。

（二）交扰调制比

为了衡量交扰调制对正常收看图像的影响程度，CATV 系统用交扰调制比（CM）来定量的表示，交扰调制比的定义为：

$$（CM）= \frac{需要的调制电压}{其他频道转移来的调制电压}（倍）$$

用分贝表示

$$CM = 20\lg \frac{需要的调制电压}{其他频道转移来的调制电压}（dB） \tag{8-31}$$

我国规定，无论系统的规模大小，CATV 系统的 $CM \geq 46\text{dB}$。

下面定量分析交调比与信号电平之间的关系。假设频道 1 为需要接收的频道，频道 2 为干扰频道。由式（8-28）可得，需要的调制信号为 $K_1 A_1 \cos\omega_1 t$；由式（8-30）第 7 项可得，不需要的调制信号为 $\frac{3}{2}K_3 A_1 A_2^2 \cos\omega_1 t$。近似认为 A_1、A_2 为各频道信号的幅度（实质上，A_1、A_2 均是随时间 t 变化的调制信号），在 CATV 系统中，各频道信号电压原则上均相等，即

$A_1=A_2=A$，根据交调比的定义，得

$$CM = 20\lg \frac{K_1 A_1}{\frac{3}{2}K_3 A_1 A_2^2} = 20\lg\left(\frac{2}{3}\frac{K_1}{K_3}\right) - 2(20\lg A) \quad \text{(dB)} \tag{8-32}$$

结论：当信号电平降低 1dB 时，交调比可改善 2dB。

（三）载波互调比

为了定量的描述互调干扰对正常收看图像的影响程度，CATV 系统定义用载波互调比（IM）来表示。其定义为：

$$IM = 20\lg \frac{\text{图像载波电压}}{\text{互调产物电压}} \quad \text{(dB)} \tag{8-33}$$

我国规定，无论系统规模的大小，系统的 $IM \geqslant 57\text{dB}$。由上述定义可见，载波互调比的大小是与信号电平密切相关的。从非线性失真产物的分析已知二次失真、三次失真均会产生互调干扰，分别用 IM_2、IM_3 表示二次、三次失真造成的载波互调比。先分析 IM_3 与信号电平之间的关系：

由式（8-28）得，需要的调制信号为 $K_1 A_1 \cos\omega_1 t$；

由式（8-30）第 17 项得，互调产物为 $K_3 \cdot \frac{3}{4} A_2 A_3^2 \cos(\omega_2 + 2\omega_3)t$

根据互调比的定义得：

$$IM_3 = 20\lg \frac{K_1 A_1}{K_3 \cdot \frac{3}{4} A_2 \cdot A_3^2} = 20\lg\left(\frac{4}{3}\frac{K_1}{K_3}\right) - 2(20\lg A) \quad \text{(dB)} \tag{8-34}$$

结论：当信号电平降低 1dB 时，三次失真造成的载波互调比可改善 2dB。

再分析 IM_2 与信号电平之间的关系：

由式（8-28）得，需要的调制信号为 $K_1 A_1 \cos\omega_1 t$；

由式（8-29）第 9 项得，互调产物为 $K_2 A_2 A_3 \cos(\omega_2 + \omega_3)t$；

根据互调比的定义得：

$$IM_2 = 20\lg \frac{K_1 A_1}{K_2 A_2 A_3} = 20\lg \frac{K_1}{K_2} - 20\lg A \quad \text{(dB)} \tag{8-35}$$

结论：当信号电平降低 1dB 时，二次失真造成的载波互调比可改善 1dB。

在 CATV 系统的设计中，对于二次互调干扰一般不考虑，这是因为：（1）系数 K_2 较小，影响小；（2）放大器往往采用互补推挽等功率放大电路，二次失真由于相位相反，大部分可抵消；（3）当频道数量较少时，通过合理选择频道，可以避开二次互调干扰。

对于三次互调干扰，当频道数量较少时，（一般不超过 12 个频道时），IM_3 指标的大小与主观评价较吻合，能较客观的反映实际情况。但此时的交调干扰表现得更加严重，当系统的 CM 指标满足要求时，一般情况下，IM_3 指标均满足要求。所以，当频道数量较少或系统规模较小时，系统的非线性失真主要用交调比来衡量。

在三次互调失真中，还存在一种频道内的三次互调失真。对于一些单频道有源器件，由于频道内存在图像载波、彩色副载波和伴音载波，这三种载波在器件内部会发生相互调制而产生新的频率，此新频率仍落在接收频道内，与图像载波差拍产生频道内的三次互调失真。如下式所示：

$$f_p + f_s - f_c = f_p + 2.07(\text{MHz})$$

$$f_p + f_c - f_s = f_p - 2.07(\text{MHz}) \tag{8-36}$$

式中，f_p、f_c、f_s 分别为图像载波、彩色副载波和伴音载波频率。产生的干扰信号（$f_p \pm 2.07\text{MHz}$）将与图像载波产生差拍，在屏幕上呈现 2.07MHz 的网纹干扰。这种失真主要在前端的频道放大器、频道变换器以及频道处理器等内部。国家规定电视频道内单频互调干扰 $IM_\text{单} \geqslant 54\text{dB}$。

随着近年来邻频传输技术的应用，系统设计的频道数量急剧增加，如目前的 550MHz 邻频系统，设计容量可达 59 个频道。此时，互调干扰的影响大大增加。但根据定义，三次互调比 IM_3 仅仅是反映某一频道的图像载波电平与某一互调产物电平两者之间的关系，而此时落在任一个频道中的三次互调产物为一群体，可多达数千个。因此，再用 IM_3 已不能反映实际情况，而必须用新的指标——组合三次差拍比（CTB）——来衡量三次互调干扰，故在本教材中，对 IM_3 指标的有关计算不作详细介绍。

（四）组合三次差拍比

近年来，随着系统设计容量的不断增加，互调干扰的影响越来越严重。这当中又以三次互调干扰的影响最严重。由式（8-30）可见：三次谐波（如 $3\omega_1$）的幅度为 $\frac{1}{4}K_3A^3$；三次差拍（如 $\omega_1 - \omega_2 - \omega_3$）的幅度为 $\frac{3}{2}K_3A^3$；三阶互调（如 $2\omega_1 - \omega_2$）的幅度为 $\frac{3}{4}K_3A^3$；而且三次差拍、三阶互调产物的数量远远大于三次谐波的数量。因此，可用三次差拍、三阶互调产物的影响来代表三次互调干扰的影响。对于任意一个频道，将会有一簇的三次差拍和三阶互调信号的频率正好落在该频道中形成干扰，这一簇的干扰信号就称为组合三次差拍干扰。组合三次差拍干扰在电视屏幕上的现象仍然是网纹状。为了定量的描述组合三次差拍对正常收看图像的影响程度，CATV 系统用组合三次差拍比（CTB）来衡量，其定义为：

$$CTB = 20\lg \frac{\text{图像载波电压}}{\text{组合三次差拍电压}} \quad (\text{dB}) \tag{8-37}$$

我国规定，无论系统的规模大小，系统的 $CTB \geqslant 54\text{dB}$。由于组合三次差拍是由三次失真引起的，因此，组合三次差拍比与信号电平之间的关系同交调比、三次互调比与信号电平的关系相同，即：当信号电平降低 1dB 时，组合三次差拍比可降低 2dB。

（五）组合二次失真

前已述及，在 CATV 系统中，二次失真的影响通常是可忽略的。但近年来，在大系统中，逐渐采用光缆代替同轴电缆，实现干线之间的连接。由于光缆传输中的激光器是一种单端器件，不同于放大器通过推挽电路可抵消二次失真。因此在电缆-光缆-电缆的系统模式中，二阶失真的影响又逐渐增大。同样的，在系统容量急剧增加的情况下，落在任一频道中的二次失真也是一个群体。将落在任一频道中的所有二次失真的总和称为组合二次失真。组合二次失真在电视屏幕上的现象仍为网纹状。

为了衡量组合二次失真对收看图像质量的影响程度，用组合二次失真比（CSO）来表示。其定义为：

$$CSO = 20\lg \frac{\text{图像载波电压}}{\text{组合二次失真电压}} \quad (\text{dB}) \tag{8-38}$$

我国目前尚示提出 CSO 的标准，但一般要求系统的 $CSO \geqslant 53\text{dB}$。组合二次失真比与信号电平之间的关系和载波二次互调比相同，即：信号电平降低 1dB，组合二次失真降低 1dB。

（六）非线性失真指标的计算

根据CATV系统的发展情况，本教材主要介绍CM、CTB指标的计算，适当介绍IM_3、CSO的计算。

1. 一台放大器时CM、CTB、IM_3、CSO的计算公式

先分析CM的计算公式，根据CM指标与信号电平之间的关系得：

$$CM = CM_{ot} + 2(S_{ot} - S_o) \quad \text{(dB)} \tag{8-39}$$

式中　S_{ot}——生产厂家给出的放大器输出端某一测试电平值（dB）；

CM_{ot}——厂家给出的在C_t个频道测试信号同时输入时、输出为S_{ot}时的交调比（dB）；

S_o——放大器的实际工作电平（dB）；

CM——在C_t个频道输入时，放大器输出电平为S_o时的交调比（dB）。

应用上式进行计算时要注意，生产厂家给出的指标CM_{ot}是在C_t个频道信号同时输入的条件下得到的，当系统设计时的频道数量C与厂家测试时的C_t不相等时，需要加以修正，修正值为$20\lg\dfrac{C_t-1}{C-1}$（dB）（各频道信号同步时，取$20\lg$；不同步时，取$10\lg$；也可折中取$15\lg$，本教材取$20\lg$）。式（8-39）应改写为：

$$CM = \left(CM_{ot} + 20\lg\dfrac{C_t-1}{C-1}\right) + 2(S_{ot} - S_o)(\text{dB}) \tag{8-40}$$

此式为一台放大器在C个频道输入时交调比的实用计算公式。同理，可得到一台放大器在C个频道输入时CTB、IM_3、CSO的计算公式为：

$$CTB = \left(CTB_{ot} + 20\lg\dfrac{C_t-1}{C-1}\right) + 2(S_{ot} - S_o)(\text{dB}) \tag{8-41}$$

$$IM_3 = \left(IM_{3ot} + 20\lg\dfrac{C_t-1}{C-1}\right) + 2(S_{ot} - S_o)(\text{dB}) \tag{8-42}$$

$$CSO = \left(CSO_{ot} + 20\lg\dfrac{C_t-1}{C-1}\right) + 2(S_{ot} - S_o)(\text{dB}) \tag{8-43}$$

早期的共用天线系统，其CM_{ot}值往往是在两个输入频道的条件下测量的，对于这类放大器，式（8-39）可写为：

$$CM = CM_{ot} + 2(S_{ot} - S_o) - 20\lg(C-1) \quad \text{(dB)} \tag{8-44}$$

2. n台放大器串接时CM、CTB、IM_3、CSO的计算公式

先分析n台放大器串接时，CM的计算公式。实际的系统，总是由n台放大器相串接而成，如图8-7所示。

图8-7　n台放大器串接时各放大器的输出电平

各放大器输出电平为S_{o1}、S_{o2}、$\cdots$、S_{on}，交调比为CM_1、CM_2、$\cdots$、CM_n，相应的倍数值为(CM_1)、(CM_2)、$\cdots$、(CM_n)。此时第一台放大器产生的交调干扰信号随电视信号一起传送至第二台放大器，与第二台放大器产生的交调干扰信号迭加在一起，再传送至第三台放大器……。这样在第n台放大器输出端的交调干扰信号电压为前面n台放大器各自产生的交调干扰电压的迭加，其结果，必然是总的交调干扰电压变大，总的交调比下降。根

据交调比的定义,干扰信号的电压处于分母位置,因此 n 台放大器级联时,总的交调比为:

$$\frac{1}{(CM)} = \frac{1}{(CM_1)} + \frac{1}{(CM_2)} + \cdots + \frac{1}{(CM_n)}$$

即

$$(CM)^{-1} = (CM_1)^{-1} + (CM_2)^{-1} + \cdots + (CM_n)^{-1}$$

对上式两边取对数 $20\lg$(因为是电压相加)得:

$$20\lg(CM)^{-1} = 20\lg[(CM_1)^{-1} + (CM_2)^{-1} + \cdots + (CM_n)^{-1}]$$

所以

$$CM = -20\lg\left(10^{-\frac{CM_1}{20}} + 10^{-\frac{CM_2}{20}} + \cdots + 10^{-\frac{CM_n}{20}}\right)$$

$$= -20\lg\sum_{i=1}^{n}10^{-\frac{CM_i}{20}} \quad (dB) \tag{8-45}$$

上式为 n 台放大器相串接时总的交调比计算公式。在 CATV 系统中,一般情况下,n 台放大器型号均相同,且输出电平相同,即 $CM_1=CM_2=\cdots=CM_n$。此时式(8-45)可简化为:

$$CM = -20\lg\left(n \cdot 10^{-\frac{CM_1}{20}}\right) = CM_1 - 20\lg n \quad (dB) \tag{8-46}$$

式(8-46)可推广应用于 n 个子系统相串联的情况。实际的系统总是由前端、干线、用户分配几个部分组成,而干线又可认为是由干线、支干线、分支干线等组成。因此仍可应用式(8-45)计算总的交调比,此时式中的 CM_i 表示的是各个子系统的交调比。

n 台放大器串接时的 CTB、IM_3 的计算公式与 CM 的计算公式相类似,均为电压相加,得:

$$CTB = -20\lg\left(10^{-\frac{CTB_1}{20}} + 10^{-\frac{CTB_2}{20}} + \cdots + 10^{-\frac{CTB_n}{20}}\right) = -20\lg\sum_{i=1}^{n}10^{-\frac{CTB_i}{20}} \quad (dB) \tag{8-47}$$

$$IM_3 = -20\lg\left(10^{-\frac{IM_{31}}{20}} + 10^{-\frac{IM_{32}}{20}} + \cdots + 10^{-\frac{IM_{3n}}{20}}\right) = -20\lg\sum_{i=1}^{n}10^{-\frac{IM_{3i}}{20}} \quad (dB) \tag{8-48}$$

当 n 台串接放大器同型号,且输出电平相同时,有:

$$CTB = CTB_1 - 20\lg n \quad (dB) \tag{8-49}$$

$$IM_3 = IM_{31} - 20\lg n \quad (dB) \tag{8-50}$$

对于 n 台放大器串接时 CSO 的计算公式,根据实际测量,通常按功率迭加的方法处理,有:

$$CSO = -10\lg\left(10^{-\frac{CSO_1}{10}} + 10^{-\frac{CSO_2}{10}} + \cdots + 10^{-\frac{CSO_n}{10}}\right)$$

$$= -10\lg\sum_{i=1}^{n}10^{-\frac{CSO_i}{10}} \quad (dB) \tag{8-51}$$

当 n 台串接的放大器同型号,且输出电平相同时,有:

$$CSO = CSO_1 - 10\lg n \quad (dB) \tag{8-52}$$

(七)CM、CTB、IM_3、CSO 指标的分配

国家规定了 CATV 系统的 $CM \geq 46dB$、$CTB \geq 54dB$、$IM_3 \geq 57dB$、$CSO \geq 53dB$(暂定),整个系统是由若干部分串接而成的,因此,在进行系统设计时,必须合理地分配给各个部分一定的非线性指标。以交调比为例,由于总的交调比指标是衡量整个系统交调干扰大小的,所以指标的分配,实质上是分配的交调干扰信号。例如:某系统总 CM 指标的 2/3

分配给干线部分，1/3 分配给分配部分，实质上是将总的交调干扰信号的 2/3 分给干线部分，1/3 分给分配部分。根据交调比的定义得：

$$\frac{1}{(CM_{干})_{干}} = \frac{2}{3} \times \frac{1}{(CM_{总})_{总}}, \quad \frac{1}{(CM_{分配})_{分配}} = \frac{1}{3} \times \frac{1}{(CM_{总})_{总}}$$

所以交调比的分配遵循下列公式：

$$(CM)_1 = \frac{1}{q}(CM)_{总} \tag{8-53}$$

式中，q 为分配比例，如 $\frac{2}{3}$、$\frac{1}{3}$ 等。

对上式两边取对数得

$$CM_1 = CM_{总} - 20\lg q \quad (\text{dB}) \tag{8-54}$$

同样的有：

$$CTB_1 = CTB_{总} - 20\lg q \tag{8-55}$$

$$IM_{31} = IM_{3总} - 20\lg q \tag{8-56}$$

$$CSO_1 = CSO_{总} - 10\lg q \tag{8-57}$$

第二节 系统设计的任务

电缆电视系统是一种将各种电子设备、传输线路组合成一个整体的综合网络。按照系统的规模大小、功能的不同，要立足现状、规划长远，用技术先进、经济合理等指标来设计电缆电视系统工程。

一、技术方案设计

（一）方案制定的依据

电缆电视系统必须严格按照国家现行规范所规定的各项技术指标来进行设计，现行国标主要有《30MHz～1GHz 声音和电视信号的电缆分配系统》(GB6510—86)、《声音和电视信号的电缆分配系统设备与部件》(GB11318—84)、《有线电视广播系统技术规范》(CY106—93) 等。

（二）确定系统模式

根据系统的规模、功能、用户的经济承受能力等因素，首先要确定采用什么模式的系统。如一个城市或集镇的系统，是采用 300MHz 系统，还是采用 450MHz 或 550MHz 系统。对于单位内部，或宾馆类的小型系统，是采用全频道系统，还是标准 VHF 邻频传输系统（12 个标准频道）等。

（三）确定系统的网络结构和传输方式

目前，电缆电视系统的传输方式主要有：同轴电缆传输、同轴电缆-光缆-同轴电缆传输、同轴电缆-AML（或 MDSS）-同轴电缆传输等方式。同轴电缆传输方式一般为"树枝状"网络结构，其余的传输方式常为"星-树状"或"星"形网络结构。当传输距离小于 10km 时，按目前的性能价格比，大多采用同轴电缆传输方式，此外还要根据系统的长远规划，确定是采用单向传输还是双向传输系统。

（四）系统技术指标的设计与分配

根据系统的规模大小，合理的设计技术指标。如小系统，主要考虑的是 $\frac{C}{N}$、CM；中、大型系统，主要考虑的是 $\frac{C}{N}$、CTB（CM也可考虑）；采用光缆的系统，需要考虑 $\frac{C}{N}$、CTB、CSO等。此外，还要确定整个系统的总体技术指标。当总体指标确定后，根据系统各组成部分的规模大小合理的分配这些技术指标。表 8-2～8-4 中列出几种工程上常用的分配方法。

无 干 线 的 系 统 表 8-2

项目＼分配系数＼部分	前端	分配网络	项目＼分配系数＼部分	前端	分配网络
载噪比	4/5	1/5	交调比	1/5	4/5

独立前端系统（干线电长度＜100dB） 表 8-3

项目＼分配系数＼部分	前端	传输干线	分配网络
载噪比	7/10	2/10	1/10
交调比	2/10	2/10	6/10
载波互调比	2/10	2/10	6/10

独立前端系统（干线电长度＞100dB） 表 8-4

项目＼分配系数＼部分	前端	传输干线	分配网络
载噪比	5/10	4/10	1/10
交调比	1/10	3/10	6/10
组合三次差拍比	1/10	3/10	6/10

上述表中分配比例，需根据系统实际情况调整，原则是总分配指标之和等于1。

二、绘制设计图

（一）系统图

1. 前端系统图

该图应包含前端中所有器件的配接方式、设备型号、主要部位的电平等内容。

2. 干线系统图

该图应包含干放的输入、输出电平、间距，各分支点、分配点的电平，放大器、电缆等的型号等。必要时应进行回路编号。

3. 分配系统图

该图应包含放大器的输入、输出电平、间距，各分支点、分配点的电平，所有器件、电缆的型号等，还应有代表性的用户电平的计算值。

（二）其他图纸

1. 前端机房平面布置图

应包含机房各设备柜、箱等之间的平面布局、配接关系等。

2. 干线平面布置及路线图

应包含干线上器件的平面位置，重要的建筑场所、线路的走线方式、距离等。

3．施工平面图

对于正在建设的建筑，由该图给施工单位提供管线的暗敷方式、走向、预留孔洞等内容。

4．施工说明

5．设备材料表

6．技术计算书

7．图例

第三节　前端的工程设计

一、接收场强的计算

电视信号在空间传输时，要受到地面障碍物的阻挡和反射，根据电视信号的传输特点，到达地面某点的场强，除了直射波为主要能量外，还会有其他途径到达的能量，空间某点的电场强度计算公式❶为：

$$E = \frac{4.44 \times 10^5 \sqrt{P}}{D} \sin\left(2\pi \times 10^{-3} \times \frac{h_1 \cdot h_2}{\lambda \cdot D}\right) \quad (\mu V/m) \tag{8-58}$$

式中　P——发射台的有效辐射功率（kW）；

　　　D——收发点之间的距离（km）；

　　　λ——某频道电磁波的中心波长（m）；

　　h_1、h_2——发射天线和接收天线的高度（m）。

在上式中，发射天线高度 h_1，收发间距离 D 均是常数，因此，接收天线高度 h_2 对场强的影响很大。由式（8-58）可得，当 $2\pi \times 10^{-3} \times \frac{h_1 \cdot h_2}{\lambda \cdot D} = \frac{\pi}{2}$，即 $h_2 = \frac{\lambda D \times 10^3}{4h_1}$ 时，为最佳高度，此时正弦项成为 1，场强为最大值，显然 h_2 还会有第二、第三等最佳高度。但在实际条件中，h_2 不可能很高，在 VHF 段甚至第一最佳高度都很难实现，在 UHF 段则可能实现第一最佳高度。接收天线高度和电场强度之间的关系可用图 8-8 曲线表示。

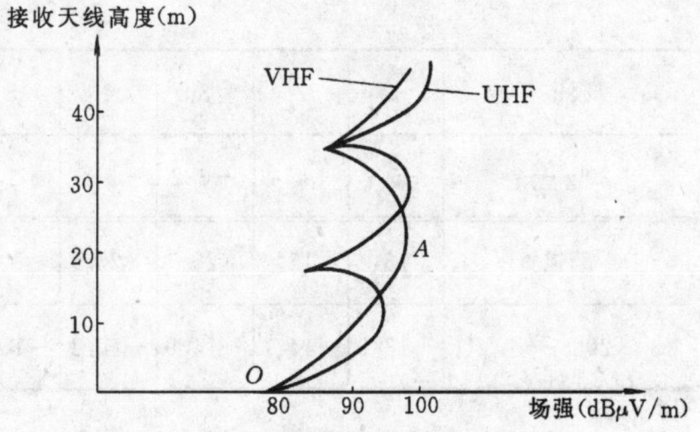

图 8-8　接收天线高度和场强的关系

由于 h_2 通常很小，式（8-58）可近似写成：

$$E = \frac{4.44 \times 10^5 \times \sqrt{P}}{D} \times \frac{2\pi \times 10^{-3} h_1 \cdot h_2}{\lambda D}$$

$$= 2.79 \times 10^3 \times \frac{\sqrt{P} \cdot h_1 h_2}{\lambda D^2} \quad (\mu V/m) \tag{8-59}$$

---

❶ 公式引自《电缆电视系统设计与安装》一书。

此时，可近似认为 E 正比于 h_2。从式（8-59）可见，在 h_2 很小时（如图 8-8 中 VHF 曲线的 OA 段），接收天线高度增加 1 倍，场强也增加 1 倍，按分贝计算 E 增加了 6dB，所以在工程中，通过调整接收天线高度可增大接收场强。

在实际工程中，无论是应用式（8-58）或式（8-59）进行计算，所得结果往往与实际数值相差较大。这是由于任何一点的场强是电视台发射的信号经过各种途径到达该点的信号的迭加，这当中包含了很多的干扰信号，如反射、绕射等，这种实际值与理论值的差异在城市显得更加突出。因此，实际工程中一般总是以实测的场强值作为设计的依据，当没有条件实测时，才可应用公式计算的理论值作参考。

二、天线输出电平的计算

电缆电视系统中，一般均采用八木引向接收天线，其接收天线输出电平的计算公式❶为：

$$S_a = E + 20\lg\frac{\lambda}{\pi} + G_a - L_f - L_m - 6 \quad (\mathrm{dB}\mu\mathrm{V}) \tag{8-60}$$

式中 S_a——接收天线的输出电平（$\mathrm{dB}\mu\mathrm{V}$）；

G_a——接收天线的相对增益（dB）；

E——接收点场强（$\mathrm{dB}\mu\mathrm{V/m}$）；

$20\lg\dfrac{\lambda}{\pi}$——波长修正因子（dB），其中 λ 为接收频道的中心波长，其数值见表 8-5；

L_f——馈线的损耗（dB）；

L_m——失配损耗、匹配器损耗等，取 1dB；

6——安全系数。

波长修正因子　　　　　表 8-5

频道	1	2	3	4	5	6	7	8	9	10	11	12
$20\lg\dfrac{\lambda}{\pi}$	+5.7	+4.4	+3.2	+1.8	+1.0	-4.9	-5.3	-5.7	-6.1	-6.4	-6.8	-7.1
频道	13	15	20	25	30	35	40	45	50	55	60	65
$20\lg\dfrac{\lambda}{\pi}$	-13.9	-14.1	-14.9	-16.1	-16.6	-17.2	-17.6	-18.1	-18.6	-18.9	-19.4	-19.8

由式（8-60）可见，式中 E、G_a、L_f 是与系统设计有关的参数，其余的均为常数。因此，当已知某一频道的空间场强较弱时，通过改变天线的架设位置、高度，通过选择高增益天线，选用较粗直径的电缆，或缩短电缆的长度等措施，可适当提高天线的输出电平，从而提高该频道的载噪比指标。

【例】 某小型系统如图 8-9 所示，求各频道天线的输出电平。

【解】 查附录 4 之五得 SYKV-75-9 电缆损耗为 $\beta_{100m}=4.0\mathrm{dB}/100\mathrm{m}$，$\beta_{500m}=9.3\mathrm{dB}/100\mathrm{m}$；查表 2-4 得各频道中心频率为 $f_{2CH}=60.5\mathrm{MHz}$，$f_{6CH}=171\mathrm{MHz}$，$f_{21CH}=538\mathrm{MHz}$；则算得各频道馈线损耗为：

---

❶ 公式引自《有线电视技术》一书。

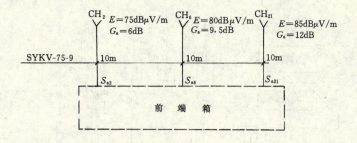

图 8-9 小型前端框图

$$L_{f(2CH)} = 0.10 \times \frac{4.0}{\sqrt{100}} \times \sqrt{60.5} = 0.3(\text{dB})$$

$$L_{f(6CH)} = 0.10 \times \frac{4.0}{\sqrt{100}} \times \sqrt{171} = 0.5(\text{dB})$$

$$L_{f(21CH)} = 0.10 \times \frac{9.3}{\sqrt{500}} \times \sqrt{538} = 1.0(\text{dB})$$

则各频道天线输出电平为：

$$S_{a(2CH)} = E + 20\lg\frac{\lambda}{\pi} + G_a - L_f - L_m - 6$$

$$= 75 + 4.4 + 6 - 0.3 - 1 - 6 = 78.1(\text{dB}\mu\text{V})$$

$$S_{a(6CH)} = 80 - 4.9 + 9.5 - 0.5 - 1 - 6 = 77.1(\text{dB}\mu\text{V})$$

$$S_{a(21CH)} = 85 - 15.0 + 12 - 1 - 1 - 6 = 74(\text{dB}\mu\text{V})$$

三、前端的组成形式

按照本章第二节所述要求，当确定了系统的总体技术方案后，根据系统的规模、功能、分配的技术指标等因素，在充分考虑系统的性能价格比的前提下，合理地设计出前端的组成形式。

（一）小型电缆电视系统前端的组成形式

虽然近几年城市有线电视网得到了极大的发展，但是在一些单位内部、楼堂馆所、乡村等地，独立的小型电缆电视系统仍然具有很大的市场。这种系统一般均为全频道工作方式、容量不大（12 个频道左右），用户数量在二三千户以下。其前端的组成形式主要有：

1. 直接混合型前端

直接混合型前端如图 8-10 所示。该电路的特点是将各频道的信号经过无源混合器混合后，送入主放大器放大，通常主放大器采用多波段放大器，这样可适当降低放大器的非线性失真。有时也可采用只有一个输入端的全频道放大器作为主放大器，这种结构形式的电路在小型系统中应用很广泛。该类型前端性能分析：

（1）前端载噪比的计算，图 8-10 中，DS_2、DS_{12}、DS_{13}、DS_{21} 频道均接收开路信号，且空间场强较高，没有加天线放大器，这些频道的前端输出载噪比的计算可直接应用公式：

$$\frac{C}{N} = S'_a - N_F - 2.4 \quad (\text{dB}) \tag{8-61}$$

式中 S'_a 等于天线输出电平 S_a 减去所有无源器件的接入损耗，S'_a 表示主放大器输入端电平。

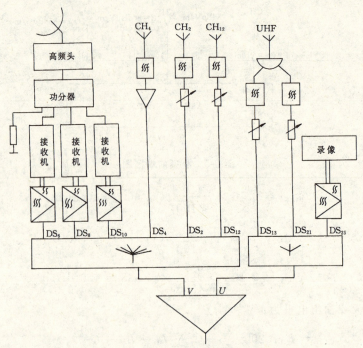

图 8-10 直接混合型前端系统图

图中 DS_6、DS_8、DS_{10}、DS_{25} 均为采用调制器输出的信号（卫星接收机、录像机等输出的视频信噪比一般均较高），这些频道前端输出载噪比的计算，可看成是调制器和主放大器两级相串接后的载噪比的迭加。

即

$$\frac{C}{N} = -10\lg\left(10^{-\frac{C/N_{调制器}}{10}} + 10^{-\frac{C/N_{主放大器}}{10}}\right) \quad (\text{dB}) \tag{8-62}$$

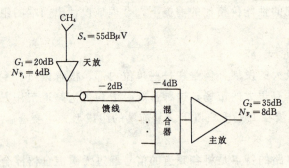

图 8-11 某一频道前端电路图

在实际的系统中，上述各频道前端输出的载噪比都比较高，通常不需要计算。图 8-10 中 CH_4 天线输出电平最低，因此前端输出载噪比取决于 DS_4 频道的载噪比，可先分别求出天线放大器和主放大器各自的载噪比，然后再求出两台放大器串接后的迭加值。

【例】 已知在图 8-10 中 DS_4 频道天线输出电平为 $55\text{dB}\mu\text{V}$，各个器件的参数如图 8-11 所示，计算前端输出载噪比。若该频道不加天放，前端输出载噪比又为多少？

【解】 （1）加入天放时的情况：

$$\frac{C}{N_{天放}} = S_a - N_{F_1} - 2.4$$
$$= 55 - 4 - 2.4 = 48.6(\text{dB})$$
$$\frac{C}{N_{主放}} = S'_a - N_{F_2} - 2.4$$

$$= (55 + 20 - 2 - 4) - 8 - 2.4 = 58.6 \text{(dB)}$$

所以 $$\frac{C}{N} = -10\lg\left(10^{-\frac{48.6}{10}} + 10^{-\frac{58.6}{10}}\right) = 47.6 \text{(dB)}$$

(2) 不加入天放时的情况

$$\frac{C}{N_{主放}} = (55 - 2 - 4) - 8 - 2.4 = 38.6 \text{(dB)}$$

通过上面的计算，可以看出当加入天放以后，总的载噪比比不加天放时提高了9dB，因此，天线输出电平较低时，通过加入天线放大器，可有效地提高该频道的载噪比。

反之，对于小型系统的前端，当分配的载噪比指标为4/5，即44dB（总指标为43dB）时，对图8-11来说，天线的最低输出电平为：

$$S_a - 2 - 4 = \frac{C}{N} + N_F + 2.4 = 44 + 8 + 2.4 = 54.4 \text{(dB}\mu\text{V)}$$

即 $$S_a = 54.4 + 6 = 60.4 \text{(dB}\mu\text{V)}$$

可见，理论上当天线的输出电平低于60.4dBμV时，必须加入天线放大器，载噪比才能满足要求。

(2) 前端的非线性失真 在图8-10所示的直接混合型的前端电路中，由于频道数量较少，主要考虑的非线性失真指标是交调比。因此，对于宽带主放大器来说，其输出电平应受交调比指标的限制。

【例】 在图8-10电路中，多波段放大器的最大输出电平为VHF段117dBμV，UHF段120dBμV，分配给该前端的交调比指标为总指标的1/5，即 $CM = 60\text{dB}$（总指标为46dB），求放大器输出电平不能超过多少分贝？

【解】 根据全频道器件最大输出电平的定义，此时的 $CM_{ot} = 46\text{dB}$（有些厂家为48dB），利用式（8-44）得 $CM = 46 + 2(S_{omax} - S_o) - 20\lg(C-1)$ (dB)

VHF段： $S_o \leqslant S_{omax} + \frac{1}{2}(46 - CM) - 10\lg(C-1)$

$$= 117 + \frac{1}{2}(46 - 60) - 10\lg(6-1) = 103 \text{(dB}\mu\text{V)}$$

UHF段： $S_o \leqslant 120 + \frac{1}{2}(46 - 60) - 10\lg(3-1) = 110 \text{(dB}\mu\text{V)}$

该放大器实际输出电平可取100/105dBμV。

2. 频道放大器混合型前端

频道放大器混合型前端如图8-12所示。该前端电路中每个频道都采用频道型放大器件，由于各个频道均工作在单频道状态，这种前端电路的主要特点有：(1) 理论上没有非线性失真，仅存在频道内互调失真；(2) 放大器输出电平很高，可达115~120dBμV；(3) 频道放大器一般均有AGC功能，通常当输入电平在70±10dBμV内变化时，输出仅变化±1dBμV。基于上述优点，该前端属于高质量的全频道前端电路，在较高档的宾馆类和大型的全频道系统中，一般均采用此类前端。

在图8-12中，当天线输出电平低于60dBμV时，需加入天线放大器，当天线输出电平高于80dBμV时，需加入衰减器，该类前端电路的载噪比取决于信号最差的频道，如图8-12中，只需计算天放和放大器相串接的频道的载噪比。对于非线性失真，只要放大器的工

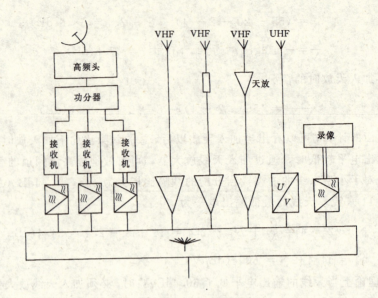

图 8-12 频道放大器型前端系统图

作电平小于或等于放大器最大输出电平,频道内互调指标均满足要求,放大器的非线性失真可以不考虑。

(二) 中、大型电缆电视系统前端的组成形式

目前,中、大型电缆电视系统普遍采用邻频传输技术,并开发利用增补频道作为系统内部扩展频道容量的新途径(请参阅第十一章的有关部分内容)。

1. 中、大型电缆电视系统前端

中、大型电缆电视系统的前端如图 8-13 所示,对于卫星、微波、录像等输出的视频信号源,都要用调制器转换成射频信号,然后从前端输出。对于开路射频信号源,要先经过解调-调制方式的处理,使之成为符合邻频传输的射频信号后,再从前端输出。

系统前端的有源器件均是频道型器件,主要考虑的指标是载噪比。但由于系统前端的无源混合器一般均选用高隔离度定向耦合器式的混合器,这些混合器的接入损耗大,当混合器输出端电平较低时,要在前端设置一台宽带的驱动放大器(一般均为前馈型放大器,非线性指标高),此时前端需要适当考虑非线性指标。

2. 前端载噪比的计算

对于由调制器组成的前端电路,只要天线的输出电平在解调器的输入电平范围之内,则解调器输出的视频信噪比均较高,因此,这类前端的载噪比主要取决于调制器自身的载噪比,生产厂家提供的调制器载噪比通常有带内载噪比、带外载噪比等。事实上,调制器输出的噪声是宽带的,带外的噪声虽然不影响本频道,但是和其他频道混合后却会影响其他频道。结果,对于本频道而言,除本身的带内载噪比外,还要加上其他频道调制器的带外载噪比。例如:某调制器的载噪比指标为: $\frac{C}{N_{带内}} = 70\text{dB}$, $\frac{C}{N_{带外}} = 78\text{dB}$,当系统传输 12 个频道时,采用解调-调制方式,就有 12 个调制器同时工作,对每一个频道,除其本身的载噪比以外,还会有 11 个调制器的带外载噪比对其产生影响,其影响值为:

$$\frac{C}{N_{总带外}} = \frac{C}{N_{带外}} - 10\lg(C-1) \quad (\text{dB}) \tag{8-63}$$

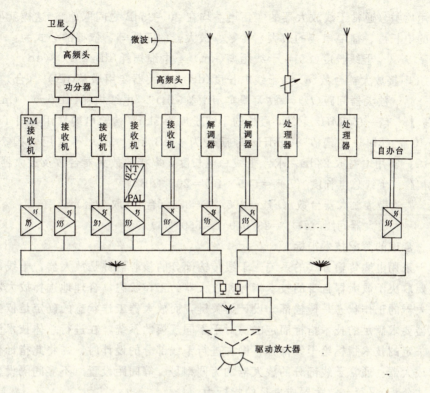

图 8-13 中、大型电缆电视前端系统图

式中 $\dfrac{C}{N_{总带外}}$ —— 总的带外载噪比值 (dB);

$\dfrac{C}{N_{带外}}$ —— 调制器的带外载噪比值 (dB);

C —— 前端调制器的数量。

所以
$$\dfrac{C}{N_{总带外}} = 78 - 10\lg(12-1) = 67.6 (\text{dB})$$

任一频道调制器输出的载噪比应为 $\dfrac{C}{N_{带内}}$ 与 $\dfrac{C}{N_{带外}}$ 的迭加,即:

$$\dfrac{C}{N_{调制}} = -10\lg\left(10^{-\frac{C/N_{带内}}{10}} + 10^{-\frac{C/N_{带外}}{10}}\right)$$

$$= -10\lg\left(10^{-\frac{70}{10}} + 10^{-\frac{67.6}{10}}\right) = 65.6 (\text{dB})$$

当频道数量相当多时,带外载噪比的影响不能忽略。当前端在调制器输出端还接有宽带放大器时,前端输出的载噪比应为:

$$\dfrac{C}{N} = -10\lg\left(10^{-\frac{C/N_{调制}}{10}} + 10^{-\frac{C/N_{宽放}}{10}}\right) \quad (\text{dB}) \tag{8-64}$$

第四节 干线传输部分的工程设计

一、确定干线电长度和串接的放大器台数

在进行干线部分的设计时,根据干线传输的距离,首先要确定传输电缆和放大器的型

号及实用增益（通常干线放大器的实用增益均在 20～25dB 之间取值）。这样就可求出每条干线总的电长度、需要串接的放大器台数、放大器的间距等。依据的公式为：

$$干线长度(L) = 干线距离(km) \times 电缆损耗(dB/km) \quad (dB) \qquad (8-65)$$

$$串接放大器台数(n) = 干线电长度(dB) / 放大器实用增益(dB) \quad (台) \qquad (8-66)$$

$$放大器间距(D) = 放大器实用增益(dB) \times 电缆损耗(dB/m) \quad (m) \qquad (8-67)$$

【例】 有一 550MHz 系统，最长的干线长度为 5km，传输电缆选用美国 Trilogy 公司 $0.650''MC^2$，已知该电缆在 550MHz 时损耗为 41dB/km，放大器选用美国杰洛德公司 5F27PSA，实用增益取 23dB。求：干线总电长度，串接的放大器台数及放大器间距。

【解】 干线总电长度 $(L) = 5.0 \times 4.1 = 205$ (dB)

串接放大器台数 $(n) = 205/23 \doteq 8.9$ (台)（取 9 台）

放大器间距 $(D) = 23/0.041 = 560$ (m)

二、合理的分配技术指标

对于采用电缆传输方式的系统，干线传输部分的核心器件是放大器，干线部分指标的好坏主要取决于放大器自身的技术指标和放大器的工作状态。合理地选择放大器和合理地设计放大器的工作状态是传输部分设计的关键，而放大器工作状态的确定是依据系统分配给放大器要求满足的技术指标而定的。对于不同规模的系统，在进行总体技术设计时已经分配了一定的技术指标给干线部分，则在进行干线部分的设计时，需将此指标合理地分配给每台放大器。通常干线部分的放大器均为同型号、等间距设置（不等间隔设置时，也可按此方式分配），每台放大器应满足的指标为：

$$\frac{C}{N_i} = \frac{C}{N_{干线}} - 10\lg\frac{1}{n} \quad (dB) \qquad (8-68)$$

$$CM_i = CM_{干线} - 20\lg\frac{1}{n} \quad (dB) \qquad (8-69)$$

$$CTB_i = CTB_{干线} - 20\lg\frac{1}{n} \quad (dB) \qquad (8-70)$$

三、干线放大器传输电平的计算

1. 输入电平的计算

当放大器的型号已经确定并分配了一定的载噪比指标后，接着要确定放大器的输入电平，因为放大器的载噪比与输入电平密切相关。每台放大器的输入电平应满足下式：

$$S_a \geqslant \frac{C}{N_i} + N_F + 2.4 \quad (dB\mu V) \qquad (8-71)$$

当放大器为同型号、等间隔设置时，上式也可直接写成：

$$S_a \geqslant \frac{C}{N_{干线}} + 10\lg n + N_F + 2.4 \quad (dB\mu V) \qquad (8-72)$$

通常情况下，放大器的实际输入电平均应取比上式的计算结果高 3dB 左右，对于无 ALC 功能的干线，余量取 5dB 左右，这主要是考虑干线电平受温度影响的原因。

【例】 某一干线由 10 台杰洛德 5F27PSA 干放相串接，等间隔设置，放大器的噪声系数为 9.5dB，若要求干线传输部分的 $\frac{C}{N_{干线}} \geqslant 46$dB，求每台放大器的输入电平不能低于多少分贝？

【解】 每台放大器应满足的载噪比为：

$$\frac{C}{N_i} = 46 - 10\lg\frac{1}{10} = 56 \text{(dB)}$$

则 $$S_a \geqslant \frac{C}{N_i} + N_F + 2.4 = 56 + 9.5 + 2.4 = 67.9 \text{(dB}\mu\text{V)}$$

(可取 $S_a = 71\text{dB}\mu\text{V}$)

2. 输出电平的计算

根据已学过的知识,我们知道,放大器的非线性指标是与输出电平密切相关的。当每台干线放大器分配了一定的 CM_i、CTB_i 等指标后,则每台放大器的输出电平应满足下面的关系式:

$$S_o \leqslant S_{ot} - \frac{1}{2}\left[CM_i - \left(CM_{ot} + 20\lg\frac{C_t - 1}{C - 1}\right)\right] \quad \text{(dB}\mu\text{V)} \tag{8-73}$$

$$S_o \leqslant S_{ot} - \frac{1}{2}\left[CTB_i - \left(CTB_{ot} + 20\lg\frac{C_t - 1}{C - 1}\right)\right] \quad \text{(dB}\mu\text{V)} \tag{8-74}$$

当放大器为同型号、等间隔设置时,上式也可以写成:

$$S_o \leqslant S_{ot} - \frac{1}{2}\left[CM_{\text{干线}} - \left(CM_{ot} + 20\lg\frac{C_t - 1}{C - 1}\right)\right] - 10\lg n \quad \text{(dB}\mu\text{V)} \tag{8-75}$$

$$S_o \leqslant S_{ot} - \frac{1}{2}\left[CTB_{\text{干线}} - \left(CTB_{ot} + 20\lg\frac{C_t - 1}{C - 1}\right)\right] - 10\lg n \quad \text{(dB}\mu\text{V)} \tag{8-76}$$

式中各参数的含义同前。

通常情况下,放大器的实际输出电平应取比上面公式的计算结果低几个分贝,这主要也是考虑到电平的波动及提高系统的非线性指标。

【例】 某一 550MHz 系统,其中一条干线由 10 台 5F27PSA 干放相串接,等间隔设置,已知该放大器在输出电平为 97dBμV,输入 77 个频道时的 $CTB_{ot} = 88\text{dB}$,若要求干线传输部分的 $CTB_{\text{干线}} \geqslant 66\text{dB}$,求放大器的最高输出电平不能超过多少分贝?

【解】 每台干放应分配的指标为

$$CTB_i = CTB_{\text{干线}} - 20\lg\frac{1}{n} = 66 - 20\lg\frac{1}{10} = 86\text{(dB)}$$

则 $$S_o \leqslant S_{ot} - \frac{1}{2}\left[CTB_i - \left(CTB_{ot} + 20\lg\frac{77 - 1}{59 - 1}\right)\right]$$

$$= 97 - \frac{1}{2}\left[86 - \left(88 + 20\lg\frac{77 - 1}{59 - 1}\right)\right] = 101.3\text{(dB}\mu\text{V)}$$

实际输出可取 95dBμV。

四、放大器电平的倾斜方式

由于同轴电缆的频率特性,使得不同频道的信号在电缆中传输时损耗不一样,根据这个特点,干线放大器输入、输出端电平的设置方式主要有下列三种。

1. 全倾斜方式

干线放大器输入端各频道电平相同,输出端电平呈倾斜状态,频道越高,输出电平越高,如图 8-14 (a) 所示。

2. 平坦输出方式

放大器输出端各频道电平相同,由于电缆的频率特性,因此放大器输入端低频道电平高,高频道电平低,如图 8-14 (b) 所示。

3. 半倾斜方式

介于上述两者之间的方式，如图 8-14 (c) 所示。

上述放大器的输入电平指的是入口电平,而目前使用的放大器内部一般均有衰减器和斜率均衡器,有的放大器增益可调倾斜,因此放大器内部放大级的输入电平与入口电平不一定相同。上述三种方式在干线传输中均可采用,通常全倾斜方式和平坦输出方式应用较多。

五、干线长度与干线放大器增益的关系

由式 (8-72) 可知,随着干线上串接的放大器台数 n 的增加,为了满足一定的载噪比,放大器输入电平 S_a 应按 $10 \lg n$ 规律增加。由式 (8-75) 可知,为了满足一定的非线性指标(以交调比为例),放大器的输出电平必须按 $10 \lg n$ 规律下降。将干线放大器输入电平、输出电平与台数 n 的关系画成曲线,就形成一个"V"字形曲线,如图 8-15 所示。

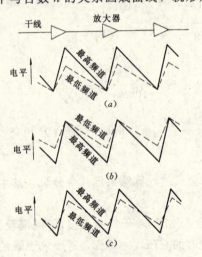
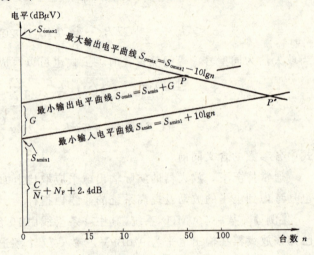

图 8-14 放大器电平的倾斜方式
(a) 全倾斜；(b) 平坦输出；(c) 半倾斜

图 8-15 放大器台数和增益的关系

图中, S_{amin1} 为干线仅有一台放大器且满足一定载噪比时的最小输入电平; S_{omax1} 为干线仅有一台放大器且满足一定的交调比（也可为其他非线性指标）时的最大输出电平。当选定了放大器的型号和增益后,曲线 S_{omin} 与 S_{omax} 的交点 P 所对应的台数,即为在增益为 G 时,某型号放大器所能串接的最多台数,也就确定了干线的最长传输距离,交点 P' 对应的台数表示增益为 0 时理论上所能串接的台数,已无实际意义。对于交点 P ,有:

$$S_{omax} - S_{omin} = 0$$

即

$$S_{omax1} - 10\lg n - (S_{amin1} + G + 10\lg n) = 0$$

$$20\lg n = S_{omax1} - S_{amin1} - G$$

所以

$$n = 10^{\frac{1}{20}(S_{omax1} - S_{amin1} - G)} \quad (台) \tag{8-77}$$

【例】 某一条干线,分配其 $CM \geqslant 58\mathrm{dB}$, $\dfrac{C}{N} \geqslant 46\mathrm{dB}$,现选用美国杰洛德 5F27PSA 干放,已知该干放每台在 $CM=58\mathrm{dB}$ 时的最大输出电平 S_{amax1} 为 $114\mathrm{dB}\mu\mathrm{V}$,在 $C/N=46\mathrm{dB}$ 时的最小输入电平 S_{amin1} 为 $57.9\mathrm{dB}\mu\mathrm{V}$,现选定每台干放的增益为 22dB,问该干线最多可串接多少台放大器？当每台干放的增益为 27dB 时,最多可串接多少台放大器？

【解】 当 $G=22\text{dB}$ 时，$n=10^{\frac{1}{20}(114-57.9-22)}=50.7$（台）

当 $G=27\text{dB}$ 时，$n=10^{\frac{1}{20}(114-57.9-27)}=28.7$（台）

从上面的计算可见：(1) 随着干放增益的降低，放大器的串接台数可增加，理论可计算得，当每台干放增益 $G=8.69\text{dB}$ 时，串接干放的台数最多，即干线传输最长，但综合考虑性能价格比，干放的增益一般在 $20\sim25\text{dB}$ 左右。(2) 虽然理论计算可串接几十台放大器（如上例当 $G=22\text{dB}$ 时，可串接 51 台），但实际系统中由于电平波动等各种因素的影响，干放串接的台数一般不超过 20 台。

六、干线电平变化的控制

（一）温度变化的影响及其控制

由于同轴电缆具有温度特性，其温度系数约为 $0.2\%/℃$，当我们在某一常温（如 $20℃$）时，设计了干线放大器的输入、输出电平值后，随着一年四季环境温度的变化，将会导致：(1) 干线上电平值发生变化；(2) 干线上的斜率发生变化；(3) 干线上的载噪比发生变化；(4) 干线上的非线性失真指标发生变化。

【例】 某一段干线由 5 台相同型号放大器串接而成（无 AGC，ALC 功能），放大器段间增益为 1（等间隔设置），电缆采用美国产 $0.500''\text{MC}^2$，其温度系数为 $0.10\%/℃$，已知在 $20℃$ 时两个干放之间的电缆损耗为 25dB（最高频道），最低频道损耗为 7dB，一年中温度的变化范围为 $-10\sim+50℃$。电路如图 8-16 所示。

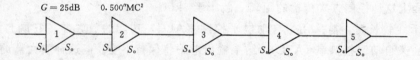

图 8-16 某干线电路图

(1) 干线上电平的变化值

最高频道：第 1 台放大器输入电平变化为：

$$25\times0.10\%\times(\pm30)=\pm0.75(\text{dB})$$

第 5 台放大器输入电平变化为：

$$5\times(\pm0.75)=\pm3.75(\text{dB})$$

最低频道：第 1 台放大器输入电平变化为：

$$7\times0.10\%\times(\pm30)=\pm0.21(\text{dB})$$

第 5 台放大器输入电平变化为：

$$5\times(\pm0.21)=\pm1.05(\text{dB})$$

(2) 干线上斜率的变化

在 $+20℃$ 时，每台放大器输入端的斜率为：

$$25-7=18(\text{dB})（假设为平坦输出）$$

在 $+50℃$ 时，第 1 台放大器输入端斜率为：

$$(25+0.75)-(7+0.21)=18.54$$

斜率变化量为：

$$18.54-18=+0.54(\text{dB})$$

第 5 台放大器输入端斜率变化量为：
$$5 \times 0.54 = +2.7(\text{dB})$$
同理可得，$-10℃$时，第 1 台放大器输入端斜率变化了-0.54dB；

第 5 台放大器输入端斜率变化了-2.7dB。

(3) 干线载噪比的变化

当温度升高至$+50℃$时，5 台放大器的输入电平分别为 $S_a-0.75$、$S_a-2\times0.75$、$S_a-3\times0.75$、$S_a-4\times0.75$、$S_a-5\times0.75\text{dB}\mu\text{V}$，则 5 台放大器的载噪比分别降低了 0.75、1.5、2.25、3.0、3.75dB；因此干线总的载噪比将大幅度下降，从而导致整个系统的载噪比下降。

(4) 干线非线性失真指标的变化（以 CM 为例）

当温度下降至$-10℃$时，放大器输出电平分别为 $S_o+0.75$、$S_o+2\times0.75$、$S_o+3\times0.75$、$S_o+4\times0.75$、$S_o+5\times0.75\text{dB}\mu\text{V}$，则 5 台放大器的交调比分别降低了 1.5dB、3.0dB、4.5dB、6.0dB、7.5dB，因此干线总的交调比将会大幅度下降，从而导致整个系统交调比的下降。

前面讨论了温度变化造成的影响，对于这种影响，当干线不太长时，可通过采用具有自动增益控制（AGC）功能的放大器，来自动控制干线上某一频道电平的变化。通常利用系统中最高频道的信号电平作为控制电平，也可采用设置在高频端的导频信号作为控制电平，但这种方式不能自动控制干线上斜率的变化。因此，低频端的电平变化值将会累积，从而造成低频道指标的恶化和低频道用户电平的波动，因而干线传输长度受到此累积值的限制。工程上这种控制方式传输的距离一般小于 5km。

当干线较长时，需采用带自动电平控制（ALC）功能的放大器，它既自动调整增益（AGC），又自动调整斜率（ASC），结果输出电平将保持不变。但这种放大器的价格高，考虑其性能价格比，有图 8-17 (a)、(b) 两种方式。在图 8-17 (a) 中每隔一台设置一台 ALC 放大器，从图中可见，输入电平最大会有$\pm 2\Delta\text{dB}\mu\text{V}$的变化，而输出电平最大只有$\pm\Delta\text{dB}\mu\text{V}$的变化，也就是说，干线系统中有一半放大器的载噪比会降低 ΔdB，另一半会降低 $2\Delta\text{dB}$（在高温下），而交调比、复合三次差拍比等在一半放大器中会降低 $2\Delta\text{dB}$（在低温下），另一半则不变。在图 8-17 (b) 中，因全部采用带 ALC 的放大器，故性能很好，但价格高。

ALC 放大器有两个自动控制电路，所以要用两个导频信号分别控制。一个控制自动增益控制电路，另一个控制自动斜率控制电路。两个导频信号原则上应分别选最低和最高的工作频率。但当工作频带较宽时，高频的工作频率太高，选用它作导频会使稳定性变差，因

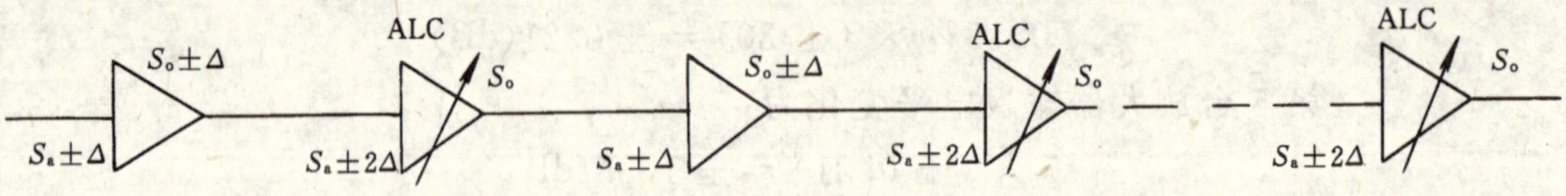

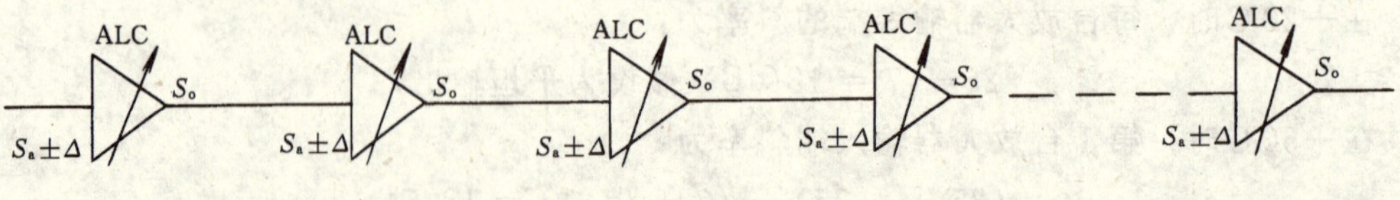

图 8-17 加入 ALC 干放电路图

(a) 间隔设置 ALC 干放；(b) 全部设置 ALC 干放

而最高宜选在 400～450MHz 左右，低端的导频信号也不宜太低，因为低端的频率响应不好，低导频频率常选 DS_2 或 DS_3 之间的频率较合适。

（二）干线放大器不平度的影响及控制

干线放大器有一个参数称为响应平坦度或不平度，它反映的是宽带放大器的幅频特性。当干线上串接的放大器台数为 n 时，就会有 n 个不平度相加，干线上的均衡器也会有不平度，这些不平度的相加虽然是随机的，但当串接台数很多时，也可能导致干线电平发生一定的变化，通常要求干线部分的不平度不超过±2dB。因此在大型系统中，要求：（1）放大器自身的不平度指标要高；（2）若出现不平度值过大，可每隔若干台放大器，设置一台不平度校正器来进行校正。

七、干线放大器的供电

干线放大器的供电方式有两种：一种是分散供电方式；一种是集中供电方式。在小型系统中，由于干线很短，往往采用分散供电方式，即每个放大器的电源直接引自 220V 的市电。而在较大型的系统中，均采用低压集中供电方式，集中供电的低压交流电通常为 60～65V、50Hz 或 30～36V、50Hz，它是采用频分复用的原理与射频信号共缆传输的。集中供电时，一台电源供给器，究竟能供给多少台放大器工作，主要取决于：（1）同轴电缆的环路电阻；（2）放大器的功耗及最低工作电压。

【例】 图 8-18 所示电路中，每台放大器的工作电流为 0.8A，最低工作电压为 40V，已知电缆 $0.650''MC^2$ 的环路电阻为 3.31Ω/km，问一台 AC60V、10A 的电源供给器，最多能供应多少台放大器正常工作？

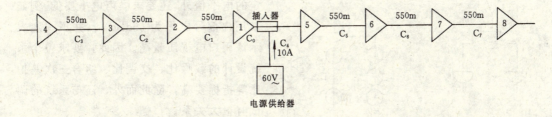

图 8-18 同轴电缆馈电电路图

【解】 （1）计算每段电缆的直流电阻值：
$$0.550 \times 3.31 = 1.82(\Omega)$$
（2）计算各放大器的输入电压值（见表 8-6）：

表 8-6

电缆段及其对应电压降				放大器输入电压	
电缆段	电阻（Ω）	电流（A）	电压降（V）	放大器	输入电压（V）
C_0	0	5	0	1	60
C_1	1.82	4.2	7.6	2	60−7.6=52.4
C_2	1.82	3.4	6.2	3	52.4−6.2=46.2
C_3	1.82	2.6	4.7	4	46.2−4.7=41.5
C_4	1.82	5	9.1	5	60−9.1=50.9
C_5	1.82	4.2	7.6	6	50.9−7.6=43.3
C_6	1.82	3.4	6.2	7	43.3−6.2=37.1

（3）从上面计算可见，只能供应6台放大器正常工作。

第五节 分配系统的工程设计

分配系统是整个CATV系统的最末端，它是直接为用户服务的部分，分配系统设计的主要任务是：根据分配系统应满足的指标要求，设计放大器的工作状态；根据用户的平面分布状况，确定分配网络的结构形式；根据用户对接收电平的要求，合理的选择无源器件，并计算用户电平。

一、用户端对接收信号的要求

（一）对电平的要求

用户端的电平又称为系统输出口电平，依据《有线电视广播系统技术规范》(CY106—93)要求，在VHF和UHF段，用户电平为$60\sim 80dB\mu V$，FM段为$47\sim 70dB\mu V$，FM信号电平比电视信号电平低$10dB\mu V$左右。用户电平过高、过低均不好，这是根据电视接收机本身的性能决定的。当用户电平低于$60dB\mu V$时，在电视屏幕上会出现"雪花"噪波干扰；当用户电平高于$80dB\mu V$时，会超过电视机的动态范围，从而易产生非线性失真，出现"串台""网纹"等干扰。考虑到用户电平波动等因素，用户电平的设计值一般要留有较大的裕量，全频道系统用户电平通常取$70\pm 5dB\mu V$左右，邻频传输系统一般取$65\pm 4dB\mu V$。

（二）对信号传输质量的要求

用户端除了用户信号电平必须满足规定的电平值外，还要求噪声电平要低。例如某用户信号电平为$65dB\mu V$，并不一定表示该用户电视质量高。因此，要求整个系统设计的载噪比、交调比、组合三次差拍比等指标要高，除此而外，还与系统的调试有很大关系。

二、分配系统的组成形式

分配系统的组成形式是依据用户建筑物的平面布置情况而确定的，分配系统主要是为用户提供合适的系统输出口电平，每台放大器为了能够服务更多的用户，放大器的输入、输出电平都比较高，放大器的增益可达30dB以上。由于是高电平工作，为了满足一定的非线性失真指标，因此分配系统串接的放大器台数不能多，一般以不超过3台放大器为宜。根据分配系统中无源器件的组合方式不同，分配系统可分成：

（一）分配-分配方式

如图8-19(a)所示。该方式布线灵活，

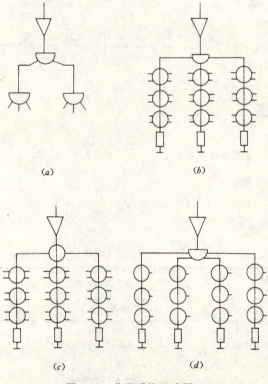

图8-19 分配系统组成图
(a) 分配-分配方式；(b) 分配-分支方式；
(c) 分支-分支方式；(d) 串接单元方式

主要应用于支干线、分支干线、楼幢之间作分配用,使用中切忌某一输出端空载,若暂时不用,需接 75Ω 终端负载。

(二) 分配-分支方式

如图 8-19 (b) 所示。该方式主要优点是通过选择不同分支损耗的分支器,能保证用户电平基本一致,且布线灵活,便于管理。因此,城市 CATV 分配系统一般均采用此方式。

(三) 分支-分支方式

如图 8-19 (c) 所示。该方式特点与分配-分支方式基本相同,也是城市 CATV 分配系统常用的方式。

(四) 串接单元方式

如图 8-19 (d) 所示。该方式严格讲也属于分配-分支方式(或分支-分支方式),但此方式中的分支器为串接单元(又称串接分支器),它是将用户终端和分支器合二为一,这种方式的优点是施工很方便,造价低。因此,在不需要收费管理的独立小系统中应用比较广泛。

(五) 分配系统实例

【例】 某 6 层居民住宅楼,每层 4 个单元,每层每单元 3 户,共计 72 户。方法一:采用分配-分支方式,见图 8-20 (a) 所示;方法二:采用串接单元方式,见图 8-20 (b) 所示。

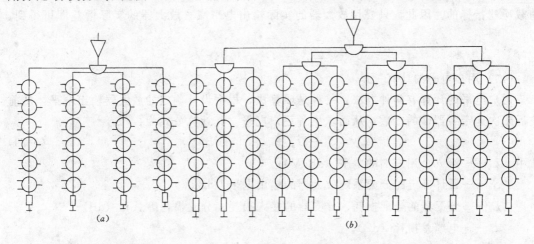

图 8-20 某 6 层住宅楼分配系统
(a) 分配-分支方式;(b) 串接单元方式

【例】 某 18 层住宅楼、每层 8 户,共计 144 户。其分配系统见图 8-21(分配方案可多种多样,不再赘述,若信号引自城市有线电视网,则楼幢放大器应设置在 2 层位置)。

三、分配系统的电平计算

(一) 放大器工作电平的计算

1. 输出电平的计算

分配系统的电平计算方法与干线传输部分放大器输出电平的计算方法相同。根据分配系统分配的非线性指标,可算得每台放大器应分配的指标 CM_i、CTB_i 等,则放大器的最大工作电平为:

$$S_o \leqslant S_{ot} - \frac{1}{2} \left[CM_i - \left(CM_{ot} + 20\lg \frac{C_t - 1}{C - 1} \right) \right] \quad (\text{dB})$$

$$S_\text{o} \leqslant S_\text{ot} - \frac{1}{2}\left[CTB_i - \left(CTB_\text{ot} + 20\lg\frac{C_\text{t}-1}{C-1}\right)\right] \quad (\text{dB})$$

式中各个参数的定义同前。考虑到应留有余量,则放大器的实际输出电平应比 S_o 低几个分贝微伏。一般情况下,最末端分配放大器的输出电平在 100~107dBμV 之间,通常倾斜输出,具体电平数值必须满足后续无源分配网络对信号电平的要求。

需要注意的是,上面所述分配系统分配的非线性指标,理论上是指的系统中最长传输干线末端的分配系统。由于分配系统在干线上所处的位置不同,分配系统所占有的指标可以不一样,如图 8-22 所示。

A 区是和 3 台干线放大器串接在一起,前端、3 台干放、A 区的总指标应为 1,因此 A 区可分配较多的非线性指标,即 A 区放大器的最大输出电平可较高。B 区是和 10 台干线放大器串接在一起,前端、10 台干放、B 区的总指标应为 1,B 区分配的非线性指标应比 A 区的小,所以 B 区每台放大器的最大输出电平理论上应比 A 区的低一些。载噪比的分配同样存在这种关系。

2. 输入电平的计算

分配系统放大器的输入电平比较高,通常在 70~80dBμV 之间,总是满足分配给放大器的载噪比指标的。因此,只要用放大器的实际输出电平减去放大器的实际增益即可得到。即:

$$S_\text{a} = S_\text{o} - G \quad (\text{dB}) \tag{8-78}$$

(二) 用户电平的计算

用户电平的计算有两种方法,一种是顺算法,根据设计确定的放大器输出电平,从前往后顺次选定各器件的参数,从而求出各用户电平。其计算公式为:

$$L_\text{k} = S_\text{o} - L_\text{d} - L_\text{f} \quad (\text{dBμV}) \tag{8-79}$$

式中 L_k——第 k 个用户端的电平 (dBμV);

S_o——设计确定的分配系统放大器的输出电平 (dBμV);

L_d——分配器的分配损耗、分支器的接入损耗、分支损耗等总和 (dB);

L_f——电缆总损耗 (dB)。

一种是倒算法:首先初定最末端的用户电平,从后往前推算得出放大器应提供的输出电平 (应小于计算得到的 S_o),其计算公式为:

$$S'_\text{o} = L_\text{d} + L_\text{f} + L \quad (\text{dBμV}) \tag{8-80}$$

式中 L——最末端初定的用户电平;

S'_o——推算得出的分配系统放大器的输出电平;

其余参数定义同前。

在此基础上,重新确定放大器的输出电平 S_o,再采用顺算法,精确计算各用户电平。若经倒算得到的放大器输出电平 $S'_\text{o} > S_\text{o}$,则需要做调整:(1) 调整无源分配网络的结构形式;(2) 重新选择某些无源器件的参数、型号;(3) 调整放大器的位置,或改变放大器型号等。

【例】 有一个 550MHz 的 CATV 系统,其分配系统的组成形式如图 8-23 所示。已知:放大器输出电平为 99/103dBμV,分配干线电缆型号如图所示,用户电缆采用 SYKV-75-5,四分配器的分配损失为 8dB,二分配器的分配损失为 4dB,用户电平设计值为 65±4dBμV。计算各用户电平。

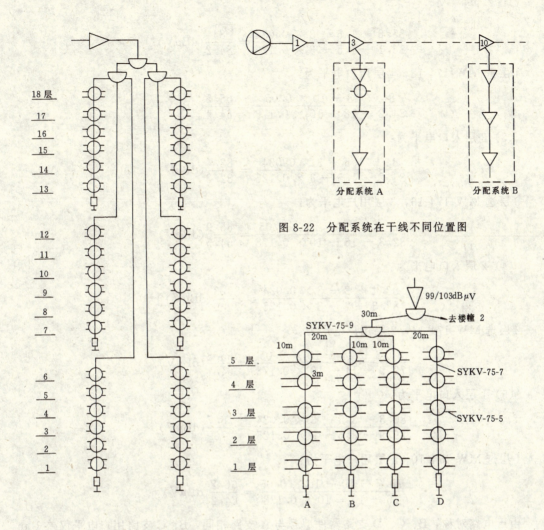

图 8-21 某 18 层住宅楼分配系统　　图 8-23 某分配系统图

【解】 已知系统传输的最低频率为 48.5MHz,最高频率为 550MHz,经查附录 4 之五得:SYKV-75-9 电缆损耗为 2.8dB/100m,9.7dB/100m;SYKV-75-7 电缆损耗为 3.4dB/100m,12.5dB/100m;SYKV-75-5 电缆损耗为 5.0dB/100m,17.8dB/100m。

用户电平的计算,关键是选择合适的分支器(分支器型号参数见表 8-7),由图 8-23 可见为对称图形,只要计算某一支路的用户电平即可。采用顺算法计算,以 A 支路为例:

(1) 5 层入口电平为:

$$\frac{99-4-8-(30+20)\times 0.028}{103-4-8-(30+20)\times 0.097}=\frac{85.6}{86.1}(\text{dB}\mu\text{V})$$

5 层选 MW-174-20 四分支器,5 层用户电平为:

$$\frac{85.6-20-10\times 0.05}{86.1-20-10\times 0.178}=\frac{65.1}{64.3}(\text{dB}\mu\text{V})$$

(2) 4 层入口电平为:

$$\frac{85.6-1.5-3\times0.034}{86.1-1.5-3\times0.125}=\frac{84}{84.2}(\mathrm{dB\mu V})$$

4层选MW-174-18，4层用户电平为：

$$\frac{84-18-10\times0.05}{84.2-18-10\times0.178}=\frac{65.5}{64.4}(\mathrm{dB\mu V})$$

（3）3层入口电平为：

$$\frac{84-1.5-3\times0.034}{84.2-1.5-3\times0.125}=\frac{82.4}{82.3}(\mathrm{dB\mu V})$$

3层选MW-174-16，3层用户电平为：

$$\frac{82.4-16-10\times0.05}{82.3-16-10\times0.178}=\frac{65.9}{64.5}(\mathrm{dB\mu V})$$

（4）2层入口电平为：

$$\frac{82.4-2-3\times0.034}{82.3-2-3\times0.125}=\frac{80.3}{79.9}(\mathrm{dB\mu V})$$

2层选MW-174-14，2层用户电平为：

$$\frac{80.3-14-10\times0.05}{79.9-14-10\times0.178}=\frac{65.8}{64.1}(\mathrm{dB\mu V})$$

（5）1层入口电平为：

$$\frac{80.3-3.5-3\times0.034}{79.9-3.5-3\times0.125}=\frac{76.7}{76}(\mathrm{dB\mu V})$$

1层选MW-174-10，1层用户电平为：

$$\frac{76.7-10-10\times0.05}{76-10-10\times0.178}=\frac{66.2}{64.2}(\mathrm{dB\mu V})$$

由于电路对称，B、C、D支路器件型号与A支路相同，B、C支路用户电平仅差10m SYKV-75-9电缆的损耗。

深圳迈威四分支器参数表　　　　　　　　　表 8-7

型　号	插入损失(dB)	分支损失(dB)	型　号	插入损失(dB)	分支损失(dB)
MW-174-10	≤4.0	10±1	MW-174-16	≤2.0	16±1
MW-174-12	≤4.0	12±1	MW-174-18	≤1.5	18±1
MW-174-14	≤3.5	14±1	MW-174-20	≤1.5	20±1

第六节　电缆电视系统的工程设计步骤

一、设计步骤

（一）制定技术方案

(1) 确定信号来源、数量、系统的近期功能、规模、远期功能、规模、前端的位置等。

(2) 确定系统的模式、系统的传输方式、网络结构形式。

(3) 确定系统总的技术指标及各个部分的分配指标。

(4) 确定系统主要器件的生产厂家。

(二) 前端系统的设计

(1) 设计前端系统处理信号的方式，前端设备选型。

(2) 设计前端系统图。

(3) 设计前端输出电平，计算前端技术指标。

(三) 干线传输系统的设计

(1) 干线放大器、电缆等器件选型。

(2) 计算干线的电长度、放大器的间距、增益、串接台数。

(3) 根据干线部分分配的技术指标，对干线部分进行指标的再分配。

(4) 设计干线放大器输入、输出电平值，确定干线电平变化的补偿措施。

(5) 设计干线系统图。

(6) 计算干线传输部分的技术指标。

(四) 分配系统的设计

(1) 分配系统放大器、电缆等器件选型。

(2) 计算分配系统传输电长度，放大器间距、增益等。

(3) 根据分配系统分配的技术指标，对分配系统进行指标再分配。

(4) 设计放大器的输入、输出电平值。

(5) 设计用户分配系统图。

(6) 计算分配系统的技术指标。

(五) 计算系统总的技术指标

(六) 完成必要的施工图纸、说明、材料表等

二、大型电缆电视系统工程设计实例

【实例】 某县级市有线电视系统的设计

【概况】 该县级市东西长约8km，南北宽约5km，人口11万，现有用户数不超过4万户，考虑城市发展规划，系统设计中在硬件选择、软件指标上均应适应本地经济发展速度。

(一) 总体技术方案

(1) 信号来源 近期开通16套电视节目和2套调频广播节目。其中4套开路电视信号；亚太1号—A卫星（134°E）7套电视节目；亚洲1号卫星（105.5°E）2套电视节目；2套调频广播节目；亚太1号卫星（138°E）2套电视节目；自办节目1套。远期设计：50套电视节目及多路调频广播节目。系统功能：东西主干线为双向传输，电视中心、市政府礼堂设置两个回传点，其余干线为下行传输。前端位置：市中心某大楼。导频信号：低导频65.75MHz，高导频448.25MHz。

(2) 本系统采用550MHz邻频传输模式，干线采用同轴电缆传输方式，根据市区街道的平面布局，干线网络结构为"树枝型"。

(3) 根据国际《有线电视广播系统技术规范》(CY106—93)，系统总技术指标及各个组

成部分分配指标见表 8-8。

系统技术指标分配表　　　　　　　　　　　表 8-8

	总指标 (dB)	各部分分配指标		
		前端（dB）	干线（dB）	用户（dB）
$\frac{C}{N}$	44	5/10　47	4/10　48	1/10　54
CM	48		4/10　56	6/10　52.4
CTB	54		4/10　62	6/10　58.4

（4）前端主要器件、干线放大器采用美国杰洛德（Jerrold）公司产品，主干线电缆选用美国 Comm/Scope 公司 QR-540 电缆。

（二）前端设计

1. 前端设备选型

本系统采用独立总前端传输模式，开路信号选用高质量定向天线接收，经实测，天线输出电平均大于 60dBμV 以上，卫星接收选用 4.5m 高质量抛物面天线，高频头选用 25°K 低噪声器件，卫星接收机选用东芝 TSR-C4 卫星接收机，卫星传输链路在接收机输出端的视频 S/N 统一加权可达 54dB 以上。导频信号利用相应频道调制器的图像载频。

本前端对信号的处理采用解调-调制方式，选用国内普遍采用的美国杰洛德公司产品，其主要特性参数见附录 4。

2. 设计前端系统图

设计前端系统如图 8-24 所示。

3. 前端指标计算

本前端均为频道型器件，理论上无非线性失真，主要考虑的指标是载噪比。根据调制器参数可知，任一频道载噪比由两部分组成：

$$\frac{C}{N}_{带内} = 64\text{dB}, \quad \frac{C}{N}_{带外} = 80 - 10\lg(59-1) = 62.3\text{(dB)}$$

所以
$$\frac{C}{N}_{前端} = -10\lg\left(10^{-\frac{64}{10}} + 10^{-\frac{62.3}{10}}\right) = 60.1 \text{ (dB)}$$

（三）干线传输系统的设计

1. 干线放大器、电缆选型

干放选用杰洛德 5F27PSA 前馈型放大器，该放大器可作单向传输，当插入双向模块后，即可作双向传输，主要参数见附录 4。

干线电缆选用 QR-540 电缆，其典型值为 55MHz 时衰减 1.54dB/100m，550MHz 时衰减 5.18dB/100m。

2. 确定干线电长度、放大器增益、间距和串接台数

以最长干线为例，本系统最长干线 4km。

传输电长度（L）= 5.18×40 = 207.2（dB）

放大器增益（G）= 24dB

串接台数（n）= 207.2/24 = 8.6 ≈ 9（台）

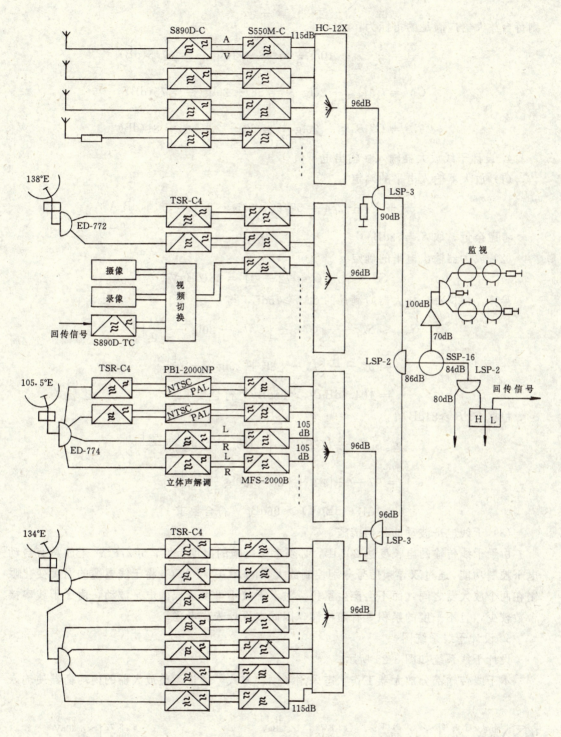

图 8-24 前端系统图

放大器间距 (D) $=24/0.0518=463$ (m)

3. 对干线指标再分配

已知 $\dfrac{C}{N}_{\text{干线}}=48\text{dB}$, $CM_{\text{干线}}=56\text{dB}$, $CTB_{\text{干线}}=62\text{dB}$，干线由 9 台 5F27PSA 放大器串接，

则每台放大器应满足的指标为：

$$\frac{C}{N_i} = \frac{C}{N_{干线}} - 10\lg\frac{1}{n} = 48 - 10\lg\frac{1}{9} = 57.5(\text{dB})$$

$$CM_i = CM_{干线} - 20\lg\frac{1}{n} = 56 - 20\lg\frac{1}{9} = 75(\text{dB})$$

$$CTB_i = CTB_{干线} - 20\lg\frac{1}{n} = 62 - 20\lg\frac{1}{9} = 81(\text{dB})$$

4. 设计干线放大器输入、输出电平值

(1) 放大器输入电平的确定

$$S_a \geqslant \frac{C}{N_i} + N_F + 2.4 = 57.5 + 9.5 + 2.4 = 69.4(\text{dB}\mu\text{V})$$

考虑余量，取 $S_a = 72\text{dB}\mu\text{V}$。

(2) 放大器输出电平的确定

$$S_o = S_a + G = 72 + 24 = 96(\text{dB}\mu\text{V})$$

验算：根据每台放大器应满足的 $CM_i \geqslant 75\text{dB}$，得：

$$S_{omax} \leqslant S_{ot} - \frac{1}{2}\left[CM_i - \left(CM_{ot} + 20\lg\frac{C_t - 1}{C - 1}\right)\right]$$

$$= 97 - \frac{1}{2}\left[75 - \left(88 + 20\lg\frac{77 - 1}{59 - 1}\right)\right]$$

$$= 104.6\text{dB}\mu\text{V} > 96\text{dB}\mu\text{V} \text{ 符合要求}$$

根据 $CTB_i \geqslant 81\text{dB}$ 得：

$$S_{omax} \leqslant S_{ot} - \frac{1}{2}\left[CTB_i - \left(CTB_{ot} + 20\lg\frac{C_t - 1}{C - 1}\right)\right]$$

$$= 97 - \frac{1}{2}\left[81 - \left(88 + 20\lg\frac{77 - 1}{59 - 1}\right)\right]$$

$$= 101.6(\text{dB}\mu\text{V}) > 96\text{dB}\mu\text{V} \text{ 符合要求}$$

(3) 干线电平波动的补偿措施

由于干线传输的电长度达 207dB，必须考虑电缆的温度特性，5F27PSA 干放具有自动电平控制功能，通过双导频信号分别控制放大器的 AGC 和 ASC，将干线电缆的温度变化限制在两个放大器之间，而不会产生累积。对于干放不平度造成的电平波动，由于干线串接台数较少，且不平度的累积具有随机性，因此本设计未作考虑。

5. 设计干线系统图

设计干线系统如图 8-25 所示。

本干线传输部分放大器工作状态采用半倾斜方式，通过调整放大器的内均衡器使输入

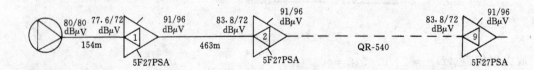

图 8-25 干线系统图

端高低频道差得到均衡,若均衡量不够,通过增加外接均衡器补偿,有关供电部分和双向传输部分本设计略。

注:我国城市有线电视系统一般不传输1频道信号,这是由于国外很多放大器的下限频率均高于48.5MHz,本实例最低频率按55MHz计算。

6. 计算干线传输部分的技术指标

根据放大器的实际工作电平,等间隔设置时,干线部分指标为:

$$\frac{C}{N}_{干线} = \frac{C}{N_i} - 10\lg n$$

$$= (S_a - N_F - 2.4) - 10\lg n$$

$$= (72 - 9.5 - 2.4) - 10\lg 9$$

$$= 50.6(dB) > 48dB$$

$$CM_{干线} = CM_i - 20\lg n$$

$$= \left[CM_{ot} + 20\lg\frac{C_t - 1}{C - 1} + 2(S_{ot} - S_o)\right] - 20\lg 9$$

$$= \left[88 + 20\lg\frac{77 - 1}{59 - 1} + 2(97 - 96)\right] - 20\lg 9$$

$$= 73.2(dB) > 56dB$$

$$CTB_{干线} = CTB_i - 20\lg n$$

$$= \left[CTB_{iot} + 20\lg\frac{C_t - 1}{C - 1} + 2(S_{ot} - S_o)\right] - 20\lg 9$$

$$= \left[88 + 20\lg\frac{77 - 1}{59 - 1} + 2(97 - 96)\right] - 20\lg 9$$

$$= 73.2(dB) > 62dB$$

从上可见,干线部分设计符合要求。

(四) 分配系统设计

设第9台干线放大器桥接输出端有一分配系统,如图8-26所示。根据传输距离和用户数量,该分配系统由二级延长放大器和一级分配放大器串接而成。

1. 放大器、电缆选型

分配系统控制范围小,末端放大器输出

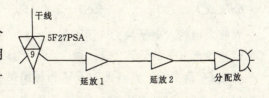

图 8-26 分配系统支干线

电平高、用量大,二级延长放大器选用杰洛德 JLX-7-550P 型无 AGC 控制的放大器,分配放大器选用国产深圳迈威 MW-34E 型放大器,主要参数见表 8-9。支干线电缆选用浙江临安 SDGFV-75-12 同轴电缆,其典型值为:55MHz 时衰减 1.81dB/100m,550MHz 时衰减 6.31dB/100m,其余电缆选用 SYKV-75-9、SYKV-75-7 和 SYKV-75-5。

放大器主要参数表   表 8-9

名称	型号	输出(dB)	增益(dB)	增益控制(dB)	噪声系数(dB)	CM(dB)	CTB(dB)
延长放大器	JLX-7-550P	107	29	0~4	8	65 (77CH)	64 (77CH)
分配放大器	MW-34E	108.5	33.5	0~20	8	57 (59CH)	57 (59CH)

2. 关于分配系统传输电长度、放大器增益和间距

分配系统支干线上将会串接较多的分支器、分配器等，因此传输电长度应为电缆损耗和无源器件接入损耗的总和，而末端放大器增益取值较高，放大器之间的距离在很多情况下不相等。

3. 对分配系统指标再分配

考虑到末端放大器输出电平尽量高，因此应多分配一些指标。已知 $\frac{C}{N}_{分配} \geqslant 54\text{dB}$，$CM_{分配} \geqslant 52.4\text{dB}$，$CTB_{分配} \geqslant 58.4\text{dB}$。图 8-26 分配系统由一级桥放、二级延放和一级分配放大器组成，指标分配见表 8-10。

分配系统指标分配表　　　　　　　　表 8-10

	总指标 (dB)	桥放 (dB)	二台延放 (dB)	分配放大器 (dB)
$\frac{C}{N}$	54	1/4，60	1/4+1/4，57	1/4，60
CM	52.4	1/10，72.4	1/10+1/10，66.4	7/10，55.4
CTB	58.4	1/10，78.4	1/10+1/10，72.4	7/10，61.4

4. 设计放大器输入、输出电平值

(1) 输入电平的计算

桥放：$S_a \geqslant \frac{C}{N}_{桥放} + N_F + 2.4 = 60 + 7 + 2.4 = 69.4$（dBμV）（干线设计已取定 $S_a = 72\text{dBμV}$）

每台延放：$S_a \geqslant \frac{C}{N}_{延放} + N_F + 2.4 = 60 + 8 + 2.4 = 70.4$（dBμV）

分配放大器：$S_a \geqslant \frac{C}{N}_{分放} + N_F + 2.4 = 60 + 8 + 2.4 = 70.4$（dBμV）

取放大器输入电平均为 72dBμV。

(2) 输出电平的计算

根据 CTB 指标计算（此时 CM 指标满足要求），有

桥放：$S_{omax} \leqslant S_{ot} - \frac{1}{2}\left[CTB_{桥放} - \left(CTB_{ot} + 20\lg\frac{C_t - 1}{C - 1}\right)\right]$

$= 106 - \frac{1}{2}\left[78.4 - \left(64 + 20\lg\frac{77-1}{59-1}\right)\right]$

$= 100$（dBμV）

每台延放：$S_{omax} \leqslant 107 - \frac{1}{2}\left[78.4 - \left(64 + 20\lg\frac{77-1}{59-1}\right)\right]$

$= 101$（dBμV）

分配放大器：$S_{omax} \leqslant 108.5 - \frac{1}{2}\left[61.4 - \left(57 + 20\lg\frac{59-1}{59-1}\right)\right]$

$= 106.3$（dBμV）

桥放、二级延放输出取 $S_o = 97\text{dBμV}$，分配放大器输出取 $S_o = 102\text{dBμV}$，各放大器增益为：$G_{桥放} = 97 - 72 = 25$（dB），$G_{延放} = 97 - 72 = 25$（dB），$G_{分放} = 102 - 72 = 30$（dB）。

5. 设计用户分配系统图

仅画出支干线部分，如图 8-27 所示。为了计算方便假设放大器之间无源器件接入损耗

均为 9.2dB，则放大器之间的距离为 250m。

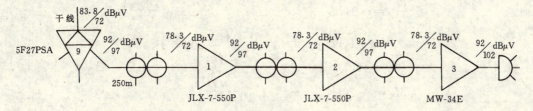

图 8-27 分配系统支干线图

6. 计算分配系统技术指标

(1) $\dfrac{C}{N}$ 的计算

$$\dfrac{C}{N}_{桥放} = 72 - 7 - 2.4 = 62.6(\text{dB})$$

$$\dfrac{C}{N}_{二延放} = 72 - 8 - 2.4 - 10\lg 2 = 58.6(\text{dB})$$

$$\dfrac{C}{N}_{分放} = 72 - 8 - 2.4 = 61.6(\text{dB})$$

所以
$$\dfrac{C}{N}_{分配} = -10\lg\left(10^{-\frac{62.6}{10}} + 10^{-\frac{58.6}{10}} + 10^{-\frac{61.6}{10}}\right)$$
$$= 55.8(\text{dB})$$

(2) CM 的计算

$$CM_{桥放} = \left(CM_{ot} + 20\lg\dfrac{C_t - 1}{C - 1}\right) + 2(S_{ot} - S_o)$$

$$= \left(66 + 20\lg\dfrac{77 - 1}{59 - 1}\right) + 2(106 - 97)$$

$$= 86.3(\text{dB})$$

$$CM_{二延放} = \left(65 + 20\lg\dfrac{77 - 1}{59 - 1}\right) + 2(107 - 97) - 20\lg 2 = 81.3(\text{dB})$$

$$CM_{分放} = \left(57 + 20\lg\dfrac{59 - 1}{59 - 1}\right) + 2(108.5 - 102) = 70(\text{dB})$$

所以
$$CM_{分配} = -20\lg\left(10^{-\frac{86.3}{20}} + 10^{-\frac{81.3}{20}} + 10^{-\frac{70}{20}}\right)$$
$$= 66.9(\text{dB})$$

(3) CTB 的计算

$$CTB_{桥放} = \left(64 + 20\lg\dfrac{77 - 1}{59 - 1}\right) + 2(106 - 97)$$

$$= 84.3(\text{dB})$$

$$CTB_{二延放} = \left(64 + 20\lg\dfrac{77 - 1}{59 - 1}\right) + 2(107 - 97) - 20\lg 2 = 80.3(\text{dB})$$

$$CTB_{分放} = \left(57 + 20\lg\dfrac{59 - 1}{59 - 1}\right) + 2(108.5 - 102) = 70(\text{dB})$$

所以
$$CTB_{分配} = -20\lg\left(10^{-\frac{84.3}{20}} + 10^{-\frac{80.3}{20}} + 10^{-\frac{70}{20}}\right)$$
$$= 66.5(\text{dB})$$

（五）系统总指标计算

$$\frac{C}{N}_{总} = -10\lg\left(10^{-\frac{C/N_{前端}}{10}} + 10^{-\frac{C/N_{干线}}{10}} + 10^{-\frac{C/N_{分配}}{10}}\right)$$

$$= -10\lg\left(10^{-\frac{60.1}{10}} + 10^{-\frac{50.6}{10}} + 10^{-\frac{55.8}{10}}\right)$$

$$= 49.1(\text{dB})$$

$$CM_{总} = -20\lg\left(10^{-\frac{CM_{干线}}{20}} + 10^{-\frac{CM_{分配}}{20}}\right)$$

$$= -20\lg\left(10^{-\frac{73.2}{20}} + 10^{-\frac{66.9}{20}}\right)$$

$$= 63.4(\text{dB})$$

$$CTB_{总} = -20\lg\left(10^{-\frac{CTB_{干线}}{20}} + 10^{-\frac{CTB_{分配}}{20}}\right)$$

$$= -20\lg\left(10^{-\frac{73.2}{20}} + 10^{-\frac{66.5}{20}}\right)$$

$$= 63.1(\text{dB})$$

总技术指标符合设计要求。

（六）温度变化对系统总指标的影响

前面的计算都是以 20℃时电缆的衰减常数作为基准的。设该县城一年四季的温度变化为 $-10 \sim +40$℃，已知：QR-540 电缆的温度系数为 0.1dB％/℃；SDGFV 电缆的温度系数为 0.2dB％/℃。由于电缆的温度特性，在 -10℃时，电缆的衰减量最小，将会导致系统非线性指标最差；在 $+40$℃时，电缆的衰减量最大，将会导致系统的载噪比指标最差。

1. 干线部分指标的变化

（1）载噪比的变化　在 $+40$℃时，电缆的衰减的增大将会导致干线放大器输入电平下降，但由于干放具有 ALC 功能，这种下降不会累积。两台干放之间的电缆衰减变化量为 $\Delta L = 463 \times 0.0518 \times 0.001 \times (40-20) \approx 0.5$ (dB)，因此每台干放的输入电平将为 $S_a = 72 - 0.5 = 71.5$ (dBμV)，每台放大器的载噪比为：

$$\frac{C}{N_i} = 71.5 - 9.5 - 2.4 = 59.6(\text{dB})$$

所以

$$\frac{C}{N}_{干线} = \frac{C}{N_i} - 10\lg N = 59.6 - 10\lg 9 = 50(\text{dB})$$

（2）非线性指标的变化　在 -10℃时，电缆的衰减将减小，由于放大器具有 ALC 功能，因此干放的输出电平基本保持不变，即干线部分的非线性指标基本不变。

2. 分配部分指标的变化

由于分配系统的放大器无 ALC 功能，均为手动增益控制，因此这部分指标受温度的影响较大。设分配系统放大器的间距均为 250m 长（分配系统支干线上无源器件较多）。

（1）载噪比的变化　当温度从 $+20$℃上升到 $+40$℃时，两台放大器之间电缆的衰减量为 $\Delta L = 250 \times 0.0631 \times 0.002 \times 20 = 0.6$ (dB)，即第 1 台延放输入电平下降了 0.6dBμV，第 2 台延放输入电平下降了 $2 \times 0.6 = 1.2$dBμV，第三台分配放大器输入电平下降了 $3 \times 0.6 = 1.8$dBμV，而第 9 台干放的输入电平下降了 0.5dBμV，其输出电平不变。有：

$$\frac{C}{N}_{桥放} = (72 - 0.5) - 7 - 2.4 = 62.1(\text{dB})$$

$$\frac{C}{N}_{延放1} = (72 - 0.6) - 8 - 2.4 = 61(\text{dB})$$

$$\frac{C}{N}_{\text{延放}2} = (72-1.2) - 8 - 2.4 = 60.4 \text{(dB)}$$

$$\frac{C}{N}_{\text{分放}} = (72-1.8) - 8 - 2.4 = 59.8 \text{(dB)}$$

分配系统总的载噪比为:

$$\frac{C}{N}_{\text{分配}} = -10\lg\left(10^{-\frac{62.1}{10}} + 10^{-\frac{61}{10}} + 10^{-\frac{60.4}{10}} + 10^{-\frac{59.8}{10}}\right)$$
$$= 54.7 \text{(dB)}$$

（2）非线性指标的变化（以 CTB 计算为例）　当温度从 +20℃下降到 −10℃时，两台放大器之间的电缆衰减变化量为 $\Delta L = 250 \times 0.0631 \times 0.002 \times (-30) = -0.95$ (dB)，即第 1 台延放输出电平提高了 $0.95\text{dB}\mu\text{V}$，第 2 台延放输出电平提高了 $2\times 0.95 = 1.9\text{dB}\mu\text{V}$，第 3 台分配放大器输出提高了 $3\times 0.95 = 2.85\text{dB}\mu\text{V}$，有：

$$CTB_{\text{桥放}} = 84.3 \text{(dB)}（不变）$$

$$CTB_{\text{延放}1} = \left(64 + 20\lg\frac{77-1}{59-1}\right) + 2[107 - (97+0.95)]$$
$$= 84.4 \text{(dB)}$$

$$CTB_{\text{延放}2} = \left(64 + 20\lg\frac{77-1}{59-1}\right) + 2[107 - (97+1.9)]$$
$$= 82.5 \text{(dB)}$$

$$CTB_{\text{分放}} = \left(57 + 20\lg\frac{59-1}{59-1}\right) + 2[108.5 - (102+2.85)]$$
$$= 64.3 \text{(dB)}$$

分配系统总的 CTB 值为

$$CTB_{\text{分配}} = -20\lg\left(10^{-\frac{84.3}{20}} + 10^{-\frac{84.4}{20}} + 10^{-\frac{82.5}{20}} + 10^{-\frac{64.3}{20}}\right)$$
$$= 61.8 \text{(dB)}$$

3. 系统总指标的变化

$$\frac{C}{N}_{\text{总}} = -10\lg\left(10^{-\frac{60.1}{10}} + 10^{-\frac{50}{10}} + 10^{-\frac{54.7}{10}}\right)$$
$$= 48.5 \text{(dB)}$$

$$CTB_{\text{总}} = -20\lg\left(10^{-\frac{13.2}{20}} + 10^{-\frac{61.8}{20}}\right)$$
$$= 59.7 \text{(dB)}$$

可见，当温度从 −10～40℃变化，系统指标仍符合设计要求。

思 考 题 与 习 题

1. 系统中载噪比、交调比和组合三次差拍比等指标变差后，在电视机屏幕上可能出现什么干扰现象（用图形表示）？

2. 当信号电平下降 $1\text{dB}\mu\text{V}$ 时，载噪比、交调比和二次互调比怎样变化？

3. 某条干线由 10 台放大器串接而成，其中具有 AGC 功能的放大器有 5 台，噪声系数为 8dB；具有 ALC 功能的放大器有 5 台，噪声系数为 9.5dB。放大器间隔设置，已知放大器输入电平均为 $70\text{dB}\mu\text{V}$，计算该干线的载噪比。

4. 某系统设计指标为：$\frac{C}{N}=46\text{dB}$，$CM=48\text{dB}$。当前端分配指标 $\frac{C}{N}$ 为 $\frac{4}{5}$，CM 为 $\frac{1}{10}$；干线分配指标 $\frac{C}{N}$ 为 $\frac{1}{5}$，CM 为 $\frac{4}{10}$；用户分配指标 CM 为 $\frac{5}{10}$ 时，计算各指标为多少分贝值？

5. 某550MHz电缆电视系统的干线传输如图8-28所示，放大器采用5F27PSA（详见附录4有关部分内容）。(1) 计算该干线总的 $\frac{C}{N}$。(2) 计算该干线总的 CTB。(3) 计算放大器的间距（电缆损耗在550MHz时为5.18dB/100m）。

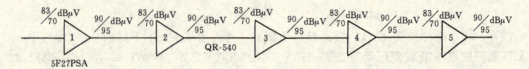

图 8-28　干线系统图

6. 在电缆电视系统的前端电路中，对信号的处理有：宽带放大型、频道放大型、解调-调制型等方式，试比较各自的主要特点和应用场合。

7. 在大型电缆电视系统中，可采取哪些方式来控制由于电缆温度特性引起的用户电平波动？

8. 某一分配系统支干线如图8-26所示，设二级延长放大器和末端分配放大器均采用JLX-7-550P，各个放大器分配的 CTB 指标见附录4，计算末端分配放大器的最大输出电平。

9. 某550MHz用户分配系统如图8-29所示，已知放大器的输出电平为97/100dBμV，二分配器的分配损失为4dB，三分配器的分配损失为6dB，用户电平要求在65±5dBμV范围内，试应用附录4和表8-7等器件参数，计算各用户电平（用户线长度均为10m）。

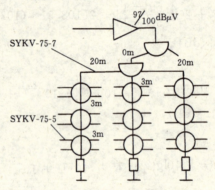

图 8-29　分配系统图

第九章 电缆电视系统的安装

第一节 施工前的准备工作

一、电缆电视系统工程预算(即施工图预算)的编制

电缆电视系统工程安装预算是根据现行的预算定额、取费标准、利税率及设备、材料预算价格等,按照预算编制程序,经过计算、汇总编制而成的。工程预算是一种工程技术经济文件,是确定工程造价和进行竣工结算的依据。

(一)编制依据

电缆电视系统工程施工图预算编制的依据如下:

1. 施工图纸和说明

经过建设单位、设计单位和施工单位共同会审过的施工图纸及会审记录,是计算工程量的主要依据。电缆电视系统工程的施工图纸一般包括:平面布置图、系统图和施工详图。工程施工图纸上应标明:施工内容、线路和器材的布置、线材类型及规格、线路的敷设方式、设备和附件安装要求及尺寸等。同时,还应具备配套的土建图和有关施工标准图。

设计说明是电缆电视系统工程施工图纸的补充,凡是在施工图纸上不能直接表达出的内容,一般都要通过说明书进一步阐明。如设计依据、质量标准、施工方法、材料要求等内容都在说明中有注明。因此,设计说明是施工图纸的重要组成部分,它们都直接影响着工程量的大小,定额项目的选套(选择套用国家定额)和单价的高低。因此,在编制施工图预算时,图纸和说明应相互结合起来考虑。

2. 有关预算定额

国家颁发的《全国统一安装工程预算定额》中的有关内容,以及各地方主管部门颁发的现行的有关预算文件,是编制电缆电视系统工程施工图预算的依据。例如在编制施工图预算时,首先根据相应预算定额规定的工程计算规则、项目划分、施工方法和计量单位分别计算出分项工程量,然后选套相应定额项目基价或单位估价表,计算定额直接费及其人工费,作为计取其他直接费、间接费等费用的依据。

3. 地区单位估价表

地区单位估价表,是以一个城市或一个地区为对象而编制的工程分项价目表,它是根据现行工程预算定额的人工、材料和机械台班消耗量,以及相应城市或地区人工工资、材料预算价格和机械台班费用,按照相应预算定额顺序逐一计算出的每个分项工程的预算单价。以此作为计算相应工程定额直接费的依据。

4. 材料预算价格

材料预算价格是编制单位估价表,进行定额换算和工程结算等方面工作的依据。材料费在工程造价中所占比重较大,因此,准确确定和选用材料预算价格,对提高施工图预算编制质量和降低工程预算造价有着重要经济意义。

5. 各种费用取费标准

各地方主管部门制定颁发的《建筑安装工程间接费用定额》、计划利润率和税率等是编制施工图预算的依据。在确定建筑安装产品价格时，应根据工程类别和企业所有制不同，或纳税人地点不同准确无误地选择相应的取费标准，以保证安装价格的客观性和科学性。

6. 材料手册和预算手册等有关资料

工程所在地区主管部门颁布的有关编制施工图预算的文件以及材料手册、预算手册等图书资料也是编制施工图预算的依据。地方主管部门历年颁布的有关文件中的明确规定，每年费用项目划分范围、内容和费率增减幅度，人工、材料和机械价差调整系数等经济政策。在材料手册等工具书中可以查出材料的规格、理论重量、主要材料损耗和计算规则等内容。

7. 合同或协议

施工单位与安装单位签订的施工合同或协议，也是编制施工图预算的依据。合同中规定的有关施工图预算的条款在编制施工图预算时都应给以充分考虑。例如：工程承包形式、材料供应方式、材料价差结算、包干系数等内容。

(二) 编制步骤和方法

1. 熟悉施工图纸

为了准确、快速编制施工图预算，在编制电缆电视系统工程施工图预算之前，必须全面熟悉施工图纸，了解设计意图和工程全貌。熟图过程，也是对施工图纸的再审查过程。设计图、标准图等是否齐全，如有短缺，应及时补齐。对设计中的错误、遗漏可提交设计单位改正、补充，对于不清楚之处，可通过技术交底解决。从而保证工程质量和预算的准确性与科学性。熟悉图纸一般可按如下顺序进行：

(1) 阅读设计说明　在设计说明中指出了设计意图、施工要求、线路的敷设方法以及在设计图纸中无法表达或没有表达的内容等。

(2) 熟悉图例符号　电缆电视工程施工图中的电缆、设备和材料等，绝大部分是按规定的图例表示的，但有少数符号标准图例中没有，设计人员一般自行编制，并填写到工程图纸的图例中。所以在熟悉施工图纸时，必须了解图例所代表的内容，这对预算是非常有用的。

(3) 熟悉工艺流程　了解工艺流程对准确制定施工图预算是十分必要的。深入掌握施工过程中线路与设备的连接方式及其某些设备标高等内容，对于准确计算线材的用量很有帮助。

(4) 阅读施工图纸　在熟悉施工图纸时，应将施工平面图、系统图和施工详图结合起来看，从而搞清楚设备与材料之间的关系。有的内容在平面图中看不出时，可在系统图中找到，有的则必须在施工详图中方能搞清楚。

2. 熟悉合同或协议

熟悉和了解建设单位和施工单位签订的合同或协议内容和有关约定是非常必要的。因为有些内容在施工图中是反映不出来的，如工程包干系数的标准、材料供应方式等内容。

3. 熟悉施工组织设计的有关内容

施工单位根据电缆电视系统工程特点，施工现场情况和自身施工条件和能力（技术、装备等），编制的施工组织设计，对施工过程起着组织、指导作用。编制施工图预算时，应考虑施工组织设计对工程费用的影响因素。

4. 工程量计算

工程量的计算过程就是累计各分项工程量的过程，这是一项细致、繁琐、量大的工作。工程量计算的准确与否，直接影响施工图预算的编制质量、工程造价的高低、投资的大小和施工企业的生产经营计划等。

5. 汇总工程量、编制预算书

工程量计算完毕，按预算定额的规定和要求，按分项顺序汇总，整理填入预算书。

6. 套预算单价

在套用预算单价之前首先要弄懂预算定额总说明及分项工程说明，定额中包括哪些内容，不包括哪些内容，哪些工程量可以换算，哪些不能换算，在预算说明中都有注明。

7. 计算工程预算造价

计算出分项工程预算价格后，再将其汇总成单位工程价格，即定额直接费。然后以定额直接费中的人工费为计算基础，根据《建筑安装工程间接费及其他直接费定额》中规定的其他直接费费率、间接费费率、计划利润率和其他费费率，计算出其他直接费、间接费、计划利润和其他费用。再以直接费、间接费中的施工管理费、计划利润和其他费用四项之和为计算基础，结合有关部门确定的税金费率，计算出税金，最后算出工程费用总额，即单位工程预算造价。

8. 编写施工图预算的说明

其内容主要是对所采用的施工图、编号和采用的预算定额、单位估价表、费用定额以及在编制施工图预算中存在的问题，处理结果等加以说明。编制预算说明是工程预算书的重要组成部分，因为工程预算书要报送建设单位、建设银行审定后才有效，为了给建设单位、建设银行等审查单位审查提供方便，编制预算表应尽量简单明了，使对方一目了然，减少不必要的麻烦，工程预算书中的说明要简明扼要。

文字说明实际上也是一种备忘录，不仅对方需要，编制单位也需要。

文字说明主要应包括下列内容：

（1）工程预算的编制依据，编制工程预算所根据的施工图纸名称、编号、某些设计的变更、材料的代用等是否已编入工程预算。

（2）采用的预算定额、单位估价表、取费标准等，补充定额或换算定额，应说明补充或换算的原因和依据。

（3）工程预算中未包括的内容及未包括的原因，并提出处理意见。

（4）工程预算中遗留的问题。

（5）对施工图纸、设备、材料、现场施工条件等需要说明的问题。

（三）工程预算书的表现形式

工程预算书一般以文字和表格形式出现。工程预算书一般包括预算书封面、文字说明、工程费用汇总表、预算表、主要材料消耗量汇总表等表格。

1. 工程预算书封面

即工程预算书首页，在工程预算书封面上应包括以下内容：

（1）建设单位名称；

（2）工程地点、名称及内容；

（3）工程预算造价；

(4) 工程预算的编制人、审查人、单位主管人的签字、盖章;
(5) 编制单位及编出时间;
(6) 审查单位、审查人、审定时间。

2. 预算说明

3. 工程预算表

工程预算表是具体计算各分项工程直接费的表格,是工程费用汇总表的基础表。其表格内容应能满足确定工程造价和进行成本核算的要求,其内容应包括:定额编号、工程项目、工程名称、设备材料的规格、型号、单位、数量、单价、合计等栏目。在"单价""合计"栏的设置上,根据本企业对成本核算的要求,可繁可简,即可以按照定额上的合计、主材费、人工费、材料费、机械使用费等五项设置,也可以只设置"合计""其中工资"两项,各项取费可以按计算程序逐项计算,也可以计算一项综合费率。

4. 工程费用汇总表

工程费用汇总表是反映工程预算总造价的表格,其内容包括:
(1) 各单位工程或分项工程的直接费和其他直接费;
(2) 施工管理费和其他间接费;
(3) 计划利润和税金;
(4) 预算总造价。

5. 主要材料消耗量汇总表

此表的用途主要向建设单位提供备料指标,按指标进行材料分交,按指标进行备料。其内容包括材料名称、规格单位、需要数量等。

6. 定额换算表

在现行定额中有缺项时,允许使用参考定额或编制一次性定额,有些特殊工程亦可根据施工方案进行估价。无论是对参考定额的换算,还是编制一次性定额,其计算依据和估价方法应当附于工程预算书后面,便于审核单位对这一部分定额进行审查。

二、施工组织方案

施工组织方案是电缆电视系统工程进行施工的指导性文件,施工组织方案应包括以下内容:施工进度的安排、各种人员的安排及责任、对各种施工文件的准备及要求、施工机械设备的安排、施工材料表的编制、许可证的申请及办理等。

1. 施工文件的准备

施工文件主要包括由设计单位(或甲方)提供的系统原理图、系统安装平面图、部件安装大样图(即详图)以及其他的一些必要图纸,如水暖、电力安装平面图。如果系统比较大,施工单位要根据系统设计图纸进行实地勘查,然后按照设计要求绘制现场施工总平面图。现场施工平面图要在建筑设施方位坐标图上标明:外线走线方向、走线方式、立杆位置、高度、数量、拉线方向等;系统外部设备的型号、数量、安装地点;外线跨越道路、电力线、电话线、热力管道等设施的特殊处理方法等。

2. 施工材料表的编制

根据各施工图,汇总所用设备和器材的数量,各种主要材料的数量(如电杆、抱箍、钢索、钢索卡、心形环等),各种辅助材料(如木螺钉、膨胀管、线卡等)的数量。

3. 施工人员和施工进度的安排

按工程难易程度和可交叉性确定施工日程安排及各种施工人员的安排，明确各种施工人员的责任。

4. 许可证的申请及办理

电缆电视系统如果包括卫星电视接收部分，系统施工前要到广播电视部门办理使用许可证；施工过程中，传输电缆线路，如需跨越高压输电线，必须办理申请停电的手续。需跨越道路时，应得到市政管理部门或道路管理部门的允许。要穿越铁路、河道等，均需得到相关部门的同意。这一切手续必须在实际施工前办妥。

5. 通讯设备、施工工具的配备情况，运输工具、起重工具的调用方式等

第二节　天线的安装

在做电缆电视系统的安装工作时，遇到的第一项工作就是正确确定天线基础的位置和基础的制作方式。

一、基础位置的选择

确定天线基础位置时，应到实地亲自考察，从以下几方面出发，合理确定天线基础的最佳位置：

1. 基础的位置尽量选在周围开扩，无高大建筑物阻挡的地方，以高层建筑屋顶或山顶上为好。

2. 天线基础要远离各种干扰源，如计算机房、工业高频加热炉、雷达站等。也不能离马路太近，避免马路上行驶中的机动车辆点火系统对电缆电视系统造成杂波干扰。

3. 天线基础应尽量选择在用户区的中心，以减小干线的长度。

4. 注意不要影响建筑物的美观，同时还要考虑到安装、维修方便。

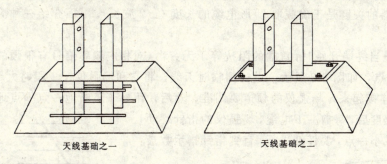

图 9-1　天线基础做方法

二、天线基础的制作

天线基础的制作应按施工图纸进行，建筑物房顶上天线基础具体位置的确定不仅要到现场作实际勘察，还要和土建设计单位商量，将位置定在能承重的墙上（或柱子上），这样在安全检查、施工过程和工程验收时，会省去许多麻烦。

天线基础的制作分新建楼房、已建楼房和地面。在新建楼房的房顶上进行天线基础的制做时，要配合土建施工一同进行。浇灌混凝土房顶的同时，应在距底座5m左右的半径上每隔120°（或90°）预埋3（4）个拉线拉环，拉线拉环的下部应折成L形。

天线基础的制做方法很多，如图9-1是常用的两种。第一种方式在制作时，应首先按图

加工好 2 段 100mm×50mm×50mm×5mm 的槽型钢和 4 段直径 20mm 的圆钢,根据天线杆的尺寸,确定好两块槽钢夹缝之间的间距,然后在一块平整的地方,将它们焊牢。最后,将焊好的槽钢浇在混凝土里。

浇灌混凝土前要注意:

(1) 调整两槽钢夹缝的开口方向,使之与建筑物的走向一直,保证天线杆在插到夹缝之后,竖杆之前,沿建筑物的走向平躺。否则,将会给你的安装工作造成许多麻烦和危险。

(2) 调整两槽钢,使之与水平面垂直。

三、天线杆的安装

天线杆是天线的支撑物体,在安装之前,首先要了解当地有几个需要接收的电视频道,它们的方位如何,以便能正确选择天线杆的形状及每副天线在杆上的位置。

天线竖杆一般选用直径 60～80mm 镀锌钢管,横杆和斜撑一般选用直径为 40mm 的镀锌钢管,安装前要将所有能流进雨水的管口用 3～5mm 厚的铁板焊接严实。天线杆顶部要加装避雷器,每副天线的最外沿都要在避雷器的保护角之内。天线杆的法兰盘等连接处在天线杆装配完毕后,要用电焊点上几处,保证天线杆各段之间有良好的电气连接。竖杆要和专用接地线焊接。立杆前,先将天线杆水平放好,将杆的底部放进底座中穿上一只螺栓,拧上螺母,在杆上安装好所有的拉线(包括一根临时拉线),每根拉线的中间均匀放置 2～3 个绝缘子(临时拉线不用设),使绝缘子将每根拉线平均分成 3～4 份。拉线要采用直径为 6mm 的钢绞线,准备几个 U 形螺丝和花篮螺丝。这时,就可以按图 9-2 方式开始立杆了。当杆接近垂直时,应迅速将拉线和花篮螺丝安装到拉环上。然后仔细调整每根纲绞拉线的长度,用 U 形螺丝将钢绞线与花篮螺丝固定好。最后,利用花蓝螺丝将钢绞拉线拉紧,这项工作就算完成了。

四、匹配器的制作与安装

制作窄带匹配器的关键是正确截取 U 形电缆的长度(1/2 波长)。下面介绍一种简易确定电缆长度的方法:

1/4 波长的电缆当终端开路时,首端的阻抗等于无穷小(对相应频率信号有很强的吸收能力)。根据这个特点,如图 9-3 所示,做一副临时天线,将它和场强仪、一段略大于 1/4 波长的电缆用三通连接起来,场强仪的频道要调准,然后,用剪子不断地一点一点地剪短这段电缆,到一定程度后,每剪一下电缆,场强仪的指针跳动一下后,指示数就减小一点,要仔细进行,直到指针指示数最

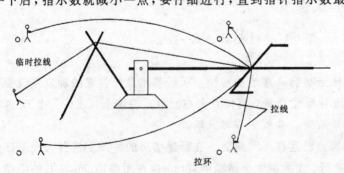

图 9-2 竖天线杆的方法

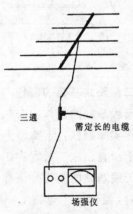

图 9-3 确定 1/4 波长的方法

小（这时，再剪一点指示数又会增大），这个时候的电缆长度正好是 1/4 波长，而 U 形电缆的长度正好是它的 2 倍（这个长度不包括两端的接线部分）。U 形电缆的长度确定之后，留出两端接头的余量，将两头余量部分的绝缘材料去掉，U 形电缆的两头芯线分别接折合振子的两个接线端子上去，两头屏蔽线连在一起，引下电缆的芯线接到折合振子的任一端，引下电缆的屏蔽线接到 U 形电缆的屏蔽线上。以上工作做完后，再用防水材料将 U 形电缆的两端和引下电缆的接头包扎处理好。

宽带匹配器的制作可仿照电视接收机上 300Ω/75Ω 的插头进行，但在安装时要注意密封防水。

五、天线的装配与安装

天线可从生产厂家买来，也可自制。若要自制，则先要计算出有源振子的长度，然后截取各段部件。如果有源振子是折合型，则加工比较麻烦，振子两端需弯曲。弯曲方法分冷弯曲和热弯曲，冷弯曲可在专用的弯管机上进行，热弯曲时，按计算尺寸，截取一段铝合金管，一端用木块封好口，然后从另一端灌满干燥的沙子，并用木块堵严实。确定出两个要弯曲的部位，先用火（如气焊火焰）加热其中一个，当感到管子变软后，迅速拿到事先准备好的模具（一定外径的钢管）上一弯即可。为了加速冷却，可将这一端放至水中。用同样的方法可将另一端弯好。这个过程要注意以下几点：

(1) 注意安全，避免烧伤、烫伤；

(2) 加热要均匀；

(3) 动作要迅速果断。

天线装配完毕，竖起天线架子，接着往天线架子上安装天线，一般按自上而下的顺序进行，尺寸小的高频道天线在上边，尺寸大的低频道天线在下边。电缆电视系统中，使用的天线一般不只一副，而是多副，有些情况多达 5~6 副，如果采用复合天线阵，则天线数目就会更多，因而对邻近天线的架设有一定的要求，否则会互相干扰并使增益下降。

架设天线应注意以下几点：

(1) 天线阵的安装一般是用于提高接收信号强度的，因此要求：1) 各天线至混合点的引下电缆长度要一致；2) 天线、匹配器与引下电缆的连接方式要相同；3) 垂直天线阵在安装时，上下天线的间距跟据天线杆的情况可在 0.3~0.7λ 之间选择；4) 水平天线阵在安装时，天线的间距跟据情况一般也在 0.3~0.7λ 之间选择。

(2) 每副天线都要保持与地面平行，最下层的天线距地面（或楼板）一般要大于 2m，否则会因楼板对电磁反射，使天线方向图上产生副瓣。

(3) 天线一般不要采用前后架设方式，若必须前后架设，则两副天线的前后距离要在 10m 以上。

(4) 在公用竖杆上架设天线时，上、下层天线层间距离不小于 1.5m，天线左、右间距应不小于 2.5m，以减少相互影响。

(5) 一般高频道天线架设在上层，低频道天线架设在下层，若在远距离的弱场强区，可以考虑将弱场强频道天线装于竖杆上部，以获得较大的输出电平。

(6) 天线应远离会产生电气火花冲击干扰的电气设备（如电梯、电动机、电力线路及电车线路），一般与电力线路应保持 2m 以上的间距。

(7) 天线的引下线要求穿铁管引下，铁管可单独敷设，也可利用天线竖杆的铁管。

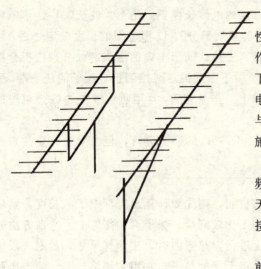

图 9-4 UHF 天线的安装方式

(8) 天线安装完毕后,要检查匹配器防雨性。由于天线在信号质量方面起着举足轻重的作用,而天线的匹配器是天线接收的信号与引下电缆实现良好输送的必经之地,也是使引下电缆最容易进水受潮的薄弱环节,因此,匹配器与引下电缆的连接处一定要有很好的防雨措施。

(9) 在安装 UHF 频段的天线时,由于 UHF 频段的天线振子尺寸小,因此在安装时,应避免天线竖杆直接穿过振子中间,以免影响天线的接收效果。具体安装方法可参考图 9-4。

天线安装到最后过程,在与天线杆固定之前,要先调整好方向,再将其与天线杆固定。调整方向时,如果能看到发射天线,只要使接收天线的横担对准发射天线即可。如果看不到发射天线,可将天线的引下线接到场强仪上,一边调整方向,一边观察场强仪的读数,将天线方向定在场强仪读数最大时的方向上,天线固定时要在 U 形螺丝与天线架子之间加上一块橡胶,防止因螺丝松动,天线被风吹偏方向。

第三节 前端设备的安装

前端设备的种类很多,根据不同的场合,安装形式也多种多样。但是,总体要求是:设备安装位置要注意远离干扰源;注意防水、防潮、防鼠;设备摆放要整齐、美观、有利于操作;接线要正确,走线要牢固、整齐。

一、前端箱的安装

前端箱可分为壁挂式和落地式。安装壁挂式前端箱时,为了安全,应用膨胀螺丝固定于砖混形式的墙上;如果墙的质地比较疏松要采用穿墙螺丝固定;安装柜式前端箱时,为了防水防潮,应将其底部填高 10~20cm。如果柜式前端箱的后面有开门,则其侧面和后面应留有不少于 1m 的走道。

二、混合器的安装

混合器按接线方式根据不同的厂家产品可分为压接式和 F 头连接式。

压接式安装:压接式安装时一般要打开混合器的盖子,这时可看到混合器全部的内部结构,如果是全频道式混合器,打开混合器的盖子,看到的是几只电容、电阻和磁芯电感线圈,如果是频道混合器,除有许多电容、电阻还有一些安装很不规矩电感线圈。安装过程中,将每个频道的输入电缆压接到相应的输入端,压接时要小心。(1) 不能张冠李戴,接错线头;(2) 不能碰到混合器内部的任何元件;(3) 不能对那些安装"不规矩"的元件进行"整形"。

F 头连接式混合器的安装:对于频道混合器安装时由于各个元件藏在内部,因些安装时只要将不同频道信号连接正确即可,对宽频带混合器,各个信号与每个输入端的连接,没有原则的要求，但应使走线简洁、避免各输入端的进线相互迭压。

三、频道转换器的安装

频道转换器作用是将一个频道的信号转换到另一频道上去，因此它主要有射频信号输入端与射频信号输出端，另外还有电源输入端。安装之前先检查一下输入信号的电平，如果太强，可通过实验在输入端串接上一个衰减器，以防止有源器件进入饱和状态。频道转换器的输入信号一般来自天线，输出端送往混合器的输入端。安装时注意输入、输出端不能颠倒。

四、调制器的安装

调制器的作用是将视频（VEDIO）信号和伴音（AUDIO）信号调制成某一频道的射频号，因此它一般有一个视频信号（VEDIO IN）输入端，一个音频信号（AUDIO IN）输入端。一个射频信号（RF OUT）输出端。有的调制器还有一个话筒（MIC IN）输入端，可以插接话筒。安装时一般视音频信号来自录像机、摄像机、卫星接收机的视频信号输出端（VEDIO OUT）和音频信号输出端（AUDIO OUT），用 AV 线将它们连接到调制器的视频信号输入端（VEDIO IN）和音频信号输入端（AUDIO IN）。射频信号（RF OUT）输出端，一般连到混合器的输入端。

五、制式转换器的安装

制式转换器的作用是将视频信号从一种电视制式转换成另一种电视制式。因此，它一般有一路视频信号（VEDIO IN）输入端，一路音频信号（AUDIO IN）输入端；一路视频信号（VEDIO OUT）输出端，一路音频信号（AUDIO OUT）输出端。它的输入端用 AV 线接到其他电视制式设备的 AV 输出端（如卫星接收机、激光影碟机），它的输出端一般用 AV 线接到 CATV 系统的电视调制器的 AV 输入端上去。制式转换器对经过它的音频信号一般不进行处理，因此，在闭路电视系统中，音频信号的连接可跨过制式转换器，从其他电视制式设备的音频输出端，直接联到调制器的音频输入端。

六、摄像机镜头的调试与安装

每个镜头，有一个确定的成像面（即焦平面），光电转换器件的靶面，只有在镜头的成像面上，才能保证在整个变焦过程中，图像始终保持清晰。但是，具体到每个镜头，由于制造上的差异，后焦距会偏离标准值。这样，当摄像机安装或更换镜头时，就需要调整光电转换器件与镜头的间距，即调整后焦距，才能获得满意的图像质量。为此，现在的可变焦距镜头，均设计有后焦距的微调机构，这样就可以不用调摄像管的前后位置了。摄像机与镜头的装配很简单，摄像机上有阴螺纹，镜头上有阳螺纹，它们之间的连接如同拧螺栓一样轻松。

镜头的具体调整方法如下：

在离摄像机 3m 左右处，放一张调后焦距用的专用的跟踪卡，摄像机装上镜头后对准跟踪卡（如实在找不到准跟踪卡，让装上镜头后的摄像机对准 3m 左右处的景物也可以），镜头的焦距放到长焦距位置，调节镜头聚焦环，使图像清晰，然后镜头焦距调到短焦位置，松开后焦距调节环的固定螺钉，调整后焦距（有的镜头上注有 F.B，也有的注有 F.f），重新使图像最清晰，如此反复几次，便可使摄像机镜头达在整个变焦范围内，聚焦不变（即图像一致保持清晰）。在调整时，镜头光圈应放到最大，因为这时的镜头景深最小，聚焦灵敏度最高。调试完成后锁住固定螺钉。

灰尘对图像质量的影响:

虽然摄像机采取了一定的防尘措施,但它并不是完全密封的。使用一段时间后,灰尘会落到镜头、滤色片、棱镜上,甚至会落到摄像管靶面上。有时不注意装配环境,在装配环节也有可能使灰尘落进摄像机内。当摄像机的光路有了灰尘,不要轻易地用一般物品去擦,这样会将其光路弄得更脏,要用专用擦镜头的材料去擦试或用高压滤清空气喷吹。

七、云台的安装与调试

云台分为简易型手动云台和比较复杂的电动云台。图9-5给出了两种简易型手动云台的安装示意图。简易型手动云台体积小重量轻,安装时可用膨胀螺丝、大塑料胀塞等固定。

电动云台在安装之前要通电检查,查看各功能是否运转正常,要到安装现场考察,根据现场的基础情况确定安装方法。电动云台

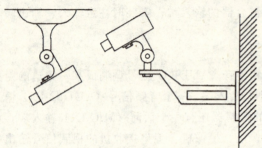

图9-5 简易云台的安装方式

比较重,尤其是室外云台。安装时应采用起重工具,云台和支撑体连接要牢固。

室外型电动云台有固定部分和可动部分,摄像机及其防护罩安装于可动部分上,可动部分有三个插孔,它们分别是:视频信号插孔、三可调镜头插孔和防护罩控制插孔。三个插孔通过云台内部连接线分别与云台固定部分对应的三个插孔相连接。固定部分还有一个插孔,即云台控制输入插孔。这些插孔分别和云台控制器、视频信号处理电路相连接。

第四节 传输干线与分配部分的安装

干线传输部分主要包括干线传输电缆、干线放大器、分支器、均衡器、分配器等设备部件。下面分别介绍它们的安装方法。

一、传输干线的安装

传输干线的安装根据现场实际情况可采用明线架空安装方式或暗线地埋安装方式。

(一)架空明线

干线明敷设时,可在专用水泥杆上架空走线或与其他弱电线路同杆敷设,也可以采用钢绞线利用现有建筑物的墙壁沿墙架挂。无论采用哪种方式,在架空敷设干线时要按照以下要求进行:

(1)电缆电视的干线电缆在明线架设时,距离动力线(220V或380V)必须在2m以上。

(2)楼与楼之间采用钢绞线架挂干线电缆时,其钢绞线两端需用膨胀螺栓固定或用穿墙螺栓固定,具体做法见图9-6。楼间跨接的钢索也应距离照明和动力线2m以上。

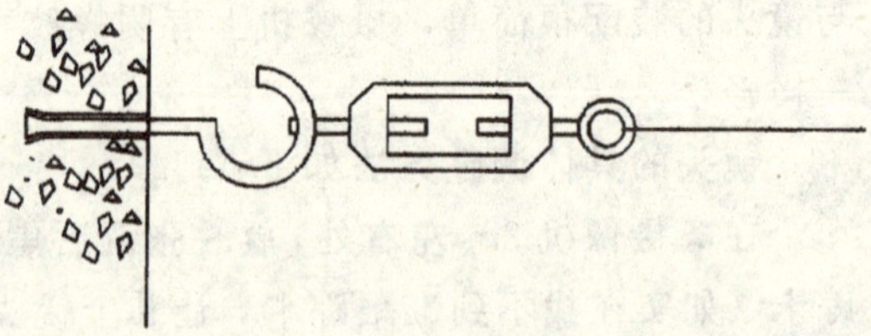

图9-6 架挂线与膨胀螺栓的墙上安装

(3)电缆横穿马路时,电缆最低处距马路的垂直距离不应小于5m;电缆横穿铁路时,电缆最低处距铁路的垂直距离不应小于7.5m。

(4)主干线和支干线能合在一起架设时可采用同一根钢绞线架挂,但是注意防止两根电缆的端点错接,最好采用不同颜色的电缆架设。

(5）明线架设如果采用架挂方式，应采用φ6钢绞线或8号镀锌铁丝架挂，架挂线和干线电缆每隔50cm左右用电缆吊钩挂住或用铁塑线邦扎。安装时注意：电缆与挂钩之间沿走线方向应能自由运动；吊钩与吊缆之间安装要牢固，不应有相对运动，如图9-7所示。

（6）沿墙壁敷设干线（无架挂线）时，可用塑料胀塞和专用电缆卡每隔50cm左右固定一个，注意电缆要在钉子的上方。具体安装方法见图9-8。

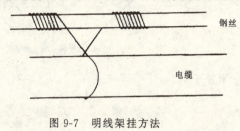

图9-7 明线架挂方法

图9-8 电缆在墙上的安装方法

（7）电缆在隧道涵洞内走线时，一般采用壁挂方式沿墙敷设。敷设位置要避开暖气管道或与暖气管道保持一定距离，以防电缆受热变形。如果涵洞潮湿并且又有接头时，接头处要做好防潮处理。

（二）电缆的管道暗敷设

在安装架设电缆电视的干线时，遇到架空明线难以实现的情况，例如跨越铁路、高大障碍物阻挡等情况可以采用地埋管道敷设的方式，有些场合为了美化环境，也采用暗敷设方式。在高层建筑内，干线必须穿钢管沿墙、地面或管道井暗敷设。采用这种方式安装干线时应注意以下几点：

（1）高层建筑要求穿钢管敷设电缆，一般中低层民用建筑可穿PVC塑料管，当采用75-9型电缆时，管道直径不应小于25mm，当采用75-5型电缆时管道直径不应小于15mm。

（2）穿钢管敷设时，钢管连接可采用套丝连接方式或焊接方式，如图9-9所示。无论那种方法，管道口内壁连接处都要用锉刀修整，使管道口内壁无锋利的毛刺，以免穿线时损伤电缆。套丝连接时，两钢管要用φ5~φ6的钢筋焊接搭接，以减小接触电阻。采用焊接方式时，两管口要对齐，外部要加套箍，在套箍两端与钢管焊接，而不能在对口处直接焊接。

（3）管道排列要整齐，管道尽量短直、管道拐弯处弯曲半径尽量大些，一般曲率半径为管径的10倍以上，以使电缆穿管方便。管道弯曲要采用弯管器，以防管道变形，也可采用管内填干沙的热煨的方法弯曲。

（4）钢管表面应涂刷防锈漆，以增强防潮抗腐能力。

（5）电缆穿入管道时一般先穿钢丝，然后用钢丝牵引着电缆进管。如果当时不能马上穿线，钢管两端要用木楔塞住，以防进入杂物。

（6）在管道90°拐弯处应设接线盒；当直线走线距离较长时，一般每隔25m左右也要加装接线盒，以利施工、维修方便。

（7）管道内部电缆不能有接头，接头要设在接线盒内。

（8）高层建筑物内电缆电视系统的所有穿线钢管都要连成一个整体，并与建筑物的接地系统做多处连接。

二、干线电缆的连接

由于每根电缆的长度有限，长距离的干线传输，需要进行电缆的连接，连接方法主要

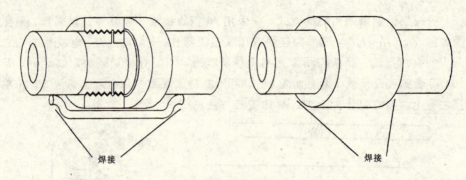

图 9-9 钢管连接方法

有以下二种：

（一）双通连接法

这种连接方法采用专用的连接器件——双通和 F 头（FL 型电缆连接头）进行连接。图 9-10 为配用 FL10 型电缆连接头、双通和电缆的连接示意图。两根电缆的端点与 FL10 电缆头做好以后即可与双通两端的螺丝拧紧。这种连接方式的特点是连接处匹配性好，损耗小，但是随着气温的变化，由于热胀冷缩或接触面的氧化等原因，可能使接触点产生接触不良的现象。安装时，为了避免电缆的芯线回缩，深入到双通内部的电缆芯线尽量要长一些。

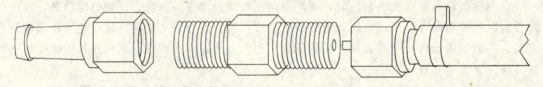

图 9-10 电缆用 F 头及双通的连接

（二）直接连接法

这种连接方法是把两个电缆的端头剥开，然后将屏蔽层和芯线对应连接并焊牢，在芯线和屏蔽层之间缠绕 2～3 层绝缘胶布，以防止内外导体发生短路故障。这种连接方式要求接头处不能太长，一般不长于 3cm 为好，如果接头太长，根据长导线理论可知，容易造成不匹配，产生反射驻波。

三、设备的安装

（一）放大器的安装

放大器是一种有源设备，明装时一般安装在线杆上或墙壁上。安装放大器时特别要注意防雨，即使防雨型放大器也应尽量安装在遮雨处。独立供电的放大器还要考虑到离电源较近一些，使放大器接电方便。在部件较多的干线分支点可以考虑采用专用电气箱，将有关设备和部件安装在内部，安装方法与墙挂式或杆挂式前端箱基本相同，专用电气箱安装要牢固，注意防水，进出箱孔的电缆要加装保护套管，相互之间留有空隙，便于拆装，箱门要加锁，防止他人随意拆动。处于野外，电缆采用埋地暗敷设方式的放大器，为了防雨防潮，一般要为其设一专用"小屋"，放大器应保证高出地面不小于 20cm。

（二）均衡器的安装

均衡器一般置于干线放大器之前并与之相连，均衡器体积较小，重量很轻，安装时一般无需专门固定,利用连接器件本身的机械强度将其输出端与放大器输入端连接起来即可。

干线电缆与放大器、均衡器的连接处应预留 25～50cm 的余量,便于施工和维修。干线用 F 头连接的地方,在做 F 头时,电缆芯线尽量留的长一点,预防干线冬季冷缩造成"抽芯"现象,最好是做完 F 头后,用树脂等材料将电缆的芯线、内绝缘体 F 头胶固,这样不仅可以预防冬季电缆接头抽芯,又可以防止在接头处电缆进水受潮。

在电缆电视系统中的设备部件,如果有个别的输出、输入端暂时空闲不用,则需要加装 75Ω 匹配电阻,防止系统失配。

四、分配部分的安装

电缆电视系统分配部分的安装包括支线电缆、支线放大器、分配器、分支器、用户盒等材料部件的安装。

(一)支线电缆的安装

支线电缆的安装有明装和暗装两种方式。

明装方式通常用于已建好的建筑物加装电缆电视系统,明装布线要求,走线要直,拐转成直角,但直角不能太锐,电缆弯曲半径一般以 5 倍左右的电缆外径为宜。电缆采用塑料胀塞打卡子或采用半圆形塑料线卡固定,一般每隔 30～50cm 固定一次。支线电缆一般采用 SYKV-75-5 等型号的电缆为宜。高层建筑按照自上而下的顺序布线。如果干线电缆为地埋线也可以自下而上布线。

电缆过墙时,普通 240mm 砖墙可用直径为 $\phi 8\sim \phi 10$ 长度为 30cm 的加长冲击钻头打孔。电缆由室外穿墙进入室内时,穿墙孔要内高外低,防止雨水沿电缆孔流入室内。遇到 370mm 墙或圈梁时,应用电锤打孔或绕道而行。

对于正在建设中的建筑物,电缆应采用暗敷设方式。敷设过程应配合土建施工,先将电缆管道沿墙壁、地面或梁柱预埋好,穿好穿线用的钢丝,将管子两端用木楔塞好,以防进入杂物。电缆的敷设通常是在建筑物的内装修基本完成之后才进行,敷设要求与干线管道敷设基本相同,支线敷设时同样要求管道内不能有电缆接头。

(二)部件的安装

分配部分放大器、均衡器的安装与干线部分放大器与均衡器的安装要求基本相同,下面主要介绍分配器、分支器、串接单元和终端器的安装。

1. 分支器、分配器的安装

分支器、分配器的安装方式有明装和暗装两种。明装时要注意防雨,安装位置选择在遮雨处,如阳台下边、房檐下边,在无遮挡物的情况下要加防雨罩。安装时要根据分支器和分配器的安装孔先定位,后用直径 6mm 的合金冲击钻头打孔,填入塑料胀塞,然后用木螺丝或自攻螺丝安装,输入输出的连接电缆应留有 15～25cm 的余量,以便今后维修方便。余量部分要向下弯曲,防止雨水沿电缆流入器件内部。

暗装一般是安装在墙壁内的接线箱内,箱体尺寸以能容纳所安装的部件而定,高层建筑接线箱要采用铁质接线箱,接线箱的外部要与穿线的钢管、建筑物的避雷网实现电气上的搭接(焊接)。箱体安装完毕,用混凝土将其周围的空隙填平,箱底距室内地面 0.3m,对于非高层建筑的民用住宅也可采用塑料或木制接线箱。接线箱盖板要涂以与墙壁一致的颜色。干线引入接线箱时,电缆要留有余量,一般留 15～25cm,以便于今后的调试和维修。

2. 串接单元和终端器的安装

串接单元和终端器是用户室内安装的小盒,它们的安装方式也有明装和暗装两种。明装盒用塑料涨塞加螺丝固定在墙上,安装位置以不碍观展、方便为原则,安装高度对于一般民用住宅应与室内电源插座高度齐平并且与电源插座靠近,对于宾馆客房通常定为距地面0.3m处并且与室内电源插座靠近。

采用暗装方式,首先在建筑施工时把串接单元或终端器的底盒按要求的位置预埋好,安装高度与明装方式一样,对于防雷要求比较高的高层建筑,底盒要用金属盒并且与金属穿线管搭接,底盒预埋时要求注意与墙皮的厚度相配合。盒盖的安装一般在建筑物的内装饰完成后才进行。

串接单元与分支干线的连接通常是用螺丝压接,安装时要注意分清进出线端口,不能接反了,接反了后,本处用户收看效果影响不大,后面其他用户的信号却很弱。

(三)用户线的组装

用户线是连接电缆电视系统与用户电视接收机的部件,根据用户电视接收机的输入阻抗不同,可分为以下两种不同的形式,如图9-11所示。

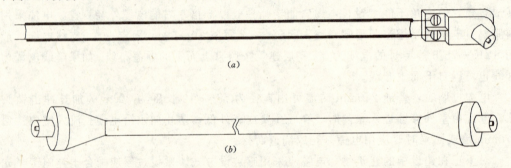

图9-11 电缆电视系统与电视接收机的连接
(a)电缆电视系统与300Ω电视的连接;(b)电缆电视系统与75Ω电视的连接

电缆电视系统的输出端口(即用户盒)的输出阻抗是不平衡的75Ω,而现在用户的彩色电视接收机和一部分黑白电视接收机的天线输入阻抗也是不平衡的75Ω,图9-11(b)所示的用户线正好适用于这类电视机。而早期的黑白电视接收机的输入阻抗是平衡式的300Ω,这类电视接收机不能用上述用户线,图9-11(a)所示的用户线适用于这类电视接收机。

由于用户线对电视信号产生衰减,尤其是采用扁馈线的用户线,衰减更大,无论采用哪一种用户线都不宜太长,不宜将多余线盘绕,以减少损耗和空中辐射对电视机造成的干扰。

电缆电视系统的安装是一项技术性很强的工作,安装过程要认真仔细,一丝不苟,这样会给下一步的调试工作带来很大的方便。

思考题与习题

1. 支线采用粗电缆好不好?
2. 如何进行电缆的连接?
3. 如何将300Ω的电视机正确地与系统连接?
4. 为何不能将穿线钢管对焊连接?
5. 试说明书中1/4波长电缆测取方法的理论依据。
6. 试说明调制器、频道转换器、制式转换器等设备至少应有哪些连接端子。
7. 试说明三可调镜头的调试方法。

第十章 电缆电视系统的调试和测量

电缆电视系统在安装完毕后,必须进行细致的系统调试和测量工作。整个系统的指标要达到当初的设计值,其调试和测量工作是极为重要的。电缆电视系统的规模及复杂程度差别很大,因而调试、测量方法与所使用的设备、仪器也不尽相同。特别是涉及专业技术性较强的系统,如邻频传输系统、双向传输系统、光纤传输系统、微波传输系统及具有卫星信号接收的系统,其调试和测量方法均有专门的技术,可参考有关的资料。这里仅对中、小型系统的调试和测量作一常规介绍。

系统的调试常规是按天线、前端、干线传输、分配网络和用户输出端口依次进行,系统的测量也可按上述顺序进行。

第一节 天线和前端设备的调试

一、天线的调试

天线部分在电缆电视系统的最前端,若天线接收到的信号质量不高,将使整个系统的信号难以达到《30MHz~1GHz 声音和电视信号的电缆分配系统验收规则》中的要求。调试天线设备的目的就是力求获得不低于四级主观评价的质量标准。

在天线安装完毕后,就可以进行调试工作。首先应检查每副天线在竖杆上的相对位置(包括天线与天线之间的水平、垂直间距),一般在竖杆上按高频段天线置于上部,低频段天线置于下部的规律进行排列。在大致调整天线间的相对位置的同时,将每副天线转向电视发射台的方向。这里要提醒注意的是,系统所要接收的全部信号不一定是来自同一方向,如有些省会城市的省台信号发射台与市台信号发射台不在同一处,这时就要分别把天线的最大接收方向对准各自的信号发射塔。但有时为了避开干扰源,或者因为前方有遮挡物,可根据实际情况,使接收天线的最大接收方向稍微偏一些。特殊情况下,甚至可以对准较强的反射波进行接收。

对天线的有源振子馈电处要认真检查,是否与阻抗匹配器正确、可靠连接,同时检查75Ω 的同轴电缆馈线与阻抗匹配器连接是否正确。以上的调整、检查工作结束后,方可使用场强仪对天线的输出电平进行测试。

在使用场强仪测试天线馈线的输出电平时,要微调天线的方向,使得接收到的信号电平在正常设计数值范围内,同时要观察、监听监视器中接收的图像及伴音质量。实践证明,馈线的输出电平最高时,并不一定能获得具有很好载噪比的图像和伴音。在观察图像时,重点是注意观察重影。

由于建筑物等反射信号出现的重影,可通过稍稍改变天线的接收方向,使反射信号落入天线主瓣和旁瓣之间的零接收方向上,以达到减弱或消除重影响的目的。在改变了天线接收方向后要重新测量天线的输出电平,此时的电平值可能会有所降低,但只要能满足设计的技术参数要求即可。若电平降低很大，则要考虑使用其他形式的接收天线。在采用特殊天线接收信号时，如天线阵、抗重影组合天线等，在安装、调试时应严格按产品说明中规定的步骤对天线的间距及连接进行认真调整。

通常情况下，各个不同频道或频段的接收天线往往集中架设在单根天线竖杆或天线铁塔上，应从上至下逐层进行测试。如下面的天线调整好后，又影响了上面已调整好的天线输入的信号质量，则此时应反复重新调整天线的接收方向及天线间的距离，直至得到满意的输出电平和图像、声音信号为止。天线的调试工作较为繁琐，同时需要调试人员的很好配合。天线调试完毕，对各频道信号的输出电平要进行记录，它是系统其他部分调试的依据。同时，对今后系统的维护工作来说也是十分重要的技术参考资料。

二、前端设备的调整

天线调整完毕后即可进行前端设备的调整。前端部分的调试主要是对各设备、器件的输入、输出信号电平的调整。对于中、小型电缆电视系统的前端，其他技术指标通常不单独进行测量，仅仅是对由天线输出的符合要求的信号电平进行调整。如果系统的设计无误，同时，天线提供的信号电平质量良好、采用的设备与器件质量符合标准，在电平的调整过程中使用电视机对信号质量进行观察，通常就能够达到设计要求的技术指标。

在按照设计图纸正确连接安装完毕前端后，要认真检查有源设备的供电方式和工作电压，再对所有有源设备进行供电。待接通电源并且稳定后再进行调试。系统前端部分的基本调试顺序应按每路信号传输的路径进行，即从天线放大器到前端信号处理设备（包括调制器、频道转换器、滤波器、导频信号发生器、VHF频段混合器、UHF频段混合器等）和全频道混合、宽频带放大输出。调试步骤如下：

（一）天线放大器的调试

天线放大器一般是直接与天线的馈电点匹配连接置于天线竖杆上，将天线放大器的输出端与电平表或场强仪连接，测量接收放大后的信号输出电平，其值应在设计值的范围内。最好使用带有监视器的场强仪，同时观察信号质量的变化情况。如果输出电平过高或接近天放的最大输出电平值时，应调节天放内部的增益调节装置来降低其输出电平值。若天放内部无调节装置，可在天放的输入端接入合适数值的固定衰减器或可调衰减器。天线放大器和调节输入电平使用的衰减器均为室外型的。

通过天放的输出端对信号进行观察，图像质量应无明显的交互调干扰、雪花、重影等现象，即可认为调试完毕；否则应考虑天放本身是否存在质量问题。当天放的输出端出现非同频干扰时，可在天放的输出端接入具有良好滤波特性的带通滤波器来抑制干扰。

若前端中有多台天放，则应分别进行调试。

（二）频道放大器的调试

（1）无自动增益控制（AGC）的频道放大器调试方法与天线放大器相同，只需调节其增益控制旋钮，使其输出电平达到设计值范围。

（2）有自动增益控制的频道放大器的调试步骤如下：

1）首先要掌握当地空间电视场强的变化规律（有些地方的电视发射台为了维护、保养好发射机，白天和晚上使用不同功率的发射机），用已调试完毕的天线输出口来测量白天和晚上的电平变化规律，以测得的最高电平值 S_{max} 和最低电平值 S_{min}，求得中值电平 $S_{med}=S_{min}+(S_{max}-S_{min})/2$，作为调试的依据。

2）调试时间最好安排在晚上 7 点以后。调试时先测量当时天线馈线的输出电平值 S，从而可得到输出电平值 S 与中值电平 S_{med} 的差值 ΔS（$\Delta S = S - S_{med}$）。

3）反复认真调节增益控制调节器和输出电平调节器，使得频道放大器的输出电平达到设计值范围，同时使 AGC 指示器指示到控制的中点。

4）根据 2）求出的差值 ΔS 对 AGC 作校正，当 ΔS 为正值时，需将放大器增益调高 ΔS；当 ΔS 为负值时，应将放大器增益调低 ΔS。

（三）调制器的调试

在电缆电视系统中通常使用的都是中、低档调制器，因而指标不高。有些调制器的输出并不是单边带，没有边带滤波器，很容易产生杂波而干扰其他频道的信号，比较有效的抗干扰措施是在调制器的输出端串接频道滤波器。调试时，调制器的输出电平可按设计要求值调节其射频增益控制器，在调制器的输出端和接入频道滤波器后分别用电视机来观察输出信号的质量，可以看到，接入频道滤波器后的信号质量要优于调制器直接输出的信号质量。

（四）频道转换器的调试

非邻近频道转换器的调试方法与频道放大器相似，需要注意的是，在测量其输出端号电平时，其频率应与转换器输出频道的频率相同。对于邻近频道间使用的频道转换器，须注意调试使其图像载波电平与伴音载波电平之比在 14～17dB 的范围内。

频道转换器本身如果屏蔽滤波不佳、输入电平过高经常会出现各种干扰杂波，其解决的方法与调制器相同。

（五）导频信号发生器的调试

导频信号发生器本身就是具有能输出稳定载波电平的特点，在调试时主要是调节其输出电平控制器旋钮来控制输出电平。导频信号发生器的输出电平应等于或略低于上述的前端处理设备的输出电平。

导频信号由前端的最后一级全频道混合器中直接加入，送至干线传输系统。

（六）前端信号混合、宽带放大的调试

在前端的所有信号传送到干线传输系统之前，须对所有信号进行混合、放大，其混合、放大均为宽频带（或称全频道）。为了减少交互调和提高前端的输出电平，通常选用线性好且具有高输出能力的多波段前端放大器。

在调试前端输出电平时，要参考设计方案中的设计值，留有足够的余量，用电视机在前端的输出端口观察，避免交调或杂波信号的出现。

（七）前端系统的总体调试

首先将上述各路经处理设备输出的信号逐路接入混合器或多波段放大器，将带有监视器的场强仪接入前端的输出口，在上述调试的基础上，微调各路信号处理设备的增益控制旋钮及衰减器，使得输出信号的高频道电平略高于低频道电平，最高频道的电平与最低频道的电平相差 3～4dB，呈一斜线状特性。在接入经过频道转换器、调制器等信号处理设备的信号时，要特别注意是否出现交调或杂波等干扰现象。如同时接入所有信号，一旦出现干扰等情况，将不易判定产生的根源。

在所有信号全部接入调试完毕后，应在前端的输出口将所有信号逐一检查，确认没有"网纹""雨刷""雪花"等干扰和失真现象，同时，所有频道信号的电平值要在设计值范围内，即可认为前端设备调试完毕。

天线和前端设备的调试是极其重要的工作，它关系着整个系统信号质量的优劣，因为进入用户分配网络的图像通常只能接近或略低于前端系统的图像质量。若前端的图像质量不高，不能达到或接近四级图像质量，则整个系统的图像质量肯定也是不能令人满意的。

第二节 干线和分配系统的调试

一、干线系统的调试

干线传输系统的调试有两个方面的内容：首先是对干线中所有干线放大器供电系统的调试，要确保其工作电压在正常范围内；再就是调试干线放大器的输入、输出电平，以保证前端提供的优良信号传送至用户分配网络。

（一）供电系统的调试

干线放大器的供电一般分为直接交流 220V（50Hz）单独供电和远距离交流低压 36V（50Hz）集中供电两种方式。对于干线放大器的供电标准及方式目前还没有明确的国家标准，各生产厂商确定的标准及方式不尽相同，因此要严格依照产品的安装使用说明书进行调试前检查，以确定其供电方式。

采用直接交流单独供电方式的检查比较方便，主要是查看电源有无指示或用电压表测量来确定电源供电情况。

对于采用远距离交流低压（安全电压）集中供电方式时，由于是利用射频同轴电缆的芯线供电，在供电之前要认真检查同轴电缆的连接是否牢靠或有无短路等情况；远距离供电还要考虑到同轴电缆线路的压降，在适当的位置加入电源附加器（这一问题往往在设计时被忽略），同时要设置好哪些干线放大器为输入端供电、输出端供电或过电流级联供电的转换开关；在集中供电的馈电装置供电后，要逐台测量干线放大器低压交流供电电压是否在产品规定的范围内，通常会出现偏低的情况，此时应考虑增加电源附加器，以保证干线放大器能正常工作。

在集中供电方式的馈电装置系统中，要绝对避免短路或断路的现象，以免造成损失。

（二）干线放大器电平的调试

对于没有自动控制功能的干线放大器（通常使用在干线传输距离短的系统中），主要是调试其输入、输出的信号电平，并对干线的电缆衰减特性进行斜率补偿，使得干线传输系统达到设计的技术指标，这里主要是指系统载噪比（C/N）和交扰调制比（CM）。在调试中通常是使用场强仪或电平表进行调试。各干线放大器的高、低频道信号输入电平应基本接近（对于全倾斜方式的干线放大器），若相差较多可通过均衡器进行干线放大器输入信号电平进行输入前的调整，以达到设计要求。调整干线放大器的输出电平调试时，应先调整干线传输系统中的最高频道电平，使之等于设计值；再调整最低频道的电平值，对于全倾斜方式的干线放大器，其电平一般比最高频道的输出电平低几分贝。输出电平的调整是通过干线放大器的增益控制钮及斜率控制钮来完成的。

下面着重讲述具有自动控制功能的干线放大器的调试步骤：

调试前首先要弄清干线放大器的倾斜方式，因为倾斜方式不同，对其输入、输出电平的要求也就不同、调试的方法亦各异。干线放大器的倾斜方式通常有全倾斜、半倾斜和平坦三种方式。还必须明确系统的导频信号是使用单导频还是双导频及导频信号的频率，同时要掌握导频信号电平与电视信号电平的电平差，通常情况是导频信号的电平等于或略低于电视信号的电平。

1. 输入电平的调试

对于具有 AGC 特性的干线放大器，其输入电平由 AGC 的特性决定，这里所说的输入电平是指导频信号的输入电平而不是电视信号的输入电平。为了使整个系统频带内的输入信号电平均在规定的要求之内，必须要有另一个频率作参考点。通常用高频导频信号作为 AGC 的控制信号，而用低频导频信号作为 ASC 的控制信号，如果低频导频信号的输入电平达不到要求，可插入均衡器使之满足要求。

2. 输出电平的调试

单导频信号是用来控制干线放大器的增益，实现 AGC 功能的。调试时将场强仪或电平表接到干线放大器的输出端或监测口，其接收频率调至导频信号频率，调节干线放大器的输出电平旋钮和增益控制旋钮，使导频信号输出电平等于设计值，AGC 指示为中心工作点。再将接收频率调至干线传输系统中的最低频道上，调节干线放大器的斜率控制钮或固定步进斜率插件，使最低频道的输出电平等于设计值。经过反复调试，直至导频信号和最低频道信号的输出电平均等于设计值，同时要使 AGC 工作点指示在控制的中心值位置。

上述的调试方式是在当地气温为年平均温度情况下进行的。如调试时当地气温偏高，则在上述调试方式的基础上，适当调低干线放大器的增益，使 AGC 指示值低于中心值，以保证气温下降后的 AGC 控制范围，防止干线放大器出现过载，引起信号失真；如调试时当地气温偏低，则应适当调高干线放大器的增益，使 AGC 指示值高于中心值，以防止气温回升后引起 AGC 失控，发生信号衰减现象。

对于双导频信号控制的干线放大器调试，由于高频导频信号作为 AGC 的控制信号，调试方法与单导频信号控制的干线放大器的调试方法相同，只是使用低频导频信号作为 ASC 的控制信号，而单导频干线放大器是调试最低传输频道的信号。

3. 干线传输系统的频响调试

在有些长距离的干线传输系统中，使用带有频率响应调节装置的干线放大器，当干线中各频道间信号电平差超过系统所规定的标准时，可通过干线放大器的频响调节装置进行调试。具体调试步骤如下：

（1）在干线放大器电平调试的基础上，由前端加入系统中所有频道的电视信号和导频信号，把它们的工作电平调整到设计值。

（2）将场强仪或电平表接到传输干线的末端，测量各频道信号电平，其电平差应在规定标准范围内，如超出标准值较多，可能是干线所用的射频同轴电缆质量不良引起的；如超出值较小，应逐个仔细地微调干线放大器中的频响调节装置，直至达到满意。

（3）频响调整后，应逐台检查干线放大器的输入、输出电平是否有变化，如有变化应按干线放大器电平调试所述的方法重新进行微调。

二、分配系统的调试

分配系统的调试与干线系统类似。可将分配系统分为有源部分和无源部分进行调试，有源部分的分配网络包括含有桥接放大器及各种分配、延长放大器构成的网络；无源部分的分配网络通常由分配-分支、分支-分支或串接单元分配方式构成。

有源分配网络的调试主要是以设计资料为依据，对各放大器的输入、输出电平进行调整。分配系统放大器级联数较少，一般不超过三级，且不带自动控制功能，因此调试起来较干线系统简单，可参照干线系统的调试方法进行调试。

在对无源分配网络的调试之前要认真检测分配器和分支器的各接口连接情况，防止存在断路、短路、错接和屏蔽接地等安装质量问题。对于分配器的空余端和分支器的主路输出端，必须终接75Ω匹配负载。检测的方法可在无源分配网络的输入端输入高、中、低频道的电视信号（可用电视信号发生器来产生），调整使其与设计的输入电平相等，然后选择具有代表性的系统用户输出端口，测其输出口电平。系统用户输出口选择的原则如下：

(1) 分配系统最远处的用户输出端口；
(2) 每个分配区域都有代表性的用户输出端口；
(3) 高层建筑最高层和最低层的用户输出端口；
(4) 对外界干扰较为严重的用户输出端口；
(5) 受电视台直射波影响严重的用户输出端口；
(6) 其他特定环境下的用户输出端口。

在测量用户输出端口电平的同时，要对各频道信号电平之间的电平差进行比较，各频道信号电平及它们之间的电平差均应符合现行的国家标准。如果检测中发现问题，应首先排除安装上的质量故障及器件、电缆的质量问题，其次是排除直射波和外界干扰的因素，最后要对原设计中可能存在的错误或误差进行修改。

在测试各个有代表性的系统输出端口电平的过程中，还应同时用标准的电视接收机收看图像，检查信号质量，进行主观评价。如果经调整后电平符合设计要求，但图像中有明显的干扰和雪花现象存在，则应认真进行分析，找出原因，予以解决。

第三节 常用的测量仪器

近年来，我国的电缆电视系统发展速度较快，所使用的测量仪器也在不断地更新换代，其特点是：技术先进、功能齐全、精度高、频率范围大、适用范围广、体积小巧、携带方便、操作简便等。

一、场强仪

场强仪是用来测量电视信号电场强度的仪器，是电缆电视系统工程中最基本、最常用的测量仪器。

（一）德国"佳力"系列场强仪

具有代表性的有APM320H、APM745SAT两种型号。

1. APM320H 小巧型电视/调频场强仪

这是德国佳力公司生产的APM系列中最小巧的场强仪，其特点为：设有AFC系统以利于选台；有场强音乐声提示，通过音调高低变化来对天线定位进行调整；测量带宽为300kHz，可对电视立体声伴音和彩色副载波进行选择测量；具有较强的抗干扰屏蔽装置。

主要性能指标为：

测量频率：46～860MHz；

分辨率：100kHz；

电平量程：20～110dBμV（设20dB、40dB衰减器）；
测量精度：±3～4dB；
频率显示：四位数字LCD；
输入阻抗：75Ω。

2. APM745SAT多制式高精度数字显示场强仪。

这种场强仪的功能可以满足对电视广播、调频广播、卫星电视、电缆电视及邻传输系统的高精度场强测量。整机设计采用微机控制系统，操作容易，具有自动换档衰减器，自动校准和自动关机，有数字及模拟同时显示场强的功能，可测量图像与伴音比（V/A），自动扫描搜索等功能，能预置包括频道、频率、电平、制式等99个程序，同时可存储或打印所测得的数据。采用绿色背光LCD方便晚间测试。能在荧光屏上对一个频段的任意频率甚至单个频率进行频谱分析。

主要性能指标为：
测量频率：46～860MHz、950～2050MHz；
电平量程：20～130dBμV；
测量精度：±1dB；
伴音载波：随所选制式在4.5～9MHz范围自动选择；
工作电源：95～250V、AC或内置的直流充电电池。

（二）国产场强仪

国产的场强仪由于性能价格比较高，得到大量的使用。如：德力牌系列场强仪有DS-204、DS97-2（带黑白监视器）、DS98-2（带彩色监视器）等；中孚9Z系列场强仪有9Z4、9Z7、9Z8等；彬田牌系列场强仪有VS2000、VS2100等；徐州电子仪器厂生产的PD5311A和PD5312型场强仪等。

DS-204型场强仪主要性能指标如下：
测量频率：46～860MHz；
电平量程：30～120dBμV；
测量精度：±1dB（+10～+40℃）；
　　　　　±2dB（-10～+50℃）；
频带宽度：250kHz（-3dB）；
　调谐：任意频率值输入内存，各国多制式频道表；
输入阻抗：75Ω；
工作电源：内置12V、DC、2.3AH可充电电池；220V/50Hz或110V/60Hz、AC。

DS-204型场强仪在技术上采取高精度频率锁相合成、自动数字频响和温度补偿措施，可实现20通道同时测量及频谱显示，还可对V/A、C/N等参数进行测量。

二、扫频仪

扫频仪在电缆电视系统中主要是对设备、器件的技术参数指标进行测量。扫频仪是由扫频信号发生器、射频检波器、示波器及电桥等一些附件组成，目前国内生产的扫频仪工作频率可达1～1000MHz。

（一）VHF频段扫频仪

国产的VHF频段扫频仪以BT-3系列具有代表性，BT-3B、BT-3C、BT-3G在设备、器件的测试中得到广泛使用。BT-3B 是在 BT-3 基础上改进的,其输出电平高达 500mV,步进衰减按 1dB 分档。BT-3G、BT-3C 采用全晶体管化设计,整个 VHF 频段(1～300MHz)连续可调,具有功耗低、体积小、重量轻、输出电压高、寄生调幅小、扫频非线性数小、衰减器精度高、频谱纯度好、不分波段扫频、显示灵敏度高等特点。BT-3C 型扫频仪主要技术指标见表 10-1。

(二) UHF 频段扫频仪

BT-3C、NW5312 型扫频仪主要技术指标　　　表 10-1

性能参数	BT-3C	NW5312
扫频频率(MHz)	1～300 连续可调	450～950
扫频频偏(MHz)	±0.5～±15	±20～±50
寄生调幅	≤7%	≤±1dB
扫频信号输出(mV)	≥500	≥500
输出衰减	10dB×7、1dB×10 步进 精度(细衰减)±0.5dB	10dB×6、1dB×10 步进 精度(细衰减)±0.5dB
探头输入电容	≤5p	
示波管屏有效面积	100×80 (mm²)	9in²
外形尺寸(mm)	240×310×400	440×480×242
重量 (kg)	13	20

国产的 UHF 频段扫频仪产品较多,如 NW5312、BT-24A 等型号。现将 NW53/2 型性能作一简介。该仪器扫频输出功率高,显示灵敏度高,在测试无源器件各端口之间,以及系统输出口间的隔离指标时,所看到的曲线幅度大,能保证一定的精确度,其主要技术指标见表 10-1。

(三) SWOB5 型全频道扫频仪

SWOB5 型扫频仪由德国 R/S 公司生产,其特点如下:

(1) 可实现 0.1～100MHz 的全扫频,用于调试全频道的设备、器件和测量全频道系统指标特别方便。

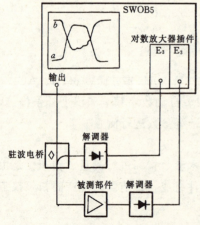

图 10-1 测量频道放大器接线图

(2) 具有双踪显示功能,可同时观察幅频特性曲线和反射损耗曲线。这一特点对电缆电视系统的产品调试十分方便,在调试过程中,使频响和反射损耗两个指标能互相兼顾,避免了单踪显示时顾此失彼的现象。

(3) 指标参数用数字显示,分辨率为 0.1dB。

(4) 扫频输出达 1V 以上,并可配对数放大器、有源解调器等插件,达到较宽的动态范围和显示数值。既可测量较大的隔离数值,又可在低扫频输出情况下测量反射损耗等指标,这一点对小信号输入的天线放大器特别重要。

(5) 采用大尺寸屏幕保证了显示精度。

SWOB5型扫频仪测量时常用附件有:驻波电桥、解调器、有源解调器和对数放大器等。

图10-1为采用SWOB5型扫频仪测量有源器件(如频道放大器)的幅频响应和反射损耗的接线示意图。图中曲线a为幅频响应,b为反射损耗特性曲线。SWOB5型扫频仪的主要技术指标见表10-2。

SWOB5型扫频仪主要技术指标　　　　　　　　　　　　　　表 10-2

扫频频率　(MHz)	0.1～100 可全扫及分 5～1000、0.3～50 窄扫
寄生调幅　(dB)	典型值±0.25
扫频信号输出　(mV)	700
输出衰减	10dB×6　1dB×10 步进　精度(细衰减)±0.2dB
解调器附件输入 $VSWR$	≤1.1
对数放大器附件显示分辨力(dB)	0.1(可数字显示)
有效显示面积(mm²)	210×160

三、信号发生器

(一) 标准信号发生器

标准信号发生器可发出点频信号和调频、调幅信号,要求频率稳定、频谱纯净、幅度大小可调。由于频谱不纯净的信号发生器在测量交、互调失真时,会产生许多不同频率的寄生信号,选频表将无法选出要测的失真信号,这样就很难判断出待测器件的真实性能技术参数,因此,使用前可先用频谱仪观测信号发生器的输出信号频谱是否纯净。另外,由于频率的稳定性对振荡回路的温度依赖很大,因此,信号发生器开机后应预热,待机器内部达到恒温,振荡回路的频率稳定性最高时再使用。

根据输出信号的频率范围划分,有 VHF 信号发生器(如 XFC-6、XB35 等型号)、UHF 信号发生器(如 XFC-1 等型号)和全频道信号发生器(如 SMG、F1900 等型号)。表10-3 为 SMG 型信号发生器的主要技术指标。

(二) 彩色/黑白电视信号发生器

目前,常用的彩色/黑白电视信号发生器有 PD5380A、XT14 等型号,电视信号发生器能够产生多种彩色和黑白信号,其中彩条、全黑、全白信号为基本的必备信号。

SMG 信号发生器主要技术指标　　　　　　　　　　　　　　表 10-3

频率范围	100kHz～1000MHz
输出电平	0.03μV～1V 可调
输出频率稳定度	$0.5×10^{-9}$
寄生输出抑制	<－70dB
调制类型	AM、FM 和脉冲调制

四、频谱分析仪

频谱分析仪是用以观测电缆电视系统信号频谱特性的仪器,可测量信号大小、信号频谱分布。频谱分析仪与信号发生器及附件结合,可测试非线性失真等技术参数。PD1262 型的工作频率为 1～1000MHz;PD3620 型的工作频率达到 10～2000MHz。目前的测量仪器均趋向多功能化，如APM745SAT及APM760SAT型场强仪均带频谱分析显示功能，该功能使用起来方便、直观。使用频谱分析仪及附件可进行载噪比、信号特性及载波互调比的测量。

五、其他测量仪器及附件

（一）高频示波器

主要是广泛用来观测信号的波形。进行交扰调制及交流声调制的测量时，可与扫频仪、检波器等附件组合起来直接观测频率特性。

（二）解调器

解调器是对已调制的射频信号（如电视和调频声音信号等）进行解调，以便测量解调后的视频、音频信号的失真情况。对解调器的基本要求是线性好、失真小。

（三）测量使用的放大器

对于有些仪器如扫频仪、检波器、频率计等都需要一定的输入电平，在被测信号低于这些仪器的灵敏度时，就必须串入放大器，对被测信号进行放大。测量使用的放大器指标要求相对较高，其带内平坦度在±0.25dB以内，噪声系数低于6dB，增益在20～30dB范围，电压驻波比（$VSWR$）小于1.2。

（四）标准可变衰减器

标准可变衰减器在电缆电视系统测量中起着调节电平、阻抗匹配和提高测量精度的作用。当测量仪器内的衰减器精度不够时，必须使用标准可变衰减器。标准可变衰减器多为步进式，可按0.1dB、1dB、10dB分档，现在还有性能更好、使用更方便的无级连续可调数字显示的衰减器。实际测量时，可根据所需精度进行选择。

（五）滤波器

根据实际测量的需要，在被测量线路中插入滤波器，以滤除无关的信号成分（如采用同轴电缆供电方式的交流电源成分等）。滤波器的通带要满足被测信号的需要，其关键的指标是带外衰减要足够大。

（六）用于阻抗变换的高频接插件

有不少高频测试仪器的输入、输出阻抗为50Ω，在电缆电视系统的测量中要转换为75Ω的特性阻抗，实现系统的匹配连接。阻抗变换的高频接插件因接口的不同而不同，如L16、Q9、LF10等系列，应根据实际需要进行选择使用。

（七）驻波比电桥

驻波比电桥通常作为扫频仪的附件，用以测量系统中所使用的设备、器件的电压驻波比（或反射损耗），电桥的阻抗为75Ω。

第四节　系统指标和参数的测量方法

一、电场强度的测量

电缆电视系统电场强度的测量是设计系统之前必须要做的准备工作，其测量值作为设计系统的重要依据。

测量场强的位置应选择天线安装的位置，要多选择几个点，找出反射波小、干扰波少的位置。对于新建的建筑物，若不具备在楼顶进行测量的条件，可在附近选择条件、环境相似的位置进行测量。

使用场强仪测量场强时应注意以下几个问题：

(1) 场强仪的输入阻抗要匹配，一般的场强仪输入端阻抗为75Ω，并备有阻抗、平衡变换匹配器。在使用半波对称振子天线或半波折合振子天线进行测量时，前者在馈电点要接入75Ω平衡/不平衡匹配器；后者在馈电点要接入300Ω平衡/75Ω不平衡匹配器。

(2) 测量电缆不宜太长，否则要测量其电缆的损耗，以便对场强值进行修正。临时测量所使用的电缆屏蔽性能要好、连接要牢固可靠，否则外部空间的各种电磁波会由电缆直接串入，造成场强仪的读数不准确。

(3) 选择场强仪测量时应注意场强仪的带宽至少要有120kHz，并且有较高的选择性，使其他不需要测量的信号频率成分不致影响测量的精度；测量电平的精度要优于±2dB。

在电缆电视系统的设计工作中并不直接需要具体的场强值，通常都是用所测得的场强值来计算天线输出的电平值，要特别说明的是天线输出电平系指天线经馈电点阻抗、平衡变换匹配器后输出口为75Ω不平衡输出时所测量出的信号电平值。

二、噪声系数的测量

对于噪声系数的测量通常都是基于使用恒定功率密度的白噪声源，具体的测量方法有多种，在此仅介绍3dB衰减法。

测量方框图如图10-2所示，虚线表示的放大器视测量需要而定，场强仪也可以用射频表、高频功率表、选频表或其他高频表代替。

图10-2 噪声系数测量的设备连接

先将被测部件输入端接上屏蔽良好的终接负载（噪声信号发生器断开），调节可变衰减器A使场强仪上有读数。然后将可变衰减器A增加3dB，去掉被测部件输入端的终接负载，接入噪声信号发生器，调整其输出，使场强仪恢复到原来的读数，此时噪声发生器上指示的噪声系数值即为被测部件的噪声系数。

三、载噪比的测量

载噪比的定义为信号载波电压有效值与噪波电压有效值之比，用分贝表示。

(一) 测量设备与电缆电视系统的连接

见图10-3。射频信号源及屏蔽的终端电阻置于前端，其余测试仪器置于被测系统的输出口附近。

(二) 测量准备

(1) 测量设备要有良好的匹配，测量系统的灵敏度应为已知的。

如果选频电压表的灵敏度不足以测噪波，应增加一个阻抗匹配的、频响平坦的放大器，此时测量系统应符合本测量准备（5）条的要求。

如果选频电压表的选择性不够，须降低无用（互调）电平对测量的影响，应插入一个频响平坦的、回波损耗大于20dB的滤波器。此时整个测量系统的影响应符合本测量准备（5）条的要求。

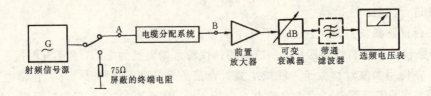

图 10-3 载噪比测量的设备连接
A—前端被测频道信号输入口；B—被测系统输出口

(2) 如果被测系统中有自动增益控制（AGC），测试要在输入信号的最大电平和最小电平处进行。

(3) 如果被测系统中有自动电平控制（ALC），测试中应保持导频信号的正确类型、频率和电平。

(4) 为了满足测试系统准确工作的要求，应按下列内容对选频电压表进行检查：

如果使用平均值测量，而用有效值校准，应取电平修正系数 C_m 为 1dB。

如果使用峰值读数的选频电压表，应使用一个适合该仪器的修正系数 C_m。

带宽修正系数（C_b）可使用选频电压表的噪波带宽（B_m）和相应制式的噪波带宽（B_{TV}）的分贝差来估算：

$$C_b = 10\lg \frac{B_{TV}}{B_m} \tag{10-1}$$

式中，$B_{TV}=5.75\text{MHz}$。

(5) 其他检查 测量系统的输入端接入标准负载，在被测频段调谐选频电压表，检查选频电压表读数，其值与被测系统实际噪波相比，应可以忽略。

在有自动电平控制（ALC）、导频信号或其他信号时，应注意测量系统的互调产物和过载对载噪比测量的影响，如有影响，应接入带通滤波器。

（三）测量方法

(1) 置射频信号源于被测频道图像载波频率，调整其输出，使在整个测量中系统输出口获得规定的工作电平。

(2) 调谐选频电压表到任一测试信号频率。调可变衰减器，使选频电压表有一便于读取的数值 R，此时需要的衰减值记为 a_1。该衰减值 a_1 应比被测载噪比（估计值）大一些。

(3) 去掉信号源，用屏蔽的终端电阻代替。减小衰减器的衰减量，以重新获得原读数 R，此时的衰减值记为 a_2。

如果采用信号控制方式 AGC，则不能断掉信号源，应在频道内重新调谐选频电压表，使其读数仅反映随机噪波。

(4) 载噪比（C/N）用分贝表示为：

$$C/N = a_1 - a_2 - C_m - C_b \tag{10-2}$$

四、交扰调制比的测量

系统交扰调制比系指在被测频道需要调制的包络峰-峰值与在被测载波上的转移调制包络峰-峰值之比，用分贝表示。

（一）测量设备的连接

见图 10-4。

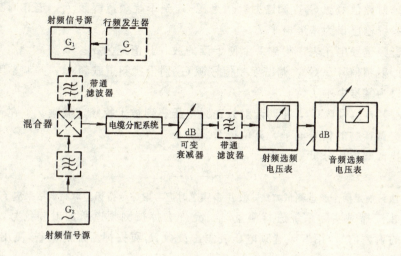

图 10-4 交扰调制比测量的设备连接

(二) 测量准备

(1) 所用射频仪表应有解调输出,具有线性解调及足够的带宽(应通过音频边带而不衰减)。

(2) 所用的测试信号为对称调制(不包括脉冲调制),调制频率应接近电视行频,使系统输出口的调制包络峰处电平等于基准电平 L。该基准电平应是规定的系统输出口正常工作电平。

(3) 测试应在系统实际工作频道上进行。

(4) 如果使用小于 100% 的调制深度,则应加上修正值 C_{cm},见表 10-4。

调制度的修正值 C_{cm} 表 10-4

调制度(交流耦合)%	修正值 C_{cm} (dB)	调制度(交流耦合)%	修正值 C_{cm} (dB)
100	0	60	1.9
90	0.4	50	2.5
80	0.9	40	3.1
70	1.4	30	3.7

(5) 测量应在基准电平 L 处进行,并在 ±2dB 处进行检查,以便了解测量系统和信号电平的关系。

(6) 测试中要保证调制和解调的线性。

(7) 如果被测系统中有自动增益控制(AGC),测试要在输入信号的最大电平和最小电平处进行。

(8) 如果被测系统中有自动电平控制(ALC),测试中应保持导频信号的正确类型、频率和电平。

(三) 测量方法

(1) 去掉射频信号源 G_2，调谐射频信号源 G_1 到干扰频道载频 f_1，定好调制深度，并调整输出使系统输出口为基准电平 L。

(2) 调音频选频电压表，得到一个便于读的数，其值记为 a_1。

(3) 去掉射频信号源 G_1，调谐射频信号源 G_2 到干扰频道载频 f_2，并调整无调制输出使系统输出口为基准电平 L。

(4) 接入射频信号源 G_1，并调谐射频选频电压表到被干扰频道载频 f_2，在音频选频电压表上得到交调产物的信号电平，其值记为 a_2。

(5) 交扰调制比用分贝表示为：

$$CM = a_1 - a_2 + C_{cm} \tag{10-3}$$

注：本方法只规定两个频道测试方法，使用多频道时应考虑综合指标。对测试结果应予修正。

在不终止广播对实际系统进行测量时，允许去掉被测频道所加射频信号，加调制度 80%~90% 的射频信号，用音频选频电压表测出读数 R，再去掉所加的调制，测出交调产物，取其摆动的最大值。

五、设备与部件通用测量方法

(一) 损耗、频响、增益和隔离的测量

1. 测量方框图

如图 10-5 所示。

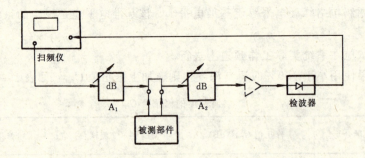

图 10-5 损耗、频响、增益和隔离测量的设备连接

图中虚线表示的放大器视测量需要而定，但需检查其在测试电平下失真和频响，其值与被测部件实际性能值相比应可忽略。

2. 无源部件的测量

(1) 确定基准曲线　先不接被测部件，直接连通测量系统，预置可变衰减器 A_2 一个合适的数值。调整扫频仪及可变衰减器 A_1，使 A_1 的输出信号电平足够大，以使显示器显示出一定幅度的清晰曲线。记下显示器上测量范围内曲线的幅度，其值为 D，此曲线作为基准曲线。

(2) 损耗和隔离度

1) 插入损耗、分配损耗　接上被测部件相应端口，减小可变衰减器 A_2 的衰减量，使规定频段内频响曲线的最低处（频道型部件为基准频率处）与基准曲线相重合，则可变衰减器 A_2 的读数变化量即为所测损耗值。

2) 相互隔离、反向隔离　接上被测部件相应端口，减小可变衰减器 A_2 的衰减量，使规定频段内频响曲线的最高处与基准曲线相重合，则可变衰减器 A_2 的读数变化量即为所测隔离值。

3) 分支损耗及偏差　接上被测部件相应端口，减小可变衰减器 A_2 的衰减量，使规定频段内频响曲线中的某频率处与基准曲线相重合，则可变衰减器读数的变化量即为该频率处的分支损耗。

分别测出规定频段内最大与最小分支损耗，其与标称分支损耗之差即为偏差。

(3) 带内平坦度　接上被测部件，减小可变衰减器 A_2 的衰减量，使频响曲线中基准频率处与基准曲线相重合。记下 A_2 的读数 a，再使规定工作频带内频响曲线中的最高点和最低点与 D 相重合。则可变衰减器 A_2 读数对 a 相应的变化量即为带内平坦度的正负值。

(4) 带外衰减　在确定好基准曲线的基础上，减小可变衰减器 A_2 的衰减量，使规定频率点外扫频曲线中最高点与 D 相重合则衰减器 A_2 读数的变化量即为带外衰减值。

3. 有源部件的测量

(1) 确定基准曲线　先不接被测部件，直接连通测量系统，预置可变衰减器 A_1 一个合适的数值。调整扫频仪，使 A_1 的输出电平达到被测部件正常输出电平。调整 A_2 使显示器显示出一定幅度的清晰曲线，记下显示器上测量范围内曲线的幅度，其值为 D，此曲线即为基准曲线。

(2) 增益　接上被测部件，增加可变衰减器 A_1 的衰减量，使频响曲线在基准频率处的幅度恢复到 D 值。则衰减器 A_1 的读数变化量即为增益值。

(3) 带内平坦度　接上被测部件，减小可变衰减器 A_2 的衰减量，使频响曲线中基准频率处与基准曲线相重合。记下 A_2 的读数 a，再使规定工作频带内频响曲线中最高点和最低点与 D 相重合。则可变衰减器 A_2 读数对 a 相应的变化量即为带内平坦度的正负值。

(4) 带外衰减　接上被测部件，减小可变衰减器 A_2 的衰减量，使频响曲线中基准频率处与基准曲线相重合，减少可变衰减器 A_2 的衰减量，使规定频率点外扫频曲线中最高点与 D 相重合，则衰减器 A_2 读数的变化量即为带外衰减值。

(5) 有自动增益控制部件的测量　应将自动增益改为手动控制，使其输出为标称输出。并分别在标称最大增益和最小增益处进行上述测量，取最差值。

(6) 有斜率补偿放大器的测量　应串接电缆或模拟电路后进行上述的测量。

(二) 载波二次互调比

1. 测量方框图

如图 10-6 所示。

2. 测量方法

(1) 调整两台信号发生器的频率，使 f_1 为最低频道的图像载频，f_2 为最高频道图像载频减去最低频道图像载频的差值。

(2) 置可变衰减器 A_1 为 5～10dB，可变衰减器 A_2 的衰减量略大于二次互调比的标称值。调整信号发生器 G_1、G_2 的输出，使 f_1、f_2 在被测量部件输出端分别达到被测部件的标称最大输出电平。它等于选频电压表的读数 a 加上 A_2 的衰减量。

(3) 用选频电压表测量最高频道图像载频（即 f_1+f_2）处的电平，将可变衰减器 A_2 衰减量减少，使表上的读数仍为 a 值，则可变衰减器 A_2 的读数变化量即为载波二次互调比。

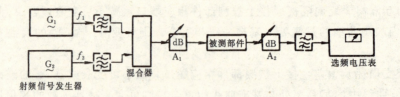

注：滤线框内带通滤波器视测量需要而定。

图 10-6　载波二次互调比测量的设备连接

（4）必要时，可使用带通滤波器以免选频电压表过载。此时，滤波器插入损耗应计算在内。

注：在进行（2）和（3）条测量时，如用频谱分析仪代替选频电压表，则应使用超高频毫伏表读取最大电平值。

（三）反射损耗

1. 测量方框图

如图 10-7 所示。

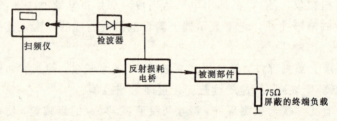

图 10-7　反射损耗测量的设备连接

2. 测量方法

（1）先不接被测部件，直接连通测量系统。调整扫频仪的频率范围使符合测量的要求。

（2）将反射损耗电桥测试端开路，调整扫频仪输出电平，使其达到被测端口的最高工作电平（无源部件尽可能高）。

（3）调整显示器使曲线在满刻度附近，将扫频信号衰减 20dB，应使曲线在底刻度线附近。

（4）将扫频信号恢复到原电平，并将反射损耗电桥测试端接到被测部件的被测端。

（5）曲线下降分贝数即为被测端口的反射损耗。

电缆电视系统在验收或检修时，要对国家标准规定的系统指标进行测试。同时，国家标准也对这些参数的测试方法作了规定，如《30MHz～1GHz 声音和电视信号的电缆分配系统》、《30MHz～1GHz 声音和电机信号的电缆分配系统设备与部件：测量方法》和《有线电视广播系统技术规范》等都推荐了参数测试方法，但在有些场合下并不一定能实用，用一些变通的方法进行测量，可能会更实用和方便些。在使用一些变通的方法进行测量时要注意二点：其一是所采用的测量原理的正确性；其二是测量时所选择的仪器精度要高。

第十一章 电缆电视系统的其他技术

电缆电视系统在世界范围得到迅速发展的主要原因是由于它具有重大的社会效益和经济效益。通过开发使它具有各种用途，为家庭娱乐、服务提供全方位的帮助，如丰富多彩的电视节目、安全及自动防灾报警、天气预报、电子购物、电子邮政、电子银行、交通信息查询等；通过开发多媒体的信息传输技术，为成千上万的企业、事业单位提供诸如计算机检索的经济信息，如股票、外汇等市场行情及交换行政管理和商业事物信函，从而实现办公自动化，为城市的交通管理、医疗、科研、教学、工农业生产等各行各业提供多功能、多媒体综合信息网，这巨大的信息网络构成了"信息高速公路"。电缆电视系统汇集了原先并不是为电缆电视系统专门设立的当代电子技术领域的许多重大成果，如广播、电视、微波、通讯、自控、遥控、计算机等多方面的技术，并为这些技术提供了广阔的用武之地。正是由于这些技术的应用，推动了电缆电视系统向高技术方向发展。

第一节 有线电视系统

有线电视广播系统之所以属于电缆电视系统，是因为有线电视广播系统从电视信号的输入端到系统的用户终端都是以电缆或光缆为信号传输介质。它较之无线电视广播具有容量大、节目套数多、图像质量高、不受无线电视频道拥挤和干扰的限制，又有开展多功能服务的优势。

在有线电视广播系统中启用了开路的无线电视广播传输系统中留给其他领域的频道

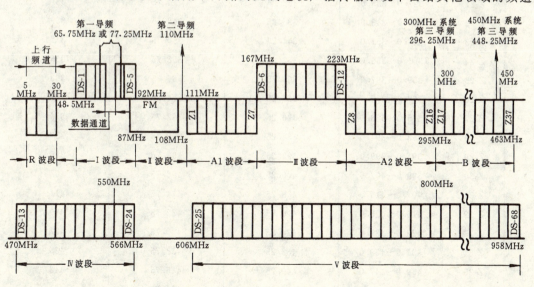

图 11-1 电视频道的频谱分布图

——即增补频道，共有 37 个，分配在有线电视频率配置中的有 A_1、A_2 和 B 波，如图 11-1 所示，其增补频段划分表见表 11-1。

电视增补频道频率配置　　　　　表 11-1

频道	频道代号	频率范围（MHz）	图象载波频率（MHz）	伴音载波频率（MHz）	中心频率（MHz）
A_1	Z-1	111.0～119.0	112.25	118.75	115
	Z-2	119.0～127.0	120.25	126.75	123
	Z-3	127.0～135.0	128.25	134.75	131
	Z-4	135.0～143.0	136.25	142.75	139
	Z-5	143.0～151.0	144.25	150.75	147
	Z-6	151.0～159.0	152.25	158.75	155
	Z-7	159.0～167.0	160.25	166.75	164
A_2	Z-8	223.0～231.0	224.25	230.75	227
	Z-9	231.0～239.0	232.25	238.75	235
	Z-10	239.0～247.0	240.25	246.75	243
	Z-11	247.0～225.0	248.25	254.75	251
	Z-12	255.0～263.0	256.25	262.75	295
	Z-13	263.0～271.0	264.25	270.75	267
	Z-14	271.0～279.0	272.25	278.75	275
	Z-15	279.0～287.0	280.25	286.75	283
	Z-16	287.0～295.0	288.25	294.75	291
B	Z-17	295.0～303.0	296.25	302.75	299
	Z-18	303.0～311.0	304.25	310.75	307
	Z-19	311.0～319.0	312.25	318.75	315
	Z-20	319.0～327.0	320.25	326.75	323
	Z-21	327.0～335.0	328.25	334.75	331
	Z-22	335.0～343.0	336.25	342.75	339
	Z-23	343.0～351.0	344.25	350.75	347
	Z-24	351.0～359.0	352.25	358.75	355
	Z-25	359.0～367.0	360.25	366.75	363
	Z-26	367.0～375.0	368.25	374.75	371
	Z-27	375.0～383.0	376.25	382.75	379
	Z-28	383.0～391.0	384.25	390.75	387
	Z-29	391.0～399.0	392.25	398.75	395
	Z-30	399.0～407.0	400.25	406.75	403
	Z-31	407.0～415.0	408.25	414.75	411
	Z-32	415.0～423.0	416.25	422.75	419
	Z-33	423.0～431.0	424.25	430.75	427
	Z-34	431.0～439.0	432.25	438.75	435
	Z-35	439.0～447.0	440.25	446.75	443
	Z-36	447.0～455.0	448.25	454.75	451
	Z-37	455.0～463.0	456.25	462.75	459

在调频广播信道之后从 111MHz 至 167MHz 间增补了 7 个频道，在 VHF 的 II 波段之后 223MHz 至 470MHz 间增补了 30 个频道。

另外，在有线电视网里可以采用邻频传输技术，这是因为有线电视的前端设备对邻频信号采取了特殊处理方式，使有线电视的频道大大增加。现在一些发达国家播放的有线电视节目已多达 50～60 套以上，我国初期发展的有线电视网，其节目也都在 10 套以上。有线电视台的自办节目可以有很强的地区特色，专门讲述老百姓自己的故事，是贴近群众的更有效方式；有线电视也必须完整地转播中央电视台、本省、本地区的无线电视节目，因此，它能产生很好的社会效益；而有线电视的节目源丰富，网络本身功能的增加，通过加、解扰技术实行看电视收费也会带来更好的经济效益。有线电视的多通道还能比较好地解决无线电视难以解决的模拟、数字以及高清晰度电视并存问题。

由于有线电视节目的内容，既包括当地能接收到的无线电视台的自办节目，又包括所有可能收到的卫星播出的电视节目，以及有线电视台的自办节目，因此，用户一旦接入有线电视网，就不再直接收看无线电视台的节目了。无线电视台和卫星电视广播将逐渐成为向有线电视网提供节目的手段，而把电视广播覆盖的任务逐渐让给有线电视广播了。有线电视广播很可能在 21 世纪成为地面广播的主要形式，而无线电视广播的重要性将降到第二位。

一、单向有线电视系统

（一）类型

1. 教学闭路电视系统

高等院校、重点专科学校、大型企业办的职工业余教育中心，以及一部分中等专业学校和重点中学都建有教学闭路电视系统。该系统是在授课地点（一般在专用的演播室）安装几部摄像机，把教师授课时的形、声、光等信号收入镜头及话筒，然后把摄像机输出的视频和音频信号经主控室进行编导等各种技术处理后，再调制成射频信号，也可直接用视频和音频信号（一般输送距离不宜超过 500m）经同轴电缆输送到各个视听地点（各种视听自学室、视听教室、学术报告厅和学习实验室等）的监视器或电视机，供学生收看。

教学闭路电视系统播放自办的节目内容，一般包括：自制教学节目及录像、幻灯播送、电影电视、电视显微镜摄像、反射式放映以及卫星教育电视节目等。

2. 医疗闭路电视系统

医疗手术闭路电视系统可用于让多数人同时对手术过程或其他医疗现场进行远距离监视。这种系统一般采用直播式无影灯彩色电视摄像机从手术部位的上方拍摄，需要时可在手术室内适当部位再装置另外的摄像机，通过遥控摄像机对手术室全景进行监视，手术室与手术指挥室及视听教室之间设有对讲装置，医生可通过对讲装置交谈，也可在手术过程中对实习学生进行讲解。

X 射线电视可用作对病人的诊断检查，并保护医生不受 X 射线的照射，而 X 射线计算机断层扫描技术则将 X 射线电视与计算机技术结合起来，能更加细微地检查出全身各个器官和组织可能发生的病变情况。显微电视可用于对病人进行诸如断手再植、眼科及脑外科等手术治疗。内窥镜电视可通过内窥镜的玻璃纤维深入病人体内在直视下检查和处置一些在 X 射线透视下不容易检查出的病变，甚至可取代部分较大的手术，减轻患者的痛苦。

3. 单向传输技术的其他几种应用

(1) 工业电视系统　工业电视用于各种工业生产、试验、研究的现场监视，如核电站、水下监测等危险性较大的场合。

(2) 通信电视　通信电视可用于图像信息和数据资料的传递。

(3) 交通管理电视　交通管理电视可用于城市交通要道的行人、车辆等现场的远距离监视和实时指挥。

(4) 农业电视　目前的农业电视主要用于大规模饲养场、森林防火和农业科学研究等方面。

(5) 保安电视监视系统　通过保安闭路电视系统能够监视旅馆、商场、银行等场所的重点部位和目标，并可对现场一个至多个不同电视画面和声音进行自动循环录像，一旦需要可随时调出24h内的任一录像资料以便查证。

(二) 单向有线电视系统的组成

单向有线电视一般是由前端、传输和用户分配三个部分组成，如图11-2所示。图中前端部分的控制与转换系统起着将电缆电视系统与外界的其他系统（包括电子计算机中心、数据资料库、电影-电视转换装置、录放像机和外界电化教育网络等）进行联系的通道作用。多

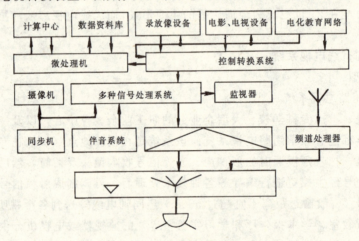

图11-2　单向传输电缆电视系统的构成

种信号处理系统（包括图像混合、切换、特技等功能单元）的作用是将同步信号、图像信号、伴音信号及其他有关信号处理后，经调制器和频道处理器送入混合器，其输出为一个宽带复合信号，再送入电缆电视系统的干线传输网。由此可见，电缆电视系统一旦使用，不仅可以自行播放节目，还可以与外界网络相通。

传输部分是一个干线网，它的手段可以是同轴电缆、光缆、多路微波分配系统（MMDS）和调频微波中继（AML）等。用户分配网则由分支线和用户线组成，分支线上串接了一连串分支器，由它们的分支端引出用户线供用户使用。单向传输电缆电视的工作原理以前各章已有叙述，因此不再赘述。

二、双向传输技术

(一) 双向有线电视系统的应用

双向传输的有线电视系统是在同轴电缆构成的单向传输网基础上发展起来的。双向传输可以满足用户提出的双向通讯服务的要求。具有灵活多样、功能齐全的优点。用户可以

通过开关部件选择由控制中心发来的业务，也可以把用户自己连接到网络上，把信息传送到前端或传给其他用户，通常把从前端传向用户的信号叫下行，用户端传向前端的信号叫上行。双向有线电视系统中的传输部分同单向传输的电缆电视一样，可以用同轴电缆，也可以用光缆或其它传输方式。

双向有线电视系统除具有单向有线电视系统的所有功能外，还可实现如下功能：

1. 干线放大器工作状态的自动监控

自动监控是保证电缆电视信号在干线传输部分能正常通过的一种保护手段。通常可以监测正反向射频载波电平、自动增益控制、自动斜率控制、越限导频丢失、电源、温度和反向放大器的通断开关等。可以控制反向馈电开关、反向放大器通、断和各路电源的切换等。

在干线中装有干线检测单元，负责把检测到的上述信号转换成数字信号，并调制到上行的某一选定频率上，与从干线分支线中回传的其他上行信号混合，经反向放大器送回前端，由前端的干线检测处理器解调出表征各放大器工作状态的数据信号，送给计算机处理并显示。假如发现某级干线放大器工作不正常，计算机就会通过前端发出相应的地址码和控制信号，经下行通道寻找到该级放大器，使其产生规定的操作，如倒换备份的干线放大器等。

2. 用户的交互电视服务

这种服务系统框图如图11-3所示，它包括真正的能对录像机控制的"影视点播"、师生可对话的教育电视及交互电视游戏等。它能使有线电视台知道用户的需要，并送出用户所需的信号，用户应预先或在得到服务之后交纳一定的服务费，因此，又叫按次付费和按需要送信号的服务。

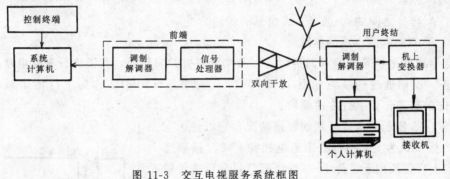

图 11-3 交互电视服务系统框图

3. 防火、防盗保安监测报警系统

本系统类似用户交互电视服务系统，所不同的是在用户终端用按钮开关、传感器和一个转换器代替个人计算机。

正向传送电视信号及前端计算机对各用户的查询信号。反向为用户地址码及转换的状态信号经调制器调制后送回前端计算机以显示用户的报警类型。

4. 煤气、水、电等自动查表业务

只要把防火、防盗保安监测报警系统中的按钮开关和传感器换成煤气、水、电度表等传感器就可以了。前端计算机对送回的用户煤气、水、电度表等的度数进行统计，打成报表，以便收费。

5. 电话通信业务

在具备双向传输信号能力的电缆电视系统中可实现可视电话的传送。在树枝型同轴（光纤FIF）中以射频频谱传输的电话，除了也要和市话交换网连通外，不对网络增加任何要求。频谱低频的一部分供上行电话用，而在电视频段中的另一部分供下行电话用。在前端和分配中枢间需要专用链路，这是因为不同的节点之间不能分享同一频谱。用户处需要安装一个调制解调器。

6. 交互式信息网

这是为企事业单位提供数据信息服务的点-点交换方式业务网，系统框图如图11-4所示。

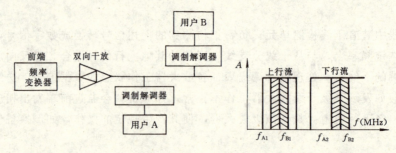

图11-4 交互式信息网框图

图11-4中用户A可以向用户B传送信息，用户B也可以向用户A传送信息。用户A输出的信息经调制器调到f_{A1}上传到前端，经频率变换器变频至f_{A2}从前端再下传向用户B，由其解调器解出信息在B计算机上显示。同时，用户B输出的数据流经本身调制器调到f_{B1}，上传至前端，经频率变换器变频到f_{B2}，从前端再下传给用户A解调显示，这一过程完成了A与B之间的点-点交互式信息的传递。

（二）双向有线电视的组成

通常电缆电视系统的双向传输是以频率分割方式实现的，我国现行有线电视频率配置留给正、反向通道的带宽如图11-5所示，一般将5～30MHz作为上行传输频段，大于48MHz的频率作为下行传输频段。

图11-5所示的是低分割的频谱情况，它以传送电视和广播节目为主，不打乱原来电视和FM广播频道配置，上行频段用于回传1～2套电视节目和低速传输的数据。如果需要一个兼通信与电视业务一体化的系统，由于要传送的信息很多，则可选择中、高频分割形式，其分割点没有固定的频率值，各设备生产厂家的产品也不一样，大体上为低分割系统割点为30～40MHz；中分割系统割点为90～110MHz；高分割系统割点为180～220MHz。

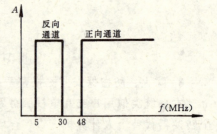

图11-5 频率分割双向传输频谱

图11-6示出了双向有线电视系统的组成框图。双向有线电视网的前端，如果只是用于回传电视和声音信号要加有频道处理器；如果是用于监测状态和其他数据信号，则还应加上具有运算、处理、显示信息能力的计算机等设备。

在干线中一定要使用双向滤波器和双向放大器,用来对单线同轴电缆中的双向信号进行传送和放大。

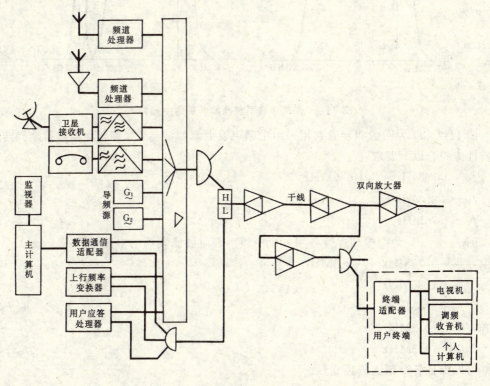

图 11-6　双向传输电缆电视系统的构成

在用户终端要配备能拾取、发出指令和信息的设备,如个人计算机、电话、摄像机、传感器和调制解调器等。

第二节　邻频传输技术

开路的无线电视广播采用隔频传输方式,原因是这种传输方式对边带及带外信号的抑制要求不很高,如果用这样的信号进行邻频广播就会串入用户电视机,在电视机产生来自下邻频道的伴音($f_V-1.5MHz$)及上邻频道的图像(f_V+8MHz)的两处干扰,因此直接用开路电视广播信号在电缆电视中进行邻频传输是不可能的,这在很大程度上对频率资源是一个浪费。

一、邻频传输的技术要求

实现邻频传输要采用必要的措施,一是抑制带外成分,以消除邻频道干扰;二是伴音副载波电平要可调,即图像伴音功率比可调,以免伴音载波干扰相邻频道的图像。

电缆电视的邻频传输主要是靠前端的频道处理器和调制器对信号进行必要的处理来保证的,处理后的信号应达到以下指标要求。

1. 频道的频率特性

如图 11-7 所示。

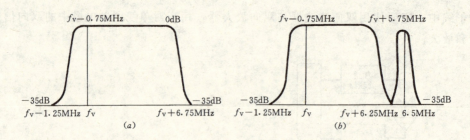

图 11-7 采用声表面波滤波器后的中频特性

图 11-7（a）为图像和伴音共用一个中频声表面波滤波器，邻频传输前端每个频道的频率特性应符合以下要求：

$f_v-0.75\text{MHz}\sim f_v+6.5\text{MHz}$	$\pm 1.5\text{dB}$
$f_v-1.25\text{MHz}$	$\leqslant -35\text{dB}$
$f_v-6.75\text{MHz}$	$\leqslant -35\text{dB}$

图 11-7（b）为图像和伴音各用一个中频声表面波滤波器的中频特征：

图像：$f_v-0.75\text{MHz}\sim f_v+6\text{MHz}$	$\pm 1.5\text{dB}$
$f_v-1.25\text{MHz}$	$\leqslant -35\text{dB}$
$f_v+6.5\text{MHz}$	$\leqslant -35\text{dB}$
伴音：$6.5\pm 0.2\text{MHz}$	-3dB
$6.5\pm 0.5\text{MHz}$	$\leqslant -35\text{dB}$

这样可以保证各个频道的独立性。

2. 邻频抑制

它是某频道图像载波电平与该频道中心频率 $f_0\pm 4.25\text{MHz}$ 处无用信号电平之差，要求 $\geqslant 60\text{dB}$，目的是防止上下邻频载波的干扰及镜像频率干扰。

3. 带外寄生输出抑制

它是某频道图像载波电平与该频道中心频率 $f_0\pm 4\text{MHz}$ 以外寄生输出信号电平之差。在调制器与频道处理器进行中频处理后，要求 $\geqslant 60\text{dB}$，目的是防止本频道寄生产物对其他频道产生干扰。

4. 相邻频道电平差

对前端要求 $\leqslant 2\text{dB}$；

对用户端要求 $\leqslant 3\text{dB}$。

若用户端相邻频道电平差 $>3\text{dB}$，则会出现高电平频道干扰低电平频道，且表现为交扰调制干扰。

5. 任意频道间电平差

由于频率相差 9 个频道，即 72MHz，正好在镜像频率范围内，对镜像频率中频通道没有抑制作用，而只能靠接收机的输入回路进行抑制；对相隔 4 个频道，经接收机差拍为 32MHz，也会在中频范围内产生干扰，电平相差越多，干扰越大，基于以上原因规定了任意频道间的电平差要 $\leqslant 10\text{dB}$。

6. 为了减少本频道的伴音对上侧频道图像的干扰，规定图像和伴音的功率输出比（A/V）应严格保持在 -17dB 以上，并且要求可以对其进行调整，范围为 $-14\sim -23\text{dB}$ 可调，目的是使该频道伴音信号不对邻频道图像信号产生干扰。

用户的彩色电视机线性若不好或信号太强都会产生非线性,其结果是上邻频道的图像和伴音会干扰下邻频道的信号,而且以上邻频道的伴音干扰下邻频道的图像为最明显。另外,信号太强也会进入彩色电视机高放的非线性区域,产生同样不好的效果,基于这个原因,用户端电平以≤70dB为宜。

二、邻频传输中采用的信号处理方式

邻频传输可采用中频处理方式,如图 11-8 所示。这种方式是把收到的任意 VHF 或 UHF 频段的开路电视信号变成 38MHz 的中频电视信号,然后将图像与声音信号分离开来,调整图像信号电平的大小就可改变 A/V 比,利用带宽为 8MHz 的声表面波滤波器可以大大

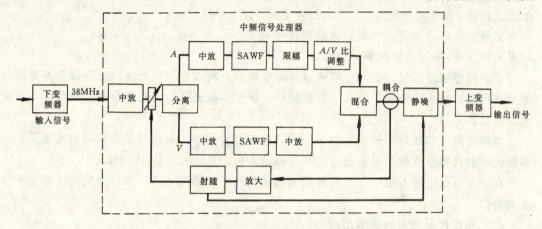

图 11-8 中频方式邻频传输处理器

提高边带及带外信号抑制的能力,达到邻频传输的技术要求,使其带外成分抑制在 -60dB 以下。由于声表面波滤波器的插入损耗很大,约几十分贝,因此,在滤波前和滤波后都应加中频放大器。再将经过处理的 38MHz 中频信号通上变频器转变成为 VHF 频段、UHF 频段或增补频段的某一频道信号。对进入电缆电视系统的所有射频信号都进行这样的处理后,经混合器送入电缆电视干线分配系统即完成了邻频道传输的信号处理过程。

如果是自办节目或接收卫星电视节目,则采用中频调制器,将视频信号调制后,经中频电路处理,再由上变频器变换成所需要的某一频道的高频电视信号,如图 11-9 所示。

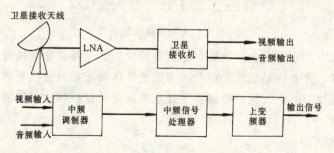

图 11-9 自办或接收卫星节目的邻频传输信号处理

第三节 光缆有线电视系统

一、光纤

光纤是一种带涂层的透明细丝,其直径为几十到几百微米,见图 11-10 所示。在光纤外围加有缓冲层、外敷层起保护作用。

梯度多模光纤的芯线直径约 40～100μm 光束在芯线与折射层的分界面上以反复全反射的方式传输,由于直径较大,光的入射角不同,存在多种光的传输路径。芯线的折射率在径向以平方律分布,中间的折射率大于边缘,因而中

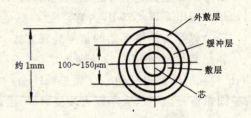

图 11-10 光纤的构造

间光束的传输速度较慢。由于中间光束的路径较短,所以使不同光路的光束以差不多相同的速度传输,减小了色散,展宽了传输频带。梯度多模光纤的传输频带每公里可达几百至几千兆赫。

单模光纤的芯线特别细(约为 10μm),数字孔径很小,只能通过沿轴向的光束。它无多模光纤的传输速度差,大大加宽了传输频带,每公里带宽可达 10GHz。

在光缆有线电视系统中,干线传输宜用梯度光纤或单模光纤,用户分配线传输宜用梯度光纤。

二、光缆传输技术的基本组成

(一)光发射端机

光发射端机结构如图 11-11 所示。

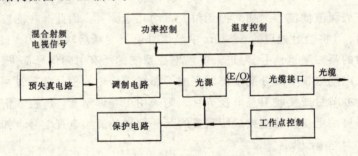

图 11-11 光发射端机结构图

在光发射端机中,输入混合的电视射频信号经预失真电路的非线性处理后,由调制电路对光源进行调制,将电信号变成光信号,并经光纤活动连接器输出到光缆线路中去。功率控制电路、温度控制电路、保护电路及工作点控制电路保护和控制光源稳定工作,从而输出恒定的光功率。

(二)光接收端机

光接收端机结构如图 11-12 所示。

在光接收端机中,光信号首先经光缆接口进入光电检波器,由光电检波器将光信号变成电信号,电信号再经低噪声放大、补偿校正、主放大及输出匹配电路输出。其中补偿校正电路用于校正半导体激光器及光电检波器引起的非线性失真。

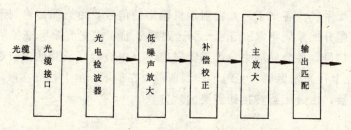

图 11-12 光接收端机结构图

三、光缆有线电视系统的构成

目前,大规模电缆电视系统的组网,一般采用混合方式,"光缆＋电缆分配系统"是其中之一。这种混合传输方式的特点,是用光缆作主干线和支干线,在用户小区用电缆作树枝状的分配网络,把信号传输到各用户终端,见图 11-13。

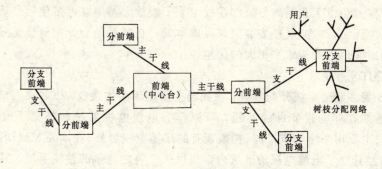

图 11-13 光缆＋电缆电视网的构成

有线电视系统光缆频分多路传输方式的构成如图 11-14 所示。对于下行信号而言,多路无源混合器将中心台收到的当地开路、卫星和自办节目,经加工处理后形成的各个频道的电视信号,混合成一路(多频道混合的电视射频 RF 信号)输出。分配器把 RF 信号分配给各主干线的光发射端机,再由光缆传输到各分前端。

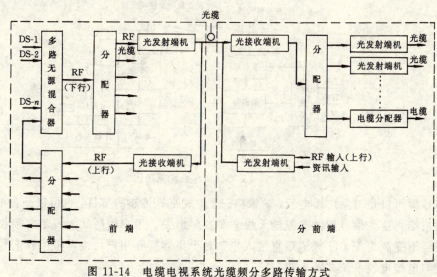

图 11-14 电缆电视系统光缆频分多路传输方式

各分前端的光接收端机输出的 RF 信号,由分配器分配给各支干线的光发射端机及本前端的电缆分配系统。各支干线光发射端机输出的信号，由光缆传输到下一级各分前端或分支前端。电缆分配系统将 RF 信号分别送到本分前端或支前端所辖各用户终端。

对于上行信号，各分前端将自己需要向前端（中心台）或其他分前端传输的信号（即上行信号），经上行光发射机和光缆传输到前端。在前端，由上行光接收端机转换成 RF 信号，送到分配器，由分配器转接到需要的地方。

第四节 电缆电视信号的无线传输方式

在电缆电视系统中，对于一些地形复杂、不便架设传输线的地方，诸如河流、铁路、桥梁等处，可利用微波将电视信号通过空间用无线电波进行传递。这样，在前端中心台与接收点之间不需要电缆连接，而是把微波传输干线当作一条电缆对待。微波传输具有较高的可靠性，可以避免由于长距离传输电缆线路上干线放大器串联过多使信号质量下降，而且相对架设电缆而言，微波设备安装简单，成本低，在某些场合，用微波无线传输信号的方式比用电缆或其他方式传输有更大的优越性。

一、MMDS 系统

MMDS 为多频道微波分配系统，在我国主要用于集体接收，以解决人口密度小的城郊居民不能正常收看电视节目的问题，可以作为电缆电视的一种补充手段。大城市采用 MMDS 方式主要用来增加节目源，扩展现有的广播电视服务。在国外 MMDS 主要用于个体接收。在已经建立了电缆电视的区域内，提供一个与之竞争的传输手段，用作各种可选项目的服务；在没有电缆电视服务的居民区，则引入无线节目分配服务。

（一）MMDS 系统的工作原理

MMDS 是以点对点进行节目传输的服务系统，一般由发射台的微波发射机、发射天线、在每个接收点的定向接收天线和下变频器等组成，使用的频率一般在 2.5～2.7GHz。MMDS 系统原理图如图 11-15 所示。

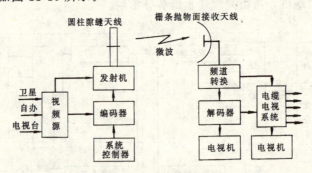

图 11-15 MMDS 系统原理图

节目源可以是卫星广播电视、录像机、微波线路等传递的节目，也可以是自办节目。发射中心前端将这些信号用微波隙缝天线全面发射出去，用户用网状天线定向接收。接收到的信号经下变频为 V、U 频道后直接入户。对于集体接收用户，也可将接收信号经下变频后直接与电缆电视系统并网入户。

一般 MMDS 多采用付费形式，因此接收端都设有解码装置，即在电视机上安装用户盒，由计算机进行地址编码管理，电视信号要由用户盒解码处理后才能收看。

（二）MMDS系统的结构

1. MMDS发射部分

MMDS发射部分主要有板块式和通带式两种形式。

（1）板块式　MMDS系统采用多频道合成输出，每个频道各有一组发射机，如图11-16所示。

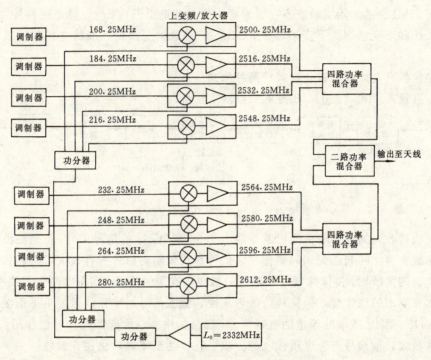

图 11-16　板块式 MMDS 发射部分原理图

电视基带视频、音频信号经调制器变成已调制信号送到发射单元上变频到指定频道，并与本振信号进行上混频，再经过功率放大和多工器混合后由天线发射出去。上频变器的本振频率采用晶体振荡器，其频率锁定在锁相频率源的频率上，非常稳定，8个上变频器共用同一本振信号。

板块发射方式适合大功率发射（3W以上），服务范围广（40km以上）。

（2）通带式　另一种MMDS系统的发射设备采用通带发射方式，如图11-17所示。

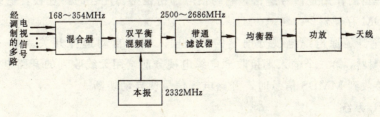

图 11-17　通带式 MMDS 发射部分原理图

经过调制的8路电视信号先通过混合器形成宽带信号，双平衡混频器将这个宽带信号与高稳定本振源送来的本振信号进行上混频，然后用带通滤波器滤除 2.5～2.7GHz 以外的信号，均衡器的作用在于平衡各个电视信号的载波电平，最后宽带的微波信号经过高增益宽带功率放大器放大，由天线发射出去。

这种发射方式适合小功率发射（3W 以下），虽然服务范围小（10 多公里），但价格更为低廉。

2. MMDS 接收部分

由于 MMDS 系统用的频率不在通常电视机的调谐范围内，所以除电视机外，接收机适应包括天线和下变频器。下变频器将 MMDS 信号载频变换到标准的电视频道或增补频道上。

下变频器有直接入户和分配入户两种形式。

(1) 直接入户式　图 11-18 为下变频器原理图。

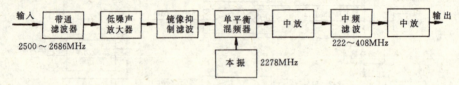

图 11-18　MMDS 下频器原理图

从天线接收到的信号经带通滤波器取出 2.5～2.7GHz 的信号部分，带通滤波器在天线与低噪声放大器之间起匹配和隔离作用。低噪声放大器对信号进行放大，它在很大程度上决定了整机的灵敏度，镜像抑制滤波器进一步净化有用的信号。本振电路采用锁相环技术，提高了本振频率的稳定度，保证接收的可靠性。微波信号与本振信号经单平衡混频器差频后得到 VHF、UHF 或增补频道的电视信号，随后的中频放大起匹配和补偿作用，再经过滤波和信号放大，使信号符合电视接收的要求，直接达至室内，供用户接收。

(2) 分配入户式　已安装上电缆电视系统的用户只要在分前端安装上 MMDS 接收系统就可以收看到中心前端用 MMDS 发射系统播出的电视节目。这种通过电缆电视系分配入户式的接收系统主要包括下变频器、变换器、射频处理器、合成器和频道处理器等，如图 11-19 所示。图中下变频器的工作原理同直接入户式的一样。变换器的功能是对地址进行解码，中心前端利用传输数据编码方式实现控制和管理。每个变换器必须周期性地接收中心前端发出的数据指令。通道分配电平每分钟至少重复 30 次。解码由专用集成电路完成。使用中如发生通道偏离、丢失数据或系统参数变化，可以进行自动纠错处理。

射频处理器的作用是信号解密，它与信号加密是密切配合的，现在普遍采用的是专门密钥和 EPROM 存储器。

频道处理器是原电缆电视分前端的两个输入端的自动选择开关。第一个输入端接 MMDS 下变频器，第二个输入端接收原电缆电视分前端用天线收到的开路电视信号。工作过程中，当接收到 MMDS 信号时，开路电视信号便自动切断。

二、AML 系统

AML 为调幅微波链路，也是一种无线传输系统，定向发射信号，可传送 50 套左右的 PAL 电视节目，覆盖半径为 15～50km。由于 AML 系统传送的信号频带宽，故该系统用于把中心前端的所有频道的节目源同时远程传送给多个电缆电视系统分前端，再分配到各个

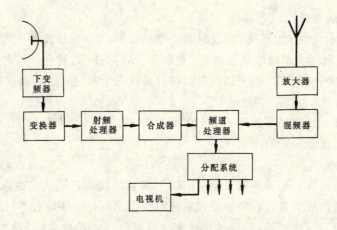

图 11-19 分配入户式 MMDS 接收部分原理

用户。只要是在发射频率覆盖的范围内,这种系统就能为各类用户提供高质量的服务。在 AML 微波系统中可采用所有加扰技术(包括可寻址的),并能处理各种类型的调制信号。

(一)AML 系统的工作原理

AML 系统由发射端和接收端两部分组成,如图 11-20 所示,采用单边带抑制载波幅度调制技术。

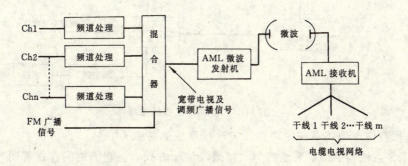

图 11-20 AML 系统原理图

中心前端由频道处理器、混合器和 AML 微波发射机组成。频道处理器把由空中接收到的无线 VHF、UHF 电视信号、FM 广播信号和卫星广播电视信号分别进行处理后,混合成一个宽带的调频和电视信号,其中 VHF 和 UHF 无线电视信号需进行频道转换,卫星电视信号经下变频处理,经制式转换后再调制(即 FM-AM 转换),对本地自办节目要进行调制,所有这些信号全部都按顺序排列在 50~550MHz 频带内,馈给 AML 发射机发送出去。AML 微波接收机将收到的微波信号频率向下群变换到电缆电视的频带范围内,直接馈入电缆电视网的干线中。

一个 AML 发射机可以同时给 16 个以上的微波接收机提供信号,在信号质量不下降的情况下,传送距离可达 50km。如果前端节目源很多,下变频后需占用增补频道。若需加密,可在 AML 发射机前加上各种加扰技术,此时用户端要使用带解扰功能的机上变换器。

(二)AML 系统的结构

1. AML 发射部分

AML 发射机由放大、混频、滤波和混合等单元组成。AML 发射机采用 Ku 波段高功率场效应晶体管,利用功率倍增原理制成,功率为 4W 左右,这种宽带发射机成本较低,特别是在频道数很多的情况下,用一部发射机可以替代几十部老式单频道发射设备,是一个非常经济的传输方式。

混频是由微波载波群变换到 Ku 波段(12.7~13.2GHz),微波信号最后通过波导馈送到抛物面微波天线定向发射出去。

2. AML 接收部分

接收部分由天线、低噪声放大器(LNA)和微波接收机组成。在 AML 接收机前,通常要放一个低噪声放大器,目的是提高系统的载噪比,在一些场合下可用作中继器。

微波接收机是一个锁相环接机,由铁氧体衰减器、AGC 放大器、检波器和混频器组成,如图 11-21 所示。微波变频的本振频率由固态源提供,混频放大后输出送电缆电视系统网。当低噪声放大器的噪声系数为 3.5dB 时,接收机的噪声系数可为 8dB。接收机微波 AGC 门限是可调的,但应同时兼顾 $\frac{C}{N}$、CTB 和其他非线性失真。发射机型号不同,这些值也是有所不同的。

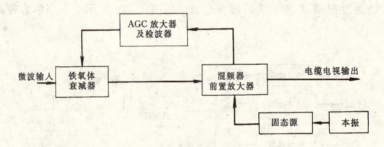

图 11-21　AML 接收机原理图

三、用在电缆电视系统中两种微波传输系统的特点

MMDS 系统与 AML 系统都为调幅微波传输方式,但它们之间存在着明显的差别。首先,MMDS 系统要求无阻挡接收,在高层建筑多而必然存在电波无法到达的阴影区的城市是不适用的;其次,MMDS 系统接收用的下变频器输出指标不高,加上传输带来的不确定性,如果用这种传输指标去解决数幢楼房用户的节目分配问题,会出现接收电平不够或其他指标不合要求的现象;最后一点,虽然 MMDS 传输方式相对于光缆、电缆电视网具有投资少、见效快的特点,但对于可大功率输出的板块式 MMDS 系统,每个频道要用一部发射机,比起 AML 系统成本高了些。

AML 系统利用宽带上变频器可以把 30、45 或 60 路 PAL 制电视节目一起变到 Ku 波段,通过一部发射机发射出去,从而比板块式的 MMDS 系统节约了发射机的数量和资金,又比通带式的 MMDS 系统发射功率大。其次,由于 AML 系统的高性能指标,可以替代远地一些分前端,把宽带信号直接插入电缆电视网,特殊情况下,还可以进行接力多跳传输,既节省了分前端设备的资金投入,又使终端信号指标能达到要求。由于发射机输出功率的限制,目前一部发射机最多只能给 16 部接收机提供信号(即分给 16 副不同方向的发射天线,定向对准接收天线),但由于每部接收机可带一个较大的分配网,故所服务的总用户数并不少于 MMDS 系统的用户数,并且在一片相当大的区域内选择一个接收点(也要求无阻挡传输)是比较容易的。

综上可得出结论:MMDS 系统是一种适用于个体接收的传输方式,AML 系统是一种适用于集体接收的传输方式。

第十二章 卫星电视

第一节 卫星电视的广播与接收

一、广播卫星的轨道位置

（一）同步地球卫星

早在1945年，英国科幻作家克拉克（A.C.Clarke）就在他的科幻小说中提出：将三个间隔为120°的人造卫星等距离地放在赤道上空约36000km的轨道上，建立全球通信系统的设想，如图12-1所示。若从地球表面来观看这些卫星。它们就像永远静止在太空中的物体，而且当地球自旋时，这些卫星也同样地绕地球旋转，可以分秒不差地与地球同步。但在那个年代，克拉克的想法是无法实现的。直到1957年10月4日，前苏联首次成功地发射了第一颗人造地球卫星，才为实现卫星广播电视提供了可能性。

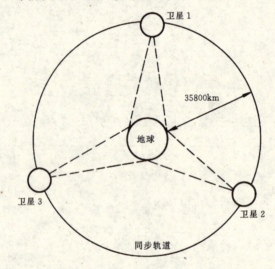

图12-1 同步地球卫星示意图

利用通信卫星进行电视转播，犹如在36000km的高空竖立起一座电视发射塔，塔上的发射天线波束照射在地球上，利用一颗卫星就几乎可以覆盖地球表面的40%，虽然电波微弱，但天涯海角无所不及。卫星电视有两种传输方式，一种是电视信号分配方式，另一种是直播电视方式。在电缆电视系统中使用的是第一种电视信号分配方式。这种方式是在卫星地面接收站安装高增益的接收天线，接受到卫星转播的电视节目后，再通过地面的电缆电视系统向家庭转播，也可以向车站、码头、宾馆、饭店等公共娱乐、旅游场所转播。这种方式也称集体接收方式。

（二）广播卫星

广播卫星就是一种同步卫星，位于地球赤道上空35786km的圆形轨道上，它的运行周期为 23h56min（大约每秒 3km），刚好与地球自转一周的时间相等。这样对于身在地面上的人来说，视觉宛如静止在一点上，即卫星与地面相对"静止"。所以，地面上的接收天线，方向可以相对固定，始终对准着广播卫星，实现全球的电视广播。

由于各国都在不断地发射同步卫星，而同步卫星只可能在地球赤道平面上空距赤道 35786km 这条唯一的同步轨道上运行，故每颗卫星不能靠得很近，彼此之间必须保持一定距离。为此，国际电联（WARC）规定这个距离为 3°。因此，卫星轨道上的容限为 120 个同步卫星（国际电联还规定 12GHz 频段广播卫星的轨道间隔是 6°）。另外，各国都想把卫星发射到对本国有利的位置。除太平洋上空外，卫星轨道常常相互冲突，或靠得很近，在东半球轨道上最拥挤的弧段为 70～120°E，我国恰属这一弧段。各国的同步轨道位置和使用频段分配都由国际电联卫星组织决定和批准。

为了覆盖指定的服务区，每颗广播卫星必须固定停留在同步轨道的某一个位置上。由于同步轨道同地球赤道是一个同心圆，所以，卫星的位置是用卫星与地心的连线同赤道的交点（称星下点）的经度标定的。

为了缩短卫星与服务区的距离，星下点应与服务区在同一经度上。由于大多数卫星是靠太阳能供电的，为使夜间广播时间不停止供电，卫星的位置要比服务区偏西一些经度。这是因为每年的春分和秋分前后，在星下点处的午夜（当地时间）前后，卫星、地球和太阳几乎处于一条直线，地球挡住了太阳射向卫星的光线，从而造成了"星蚀"。一年内约有 90 天发生"星蚀"，每次发生星蚀的时间长达约 1h。因此，必须将卫星向西移动，使星蚀发生的时间推迟到夜间广播结束之后。卫星每西移 1°，星蚀发生时间可推后 4min。卫星西移后，从服务区观看卫星的仰角降低了，来自卫星的电波容易受到高山的阻挡。而且由于电波斜着穿越大气层，传播的距离加大，电波的损失也将增加。仰角很小时，电波在大气层内还将受到一定影响。因此，除了高纬度地区外，应该保持接收仰角大于 20°。所以，卫星西移不能过大（不能超过 30°），以满足服务区对仰角的要求。

同步卫星对于地面应当是相对静止的，但是有很多因素能使卫星偏离原来的位置。为了让卫星能长时间保持这种相对"静止"的状态，需要在卫星上安装辅助推进装置。当卫星位置发生偏离时，由地面控制推进器，使卫星重新回到原来的位置。辅助推进器工作需要燃料，当然料用完时就再也无法控制卫星的轨道位置。此时，虽然卫星转发器设备能正常工作，但因卫星偏离正常轨道而无法恢复，其使用寿命只好宣告终止。

二、卫星电视广播频段的划分

1963 年召开的国际电信联盟的临时无线电行政会议（EARC）、1971 年召开的世界无线电行政会议（WARC-ST）及 1977 年和 1979 年召开的一般性世界无线电行政会议（WARC-1977 和 WARC-1979），对卫星通讯业务可使用的频段进行了分配。表 12-1 给出了固定卫星业务（静止通信卫星业务）和卫星广播电视业务分配的下行频率。国际电信联盟将全球划分为三个区域：第一区包括欧洲、阿拉伯半岛、非洲、独联体的亚洲部分、蒙古及土耳其；第二区为南、北美洲；第三区为亚洲（阿拉伯半岛、土耳其、独联体的亚洲部分及蒙古除外）和大洋洲。表中未注明频率的，全球各区均可使用。

尽管频段划分可以达到 20GHz 以上，但是目前受技术条件的限制，尚不能实用化，因此仍以 L、S、C 和 Ku 四个波段为主。需要指出的是，划分给卫星广播电视的频率，也可供其他无线电业务选用，但不能互相干扰。

固定卫星业务和卫星广播电视业务的下行频率分配表　　表 12-1

频段	频率范围 (GHz)	固定卫星业务 (FSS)	卫星广播电视业务 (BSS)	地区分配 1	地区分配 2	地区分配 3	备 注
L	0.62～0.79		✓	✓	✓	✓	主要用于地面电视
S	2.5～2.69	○	✓	✓	○✓	✓	供集体接收
	2.5～2.535	○				○	
C	3.4～4.2	○		○	○	○	限制地面功率密度
	4.5～4.8	○		○	○	○	
	7.25～7.75	○		○	○	○	
Ku	10.7～11.7	○		○	○	○	卫星广播电视业务优先使用
	11.7～12.2		✓			✓	
	11.7～12.3	○			○		
	11.7～12.5		✓	✓			
	12.1～12.7		✓				
	12.2～12.5	○				○	
	12.5～12.75	○	✓	○		○✓	供集体接收
Ka	17.7～21.2	○		○	○	○	与其他业务共用
	22.5～23		✓		✓	✓	
Q	37.5～40.5	○		○	○	○	卫星广播电视业务优先使用
	40.5～42.5		✓	✓	✓	✓	
V	81～84	○		○	○	○	卫星广播电视业务优先使用
	84～86		✓	✓	✓	✓	
	102～105	○					
	149～164	○					
	231～241	○					

　　3.4～4.2GHz 的 C 波段是当前用得最多的卫星下行工作频段，该波段频道划分的情况见表 12-2。许多国家的卫星通信和卫星广播电视都在这个频段，国际卫星通信组织提供给各国租用的国际卫星电视频道，也工作在这个频段内。但是这频段的卫星在轨道上已很拥挤，相邻卫星的最小轨道间隔已减至 2°，这就限制了小型接收天线的使用。而为了防止相互干扰，也必须限制地面的功率密度。

C 波段卫星电视频道划分   表 12-2

频 道	频率（MHz）	频 道	频率（MHz）	频 道	频率（MHz）
1	3727.48	9	3880.92	17	4034.36
2	3746.66	10	3900.10	18	4053.54
3	3765.84	11	3919.28	19	4072.72
4	3785.02	12	3938.46	20	4091.90
5	3804.20	13	3957.64	21	4111.08
6	3823.38	14	3976.82	22	4130.26
7	3842.56	15	3996.00	23	4149.44
8	3861.74	16	4015.18	24	4168.62

Ku 波段是当前世界各国发展卫星电视所采用的主要频段，见表 12-3。在这个频段可以采用小型地面接收天线，并便于家用接收。这个频段受外界干扰小，但受雨水吸收影响大，为了保证正常接收，必须让接收系统的增益有些富裕。

Ku 波段卫星电视频道划分   表 12-3

频 道	频率（MHz）	频 道	频率（MHz）	频 道	频率（MHz）
1	11727.48	15	11996.00	29	12264.52
2	11746.66	16	12015.18	30	12283.70
3	11765.84	17	12034.36	31	12302.88
4	11785.02	18	12053.54	32	12322.06
5	11804.20	19	12072.72	33	12341.24
6	11823.38	20	12091.90	34	12360.42
7	11842.56	21	12111.08	35	12379.60
8	11861.74	22	12130.26	36	12398.78
9	11880.92	23	12149.44	37	12417.96
10	11900.10	24	12168.62	38	12437.14
11	11919.28	25	12187.80	39	12456.32
12	11938.46	26	12206.98	40	12475.50
13	11957.64	27	12226.16		
14	11976.82	28	12245.34		

我国幅员辽阔，要让广播电视覆盖这多山区、地形复杂的广阔国土，只有通过卫星电视广播才是有效可行的。根据国际电信联盟会议精神，以及长远的战略观点，中国广播卫星公司拟定了用 Ku 波段覆盖全国，制定了实施这一计划的具体步骤和措施，并决定先租用 C 波段通信卫星传送中央电视台节目作为过渡措施。1985 年 8 月 1 日我国通过租用国际通信卫星转发器向全国转播中央电视台第一套节目，使国务院第一批赠给"老、少、边"地区的 53 个地面站接收获得成功，图像和伴音都比较满意，从此开始了我国的卫星电视广播。1988 年 3 月 7 日我国自行研制的实用广播通信卫星"东方红——II甲"发射成功，可对全国进行电视广播，转发四路电视节目。现在我国主要用 C 波段和 Ku 波段的通信卫星转发中央电视台的第一至八套节目，中国教育电视台的第一、二套节目，山东教育电视台的节目，

以及一些地方电视台，如云南电视台、贵州电视台、新疆电视台、西藏电视台、浙江电视台、山东电视台、四川电视台、广东电视台、河南电视台等的电视节目，这解决了电视节目的全国覆盖，丰富了电视节目源，提供质量良好的卫星通信线路。从国内外各个方面的情况来看，当采用 C 星过渡之后，应采用 K 星进行广播覆盖。2000 年前，我国在卫星电视广播方面的方针是：租星过渡，租、买并举，C 和 Ku 频段并存，以我为主自行设计，C、Ku 频段共同覆盖。这既符合国情，又能与世界各国发展方向同步。C 波段由于是通信波段而不是广播波段，所以应主要用于改善通信业务，以满足现代化建设的迫切需要。我国属于第三区域，其 Ku 波段的频率范围为 11.7～12.2GHz，该频带共分为 24 个频道，每个频道所占带宽为 27MHz，频道间隔为 19.8MHz。其中第 1 到第 15 的奇数频道分配给中国和日本。我国计划使用第 1、第 5、第 9 和第 13 频道。

今后，除发展 Ku 波段外，还要发展毫米波段。因为毫米波段绝对带宽宽，地面接收天线可以更小，受外界干扰也小。同时，图像和伴音的数字化也是未来发展的必然趋势。

三、卫星电视广播的极化方式

根据有关规定，卫星电视广播每个频道的带宽应为 27MHz，为了在有限的带宽内划分更多的电视频道，对频道的划分采用了频谱复用技术，即相邻频道的频带有一些重叠，实际每个频道的带宽只有 19.18MHz（见表 12-2 和表 12-3 的卫星电视频道划分表）。若不采取措施，会在有效辐射区内造成相邻频道之间互相干扰。为了尽量减小这种干扰，在卫星广播电视中常常采用正交极化技术使频谱复用，也就是说，对同一频谱采用不同的极化方式，例如水平极化与垂直极化，或者右旋圆极化与左旋圆极化，使重叠的频谱分开。采用正交极化的技术后，可使卫星广播电视的频谱利用率增加一倍。这是因为每一个频道若采用水平极化发射，那么接收亦为水平极化时才能收到信号；反之，如接收用垂直极化，则接收到的信号会减小 30dB 以上，通常状态下是接收不到信号的。1977 年，卫星广播世界无线电行政大会给中国广播电视卫星分配的极化方式见表 12-4。

中国广播电视卫星的极化方式　　　　　表 12-4

频道	电波极化方式			频道	电波极化方式		
	卫星位置 62°E	80°E	92°E		卫星位置 62°E	80°E	92°E
1	左旋圆极化	右旋圆极化	左旋圆极化	13	左旋圆极化		左旋圆极化
2	右旋圆极化		右旋圆极化	14	右旋圆极化		右旋圆极化
3	左旋圆极化		左旋圆极化	15		右旋圆极化	左旋圆极化
4	右旋圆极化		右旋圆极化	16	左旋圆极化		右旋圆极化
5	左旋圆极化	右旋圆极化	左旋圆极化	17		右旋圆极化	左旋圆极化
6	右旋圆极化		右旋圆极化	18	右旋圆极化		左旋圆极化
7	左旋圆极化		左旋圆极化	19	右旋圆极化		左旋圆极化
8	右旋圆极化		右旋圆极化	20	左旋圆极化		右旋圆极化
9	左旋圆极化	右旋圆极化	左旋圆极化	21	右旋圆极化		左旋圆极化
10	右旋圆极化	左旋圆极化	右旋圆极化	22	右旋圆极化		左旋圆极化
11	左旋圆极化		左旋圆极化	23			右旋圆极化
12	右旋圆极化	左旋圆极化	左旋圆极化	24	左旋圆极化		左旋圆极化

四、卫星电视的制式

卫星直播电视系统的图像传输采用的是调频制。采用调频制所需的功率只是调幅制所需功率的 1%，另外，调频制的抗干扰能力也比调幅制强。而声音传输有多种方式，如副载频方式（包括模拟式和数字式）、PCM（脉冲编码调制）基带时分制、PCM 射频时分制、全数字式等。

副载频方式包括模拟副载频（又分为 FM-FM 和双副载频）和数字副载频，前者传输容量小，质量低，后者容量大，质量高，可忽略声像间的干扰。

PCM 基带时分方式包括 C-MAC 制和 B-MAC 制两种。其中，C-MAC 制的字母"C"表示组合模拟分量，是指图像信号用模拟分量组合在一起传送。这种制式不仅解决了声像间的干扰，而且也解决了图像信号的串色和串亮度问题，从而获得满意的图像质量。声音和数据的传送则是利用电视信号行同步和行消隐期间来传送，这可以节省频带 12%～20%，还使星载转发器的功率减小约 40%。B-MAC 制中的字母"B"表示增量调制的一种体制，它具有自适应和压缩带宽的特点。MAC 制是发展高质量卫星广播电视必然采用的制式，它是发展中的一种制式。

五、卫星电视信号的传输与接收

（一）上行发射机

由地面向卫星发射信号的发射机叫上行发射机，它的基本原理如图 12-2 所示。由电视节目制作中心送来的电视信号，按信号传输调制方式的要求，对图像与声音信号进行预处理，合成基带信号。

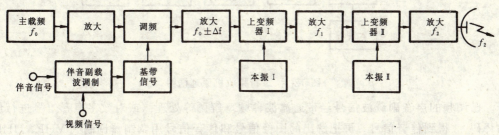

图 12-2 上行发射机原理框图

主载波的频率 f_0 一般为几十兆赫，经放大后被基带信号调制。已调制的信号被放大后，经上变频器 I 将频率提高到 f_1。由于 f_1 的数值与发射机的频率有关，一般在 L、S 波段。f_1 经放大，并第二次上变频到指定频率 f_2（例如 C 波段的 5.925～6.425GHz，或 Ku 波段的 14～14.5GHz 中的某一指定频道），经功率放大（例如放大到 300W～3kW）后，由大口径定向天线向卫星发射。

（二）星载转发器

卫星上的星载转发器的工作原理如图 12-3 所示。星载天线接收到来自地面发射的电波，其频率为 f_2，f_2 称为上行频率。由星载转发器的低噪声放大器放大后，由下变频器变为中频 f_3。将 f_3 信号放大后，再经上变频器变为指定的下行发射频率 f_4（例如 C 波段的 3.7～4.2GHz 或 Ku 波段的 11.7～12.2GHz 中的某一频道），由功率放大器把功率放大到额定功率后，经双工天线开关送到定向天线，朝波束覆盖区定向发射，地面卫星电视接收站就可以收到来自卫星转发器的电视信号。

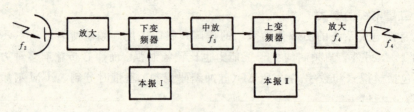

图 12-3 星载转发器原理框图

（三）下行接收机的组成

卫星电视接收机的工作原理如图 12-4 所示。由地面接收系统的天线将来自卫星广播的各路弱信号送到低噪声下变频器，进行宽带低噪声高增益放大，并将频率变换到 f_5（970～1750MHz）。由下变频器输出的信号经功分器通过射频电缆送到预中放和第二下变频器，进行频道选择和频率变换。由第二下变频器输出的信号（频率 f_6 为 136.24MHz）经带通滤波器（BPF）后，送到解调器，解出基带信号，输入到基带信号处理单元。图像信号经低通滤波器 LPF、去加重、去扩散处理（或对 MAC 制的彩色视频信号进行解调），得到视频全信

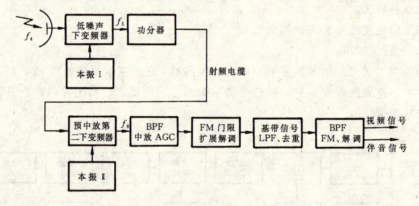

图 12-4 下行接收机原理框图

号。已调频的声音副载波信号经带通滤波、频率解调等处理（或对数字声音信号进行解调和译码），得到伴音信号。再把解出的图像信号和伴音信号用调制器调制到 VHF、UHF 或增补频段的某一指定频道上，送入电缆电视系统中，用户就可观看卫星电视节目了。

第二节　卫星电视接收地面站的设立

一、接收天线角坐标的计算

卫星电视接收地面站在投入使用，更换卫星或转移站址时，需要调整天线角坐标（接收站到卫星的距离、方位角和仰角），使之对准所收卫星。预先计算出站址所处位置的天线角坐标，就可以大大缩短调整或引入跟踪状态的时间。

（一）地面接收站到卫星距离的计算

卫星与地面接收站的几何位置如图 12-5 和图 12-6 所示。设卫星在 S 点，S' 点为星下点，O 为地球的重心，地面接收站在 P 点，A 为 P 点相对于 S' 点的经度，ψ 为 P 点的纬度，r 为地球半径，h 为卫星距地球赤道的高度，β 为覆盖范围中心角，ϕ 为方位角，d 为地面接

收站 P 到卫星 S 的距离。

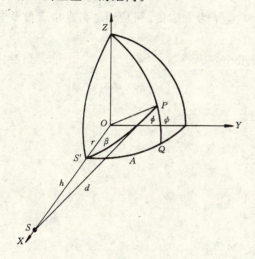

图 12-5 卫星与地面站的几何关系　　图 12-6 地面接收站对卫星的仰角

由图 12-6，自 S 点对 OP 的延长线作垂线交于 B 点，则 $\triangle SBP$ 和 $\triangle SBO$ 都为直角三角形。

因为
$$SB = (r+h)\sin\beta$$
$$OB = (r+h)\cos\beta$$
$$\begin{aligned}PB &= OB - OP \\ &= OB - r \\ &= (r+h)\cos\beta - r\end{aligned}$$

所以
$$\begin{aligned}d &= \sqrt{SB^2 + PB^2} \\ &= \sqrt{(r+h)^2\sin^2\beta + [(r+h)\cos\beta - r]^2} \\ &= \sqrt{(r+h)^2(\sin^2\beta + \cos^2\beta) - 2r(r+h)\cos\beta + r^2} \\ &= \sqrt{r^2 + (r+h)^2 - 2r(r+h)\cos\beta}\end{aligned} \tag{12-1}$$

在球面 $\triangle S'PQ$ 中，$\angle S'$、$\angle P$、$\angle Q$ 对应的三条边分别为 ψ、A、β，它们均以度表示。由于地理经度与纬度的交角是直角，所以 $\angle Q$ 是 $90°$，则 $\triangle S'PQ$ 是球面直角三角形。应用球面直角三角形边的余弦定理得出：

$$\cos\beta = \cos\psi \cdot \cos A \tag{12-2}$$

把式 (12-2) 代入式 (12-1)，可得到用地理经度与纬度表示的地面接收站到卫星的距离公式：

$$d = \sqrt{r^2 + (r+h)^2 + 2r(r+h)\cos\psi\cos A} \quad (\text{m}) \tag{12-3}$$

式中　A——接收站经度与卫星经度之差（度）；

ψ——接收站的纬度（度）；

r——地球平均半径，$r = 35786\text{km}$；

h——卫星距地球表面高度，$h = 35786\text{km}$。

（二）方位角的计算

在图 12-5 所示的球面直角三角形 $\triangle S'PQ$ 中，$\angle \phi$ 为方位角，可应用球面直角三角形中的余切定理得到：

$$\sin\psi = \text{tg}A\,\text{ctg}\phi \tag{12-4}$$

由式（12-4）得：

$$\text{ctg}\phi = \frac{\sin\psi}{\text{tg}A}$$

即

$$\frac{1}{\text{tg}\phi} = \frac{\sin\psi}{\text{tg}A}$$

所以

$$\text{tg}\phi = \frac{\text{tg}A}{\sin\psi}$$

$$\angle\phi = \text{tg}^{-1}\frac{\text{tg}A}{\sin\psi} \tag{12-5}$$

从式（12-5）求得的方位角 $\angle\phi$ 若为正值，表示卫星接收天线以正南方向为基准向西偏转的角度；反之，若 $\angle\phi$ 为负值，表示卫星接收天线以正南方向为基准向东偏转的角度。

（三）仰角的计算

在图 12-6 中，通过 P 点对圆作切线，连接 SP，则切线与 SP 线的夹角 θ 为接收站对卫星的仰角，即由水平面向上偏转的角度。

自 S 点对 OP 的延长线作垂线交于 B 点，则 $\triangle SBP$ 为直角三角形，且 SB 平行于 P 点的切线，因此 $\angle BSP = \angle\theta$。则

$$\text{tg}\theta = \frac{PB}{SB} \tag{12-6}$$

由式（12-6）得：

$$\text{tg}\theta = \frac{PB}{SB}\cdot\frac{r+h}{r+h}$$

$$= \frac{r+h}{SB}\cdot\frac{PB}{r+h}$$

$$= \frac{1}{\dfrac{SB}{r+h}}\left(\frac{OB}{r+h} - \frac{r}{r+h}\right) \tag{12-7}$$

在直角三角形 $\triangle SBO$ 中

$$\sin\beta = \frac{SB}{r+h} \tag{12-8}$$

$$\cos\beta = \frac{OB}{r+h} \tag{12-9}$$

将式（12-8）和（12-9）代入式（12-7）中得：

$$\mathrm{tg}\theta = \frac{1}{\sin\beta}\left(\cos\beta - \frac{r}{r+h}\right)$$

$$= \frac{\cos\beta - \dfrac{r}{r+h}}{\sqrt{1-\cos^2\beta}} \tag{12-10}$$

已知地球平均半径 r 为 6370km，同步卫星距地球表面高度 h 为 35786km，因此有：

$$\frac{r}{r+h} = \frac{6370}{6370+35786}$$

$$\approx 0.15 \tag{12-11}$$

将式（12-11）代入式（12-10）中，再引用公式（12-2）则得：

$$\angle\theta = \mathrm{tg}^{-1}\frac{\cos\psi \cdot \cos A - 0.15}{\sqrt{1-\cos^2\psi \cdot \cos^2 A}} \tag{12-12}$$

【例】 已知长沙市的地理位置为东经 112°59′，北纬 28°5′，欲接收 90°E 卫星转发的电视信号，试计算其天线的方位角和仰角。

【解】 方位角 $\angle\phi = \mathrm{tg}^{-1}\dfrac{\mathrm{tg}A}{\sin\psi}$

$\qquad\qquad\quad = \mathrm{tg}^{-1}\dfrac{\mathrm{tg}(112°59' - 92°)}{\sin 28°5'}$

$\qquad\qquad\quad = \mathrm{tg}^{-1}\dfrac{0.38}{0.47}$

$\qquad\qquad\quad = 38°57'$

仰角 $\quad\angle\theta = \mathrm{tg}^{-1}\dfrac{\cos 28°5' \cdot \cos(112°59' - 92°) - 0.15}{\sqrt{1-\cos^2 28°5' \cdot \cos^2(112°59' - 92°)}}$

$\qquad\qquad\quad = \mathrm{tg}^{-1}\dfrac{0.67}{0.57}$

$\qquad\qquad\quad = 49°37'$

在确定接收点角坐标以后，还要确定真南方向，以便以真南方向为基准，按计算的角坐标将天线轴向对准接收的卫星方向。

确定真南方向有下列简便方法：

(1)利用经纬仪和指南针，可以测出接收点的地磁南北极，再由磁偏角找出真南方向。所谓磁偏角是由地球磁场的南极向西偏离北极产生的。当用地磁南极定向时，需将方位角减去此角度；若用地磁北极定向时，需将方位角加 180°，再加上此角度。

(2)在夜间利用北极星可确定真北方向。北斗七星（大熊星座）顶端两颗星的连线指向小熊星座末端的一颗星，该星就是北极星，如图 12-7 所示。由北极星设想有一条直线与地面垂直

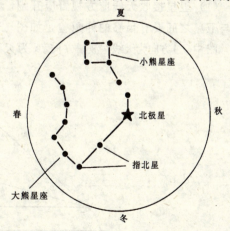

图 12-7 北半球的星空位置示意图

相交，设想的交点就是观察者的真北方向，反转180°即为真南方向。

(3) 利用太阳确定真南方向。在北半球，中午12点钟太阳下，在接收点地面垂直放置一根竖杆，其投影的反方向即为真南方向（南半球与此相反）。各地的真正中午12点与时钟所指中午12点钟不一定相同，由下式可以求出当地真正的中午12点钟：

$$当地真正的中午12点 = \frac{12:00 + 日出时刻 + 日落时刻}{2} \tag{12-13}$$

全国主要城市的经纬度及磁偏角参见表12-5。

全国主要城市经度纬度及磁偏角度（1970年）　　　　表12-5

城市	东经	北纬	磁偏角	城市	东经	北纬	磁偏角
哈尔滨	126°37′	45°41′	−9°39′	广州	113°18′	23°15′	−1°09′
长春	125°30′	43°54′	−8°53′	长沙	112°59′	28°05′	−2°14′
沈阳	123°27′	41°47′	−7°44′	太原	112°34′	37°54′	−4°11′
上海	121°26′	21°16′	−4°26′	呼和浩特	111°39′	40°50′	−4°36′
杭州	120°11′	30°15′	−3°50′	西安	108°56′	34°15′	−2°29′
福州	119°18′	26°15′	—	南宁	108°21′	22°50′	−0°50′
南京	118°47′	32°20′	−4°00′	贵阳	106°43′	26°35′	−1°17′
合肥	117°19′	31°51′	−3°52′	银川	106°17′	38°28′	−2°35′
天津	117°12′	39°08′	−5°30′	成都	104°05′	30°40′	−1°16′
北京	116°27′	39°55′	−5°50′	兰州	103°53′	36°01′	−1°44′
南昌	115°54′	28°41′	−2°48′	昆明	102°44′	25°05′	−1°00′
石家庄	114°29′	33°02′	—	西宁	101°41′	36°35′	−1°22′
武汉	114°04′	30°33′	−2°54′	拉萨	91°10′	29°41′	−0°21′
郑州	113°39′	34°44′	−3°50′	乌鲁木齐	87°34′	43°46′	+0°35′

二、卫星电视接收天线架设地点的选择

（一）选择地点应考虑的因素

(1) 卫星接收天线前方视野应开阔。天线主波束方向上要有足够的视界，尤其是天际线与卫星之间要有足够的仰角差，如图12-8所示。

图中$\overrightarrow{OA}$方向为天线主波瓣方向。α为天际线仰角，β是接收天线的仰角。要求$\beta - \alpha > 5°$。

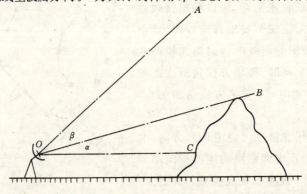

图12-8　卫星接收天线仰角示意图

天线的正前方要有尽可能宽的视角,如图 12-9 所示,以备将来能接受更多轨道上的卫星广播。要求遮蔽角 $\alpha < 5°$,可视角 $\beta > 80°$。

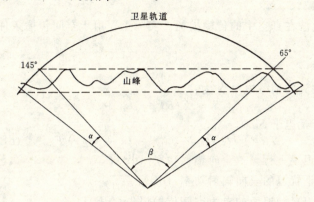

图 12-9 卫星接收天线视角示意图

（2）避开电力线、航线、公路、铁路及工业干扰源,以保证信号质量。

（3）应尽量避开雷区。雷电对无线电设备造成的危害往往使机器停止工作,损坏元部件,影响卫星电视的接收,所以避雷是一个重要问题。

卫星电视接受天线通常是通过支撑架接地的,容易忽视防雷问题。支撑架接地若不可靠,尤其是架设在高楼顶上的天线,未埋设接地装置,或设计的接地体不合理,或埋设不合要求等等,都会遭雷击,不仅损害设备,而且人身安全也会受到威胁。

（4）架设地点应尽量减少气象条件的不利影响。由于卫星电视接收天线的尺寸较大,因此风载较大。卫星电视接收天线的波束都相当窄,在强风条件下,风压负荷能使天线变形或天线轴向偏离最大接收方向,从而导致天线接受信号减弱,这就是指向损失。对波长较长的频段,卫星广播电视接收天线直径可能相当大,天线尺寸越大,这类问题越严重。直径 1m 的天线,若波束偏离 $0.5°$ 时,接受电平会降低 1dB。

积雪对天线的影响也应当考虑。我国东北有些地区每年积雪时间相当长,天线上积雪很难清除,有时积雪部分融化后结冰,使天线变形;覆盖一层较厚的"介质",导致天线性能恶化。特别是在 12GHz 时,积雪的影响会更大。对此类问题,应设置加热器或采取其他措施。

沿海地区,由于盐雾、霉菌等腐蚀现象比陆地上严重,天线的安装及接头的处理均应考虑防水、防酸碱腐蚀、防霉菌浸蚀,需选用适当涂层及作特殊处理。

高山地区,由于太阳的紫外线辐射强,对那些有塑料包层的各类天线应考虑塑料老化问题,采取适当防护措施。

（5）减小电磁环境对电视接收天线的影响。首先应调查卫星电视接收天线架设地点有无微波通讯站、雷达站引起的辐射干扰,它们的频率、辐射功率和收发方向等。在此基础上对卫星电视接收天线的干扰电平做出估算。

干扰的估算可按下列步骤进行:

1）确定干扰源的大致位置、极化方式和干扰源的数目。
2）计算各干扰源到卫星地面接收站的传输损失。

自由空间传输损失 $L = \left(\dfrac{4\pi d}{\lambda}\right)^2$ (dB) (12-14)

式中 d——微波站或卫星至卫星接收站的距离 (m)；

λ——信号波长 (m)。

上式算出的只是电波在真空中的传输损耗。实际上，由于空间传播条件很复杂，全部损耗要大于 L。

3) 计算干扰电平。

接收天线接收到的信号电平 S 为：

$$S = EIRP - L_D + G_r$$ (12-15)

而接收到的干扰电平 S_N 为：

$$S_N = (EIRP)_N - (G_N - G_I) - L_N + G_Z - F_S \quad (dBW)$$ (12-16)

式中 $EIRP$——卫星下行等效全向辐射功率 (dB)；

$(EIRP)_N$——干扰源的全向辐射功率 (dB)；

L_D——卫星到地面的自由空间传输损失 (dB)；

L_N——干扰源到接收站的传输损失 (dB)；

G_r——卫星电视接收天线增益 (dB)；

G_N——干扰源的等效天线增益 (dB)；

G_I——干扰源相对接收站方向的增益 (dB)；

G_Z——卫星电视接收天线相对于干扰源方向的接收增益 (dB)；

F_S——接收站对干扰源方向的屏蔽系数 (dB)。

4) 干扰的判断 对于同频（即干扰源的频率与卫星信号频率相同）干扰信号，干扰电平要比信号电平低 30dB 以上，才可能使图像受干扰达到不易觉察的程度。对于非同频干扰，只要接收机的高频头不饱和，而信号电平又不低于最低工作电平即可，因为这时干扰信号受到接收机的选频抑制。

除对电磁干扰估算外，还应进行实地测量，由于干扰的实际情况很复杂，估算只能作为参考，干扰电波受地形、地物的反射、绕射和散射，要较为准确地估计架设地点的干扰电平，必须做实际测量。测试方法通常用场强仪和频谱分析仪按标准天线进行测量，简单的方法可使用卫星接收机上的电平指示表进行估算。

（二）克服微波干扰的方法

微波干扰的情况往往比较复杂，通常要进行实际测量。这类干扰源有微波通信站、雷达站等。

抑制微波干扰可以考虑用以下几种方法：

1. 利用地形、地物来削减微波干扰

在小范围内选择卫星接收天线的安装位置，使卫星电视接收天线与微波干扰源之间有山头或高大建筑物等，利用这些障碍物来阻挡干扰。接受天线应安装在朝卫星方向比较开阔的地方，高大物体的阻挡是明显的。例如，一栋 6 层楼房，在其背面 10～20m 处，对微波的衰减可达 30～40dB 以上。但在楼群中架设接收天线时，由于楼群之间存在的反射波，使电磁环境很复杂，架设接收天线时应考虑到这一因素。

在没有阻挡的条件下，接收天线装在地面比放在建筑物顶部为好，这样可以减少干扰。

2. 加带通滤波器来抑制微波干扰

对于非同频干扰,可在前置放大器和下变频器之间插接带通滤波器,让其带宽能通过全部信号,而滤去干扰信号;对于有可能使前置放大器饱和的极强干扰,滤波器要加在高频头与馈源之间。

3. 采用相位抵消法来抑制微波干扰

在卫星接收系统中,另用一副专门接收微波干扰的天线,把收到的干扰信号与从卫星接收天线上收到的混有微波干扰的信号进行叠加,改变干扰信号的相位和幅度,使其与混在电视信号中的干扰信号反相,从而消减干扰。

由于干扰信号的相位是不断变化的,因此要完全抵消干扰很困难。实践证明,这种抑制干扰的方法可抑制干扰电平达 10～15dB,主观评价等级可改善 1.5 级。很明显,这种方法是有效的。

第三节 卫星电视地面接收设备

K 和 C 波段的卫星电视接收机,实际是一种专门用于接收第一中频信号的设备,而不是像电视机接上天线就能收看节目,它必须配上天线、馈源和高频头才能正常工作。

一、卫星电视接收天线

卫星电视接收天线的形式现在有许多种,它与工作频段有关,其中抛物面天线是卫星电视接收天线的主要形式之一。这种天线广泛应用在卫星地面接收站(C 波段)和卫星直播电视接收系统(K 波段)。它具有高增益和低副瓣特性,它属于反射面天线中的一种,也是一种基于几何光学概念的"古老"天线,至今已有多种变形,性能也有很大改进。

抛物面天线亦称前馈抛物面天线,它主要由旋转抛物面、馈源及其支撑结构等部分组成,如图 12-10 所示。

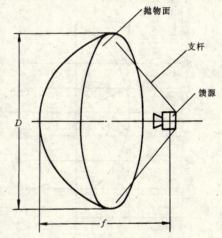

图 12-10 前馈抛物面天线

(一) 抛物面天线的工作原理

抛物面天线类似于太阳灶,太阳灶的抛物面反射器对准太阳,使光线聚焦,能量集中在焦点供用户使用。抛物面天线的抛物面反射器(或称为抛物面反射镜)也可以看成能量收集器,或看成聚焦器,它将卫星发射的微波射束收下来,像一面凹镜一样,把来自遥远处的波束(即看成平行射束)聚焦到抛物面集点,而馈源正好放置在焦点,因而聚焦的能量汇集到馈源里,再由波导传输线送至高频头(LNB)。

微波波段的电磁波与光一样,在均匀介质中以直线传播;在两种介质的分界面上或在不均匀介质中传播时,要发生反射和折射,服从光的反射、折射定律。因此,可用几何光学的方法来分析这类天线。

抛物面是由抛物线绕其轴旋转而成。如图 12-11 所示。抛物线是一个点对焦点 F,与一条定线保持同等距离(即 $AF=AA''$、$BF=BB''$、$CF=CC''$、…)的运动轨迹,这条定线称为准线,f 称为焦距,由焦点到准线的距离等于焦距的 2 倍。

由抛物线的特性可以推得：$FA+AA'=FB+BB'=FC+CC'=\cdots$，所有射线不但行程相等，而且经抛物面反射后的相位变化一致，所以平行抛物面口径的任一平面都是等相位面。换句话说，抛物面反射器的作用是把球面波转变成平面波，以形成高度会聚的波束或窄的锐方向性波来，具有聚焦特性。

抛物面的焦距是抛物面反射器的主要参数，焦距的选择与波长无关，因此抛物面天线是一种宽频带天线。由于高频馈源输入阻抗匹配程度受频段范围的限制，所以抛物面天线与频段有关。抛物面天线的增益G随波长λ的平方增加而减少，随天线口径D的增加而增加。抛物面天线的绝对增益可表示为：

$$G=10\lg\left(\pi\frac{D}{\lambda}\right)^2 \quad (\text{dB}) \tag{12-17}$$

（二）抛物面天线的结构

抛物面天线的结构如图12-12所示。抛物面反射器的作用是把高频馈源方向性较差的辐射改变为方向性较好的辐射，即利用电磁波在反射器表面的反射来改变高频馈源的方向图。反射器一般采用导电性很好的金属材料制作，几乎可以把入射到上面的电磁波能量全部反射出去。反射器国内多用高强度铝合金板制作，以达到精度高、强度高、重量轻、成本低和工艺简单的要求。也有铝制网状天线产品，成本低一些，效率也低一些，使用寿命较板状短得多。辊外，还有用玻璃钢制作的天线。

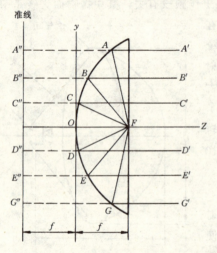

图12-11 等光程定律的应用

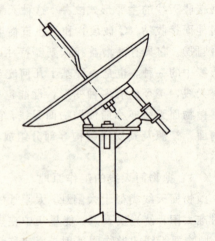

图12-12 抛物面天线的结构图

一般2m以下天线采用整体成形，而3m以上采用多瓣，以便于运输和安装。由于多瓣天线存在加工误差和行为公差，精度不易保证，对生产工装和工艺要求高。所以有的厂家采用配装编号的办法，在天线瓣和支架上打上号，以保证精度，但这给运输和用户带来很大不便，如搞错或损坏一扇天线瓣，整个天线就无法安装，故选用多瓣天线时，除注意性能价格外，还要选用安装时不需编号的为佳。这样，安装和维修都会很方便。

抛物面可分为旋转抛物面和柱形抛物面。旋转抛物面天线的馈源装在抛物面的焦点上，柱形抛物面天线的馈源排列在柱形抛物面的焦线上。在旋转抛物面天线中，由于位在焦点的馈源所辐射的球面波经抛物镜面反射后形成平面波，所以又把这种抛物面天线称为口径天线或面天线。

仰角与方位角调整机构是卫星天线的方向选择系统。天线要对准卫星才能收看，调节仰角调整装置的螺杆就可以调节天线的俯仰。松开方位角调整装置的中心螺母，整个抛物面反射器和仰角调整装置等机构都可以绕中心螺栓旋转，即可调节方位角。有一种单轴跟踪天线，有一根平行于地球自转轴的轴，用室内驱动器操纵天线沿此轴转动，就可以收到太空中多个同步卫星发射的电视信号。

二、馈源

抛物面天线的馈源安装在抛物面的焦点上，馈源由波导喇叭、极化器和波导/同轴转换装置等组成。

波导管分矩形截面波导和圆形截面波导。图 12-13 示出矩形波导外形图。在矩形波导中通常采用 TE_{10}（横电波）传播，见图 12-14，图中实线为电力线，落在与波导轴正交的平面

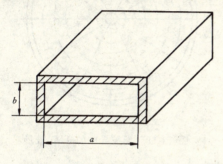

图 12-13 短形波导外形图

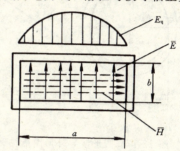

图 12-14 矩形波导中的 TE_{10} 波形

内，虚线为磁力线，与电力线垂直。电力线沿 a 边以正弦律变化，其中心电力线最密，电场强度最强。若在 a 边中心插入一个金属杆（探针），当金属杆上有高频电流流过时，就可在波导的某一断面上建立起电力线，这些电力线的方向与所希望的波型的电力线方向一致，符合 TE_{10} 波的电场曲线分布如图 12-15 所示。该探针为电耦合，呈容性。波导的一端要短路，以防止输入的电波向波导另一端传输，该短路面离探针断面约 1/4 波导波长，使探针位于电场最强处。如果把同轴线的内导体插入波导内，外导体与波导壁连接，就构成基本的同轴/波导转换装置。

在矩形波导中电力线沿 b 边没有变化，若将同轴线的内导体从 b 边插入，末端与波导壁相接（短路）。如图 12-16 所示，磁力线会垂直穿过金属环，在金属环上就产生高频电流；相反，当金属环上有高频电流流过时，就会产生垂直并穿过金属环的磁力线，激励起 TE_{10} 波。

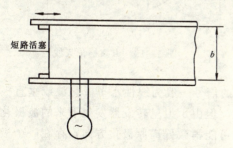

图 12-15 矩形波导的探针激励

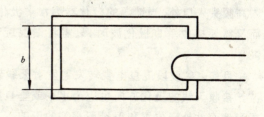

图 12-16 矩形波导的金属环耦合

当矩形波导的 a 边长为 $\lambda_c/2$ 时，其阻抗为 600Ω，而自由空间的阻抗为 377Ω，两者不

匹配。若增大 a 边，形成喇叭，矩形波导的阻抗就会降低，从而实现与自由空间阻抗相匹配。矩形波导的 b 边大小与阻抗无关。

圆形波导外形如图 12-17 所示。在圆波导中，通常采用 TM_{01} 波（横磁波）传播。在图 12-18 中，实线为电力线，虚线为磁力线。TM_{01} 波场完全对称，激励也是采用探针或金属环耦合。在圆波导口处设计几个圆形沟槽以便圆波导与自由空间波阻抗相匹配。圆波导可以经 $\lambda/4$ 的长度逐渐过渡为矩形波导。

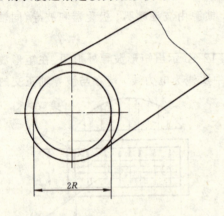

图 12-17　圆形波导外形图

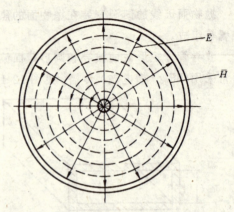

图 12-18　圆波导中的 TM_{01} 波形

抛物面天线的馈源位于抛物面焦点，称为前馈天线（见图 12-10 所示），为一次反射型天线。若在抛物天线的焦点处安装一副反射面（双曲反射面），再装馈源在双曲反射面的焦点上，就构成了卡塞格伦天线，如图 12-19 所示，这是一种二次反射型天线。卡塞格伦天线的效率与前馈天线相比，可提高效率 10%～15%。

三、极化器

极化器是卫星电视地面接收设备中常用的主要器件之一。

抛物面天线所用馈源中的探针或金属耦合环，在喇叭波导内就起着极化器的作用，它能耦合出抛物面天线接收的线极化波，将其直接引入高频头入口处。当馈源的极化器为水平极化，而又需要接收垂直极化波时，只需将馈源旋转 90°。

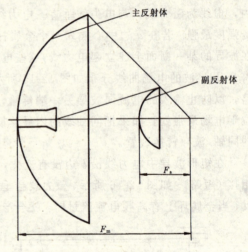

图 12-19　卡塞格伦天线

目前，C 波段卫星电视转发器发射天线辐射的信号一般为线性水平极化波或垂直极化波，接收天线的极化方向也应为水平或垂直极化。但由于卫星转发器发射下来的波极化方式受地面站地理位置和卫星姿态等的影响，有时可能稍微偏离原极化方向，存在一个极化角，因此安装、调整天线时，要微微左右转动一下馈源，调整天线的极化方向与卫星转发器辐射信号的极化方向一致，否则会造成极化损耗，相当于降低了天线的增益。

Ku 波段卫星电视信号为圆极化信号，若要接收，则应在馈源内，与电波传播方向正交的平面内放置一系列诸如介质片、平行隔板、销钉等的极化器，调整极化器使入射的电场分量分解为两个幅度相等、相位差90°的分量，在极化器损耗很小的情况下，这两个分量重新合成后，即可满足圆极化条件，使原本只能工作在线极化状态的馈源也可工作在圆极化状态，极化器起到了极化变换的作用。

有一种馈源带有步进电机，通过卫星接收机输出控制脉冲，使电动机旋转带动极化器，从而可以用一个馈源接收各种极化波。

四、高频头

高频头亦称低噪声下变频器，常用 LNB（Low Noise Block Downconverters）或 LNC（Low Noise Downconverters）表示，它包括低噪声放大器、本振、混频器、第一中频放大级和稳压电源等部分，如图 12-20 所示。

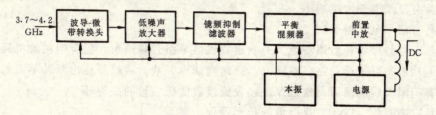

图 12-20　高频头组成框图

高频头的主要作用是放大微弱信号和进行频率变换。它将馈源收集来的微弱电视信号，通过宽带低噪声放大器，送到混频器，并与本振信号混频后，输出宽带的第一中频信号，再经射频电缆送至室内卫星电视接收机的输入端。高频头能同时对卫星电视在一个频段内的所有频道信号进行低噪声放大和下变频。高频头输入频率与卫星通信广播的下行频率一致，为 C 波段，或 Ku 波段，下变频后输出的第一中频信号的频率范围是 950～1750～2050MHz。

高频头中的低噪声放大器必须用波导作输入传输线，这就要有波导-微带过渡段，选择波导中探针的长度和直径，可保证波导与微带线达到良好的匹配。

通常高频头的前两级按低噪声要求设计，后两级按高增益要求设计。前后两级之间加有隔离，以避免振荡。整个放大器的输入和输出端均与特性阻抗为 50Ω 的电缆匹配。内部各级均有匹配网络。前两级直流工作电流较小，以符合低噪声要求，后两级工作电流较大，以保证有足够的输出功率增益。

高频头中常用低噪声场效应管与微带电路构成低噪声放大器。现在使用的 C 波段低噪声场效应管放大的高频头噪声温度为 20～35°K，功率增益为 50～60dB。高频头的质量高低，取决于噪声温度和功率增益。噪声温度越低，增益越高，性能越好。用小口径天线配高性能高频头，比用大口径天线配一般性能的高频头更经济。

为了减少室内单元到高频头的电缆连线，高频头所需要的电源，通常由卫星接收机通过信号传送电缆供给。由高频扼流圈将直流电源送至电缆，经隔直电容将信号与直流隔开。这种馈电方式只能向高频头提供一种电源（例如正电压），而负压电源可以通过利用多谐振荡器产生振荡脉冲，经稳压二极管稳压，再利用二极管整流后获得。

五、卫星电视接收机

卫星电视接收机是地面卫星电视接收系统的关键设备之一。目前，市场上出售的各种卫星电视接收机多为进口机型。从波段上看，常用的有 C 波段卫星电视接收机、C 波段与 Ku 波段兼容型卫星电视接收机；从制式上看，有 PAL 单制式的卫星电视接收机和 NTSC 和 PAL 双制式的卫星电视接收机；从遥控功能上看，有带红外线遥控功能的卫星电视接收机和不带遥控功能的专业卫星电视接收机等等。不同档次的卫星电视接收机，功能有所不同，归纳起来卫星电视接收机可以有以下一些特点：

（1）对于频道选择方式和频道数目，若采用频道选择可编程方式的，则预选频道数可从几十个到数百个频道供使用。

（2）可对音频去加重进行选择和编程。

（3）可对音频副载波进行调谐和编程。

（4）可对音频带宽进行选择和编程。

（5）具有视频极性转换功能。

（6）具有信号电平指示功能。

（7）具有立体声伴音解调功能。一般接收机是单路音频输出，但有的接收机具有立体声伴音解调功能，可进行双路音频输出，播送立体声音响，或选择播出两种不同的语言。

（8）有门限扩展解调器。这是保证接收机接收图像质量的关键环节。

（9）具有高频头（LNB）供电电源指示及保护装置。

（10）具有制式自动识别的转换功能（只能接收 PAL 制式彩色电视信号的单制式接收机没有这种功能，可接受 PAL 和 NTSC 制式彩色电视信号的双制式接收机则具有这种功能）。通过识别接收到的电视信号制式，需要时可自动转换为另一种制式的电视信号进行输出。

（11）具有极化控制功能。具有可变极化方式极化器的天线馈源可通过卫星电视接收机在室内遥控调整馈源的极化方式。

（12）电源形式：常用的有串联稳压和开关稳压电源两种方式。其中，开关稳压电源具有适应电源电压范围宽和省电的特点。

六、卫星电视接收机与电缆电视系统的连接

电缆电视系统若需要接收卫星电视广播节目的信号，可按图 12-21 所示将卫星电视广播的信号送往电缆电视系统中的各用户。

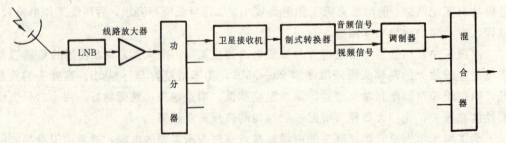

图 12-21　卫星电视接收机与电缆电视系统的连接

经高频头变频后送出的第一中频信号经馈线送往功分器。功分器就是功率分配器，它的作用是将高频头输出的第一中频信号分为多路，达到信号分路目的。功分器有二功分、四功分和八功分器等多种，其特性见表 12-6。功分器内含直流供电通路以便给高频头供电。

功分器性能指标表　　　　　　　　　表 12-6

型号	工作频率(GHz)	插入损耗(dB)	隔离度(dB)	输入输出阻抗(Ω)
二功分	0.9～1.4	<4	>20	75
四功分		<7		
八功分		<11		

功分器的插入损耗约为4～11dB。当高频头与功分器相连的电缆长度超过30m时，应加线路放大器。线路放大器又称卫星信号专用放大器，是单端输入、单端输出部件。用它可以对高频头输出的第一中频信号进行放大，其增益有8～18dB任选，可补偿线路的信号损失，或提高第一中频信号的电平输出。加线路放大器后，电缆长度也不应超过100m。因卫星信号专用放大器的频率范围为950～1750MHz，因此不能用一般的电缆电视系统使用的放大器代替。此外，有一种把线路放大器和无源功分器安装在一起的有源功分器，其增益为6dB，也可选用。

功分器输出端可接多台卫星电视接收机，分别接收不同卫星频道的电视节目。卫星电视接收机将接收到的卫星电视信号进行解调。若接收的为非PAL制电视节目，则还需接制式转换器，进行彩色电视制式转换。最后，将解调出的音频和视频信号送至调制器调制成某一个电视频道，经电缆电视系统送给用户。

七、卫星电视接收系统的调试

（一）调试前的准备

1. 校准天线的焦距

若无关于天线焦距的数据，则可以现场测试。如图 12-22 所示，焦距 F 按下式求出：

$$F = R^2/4H \quad (m) \quad (12-18)$$

式中　H——抛物面深度（m）；

R——抛物面半径（m）。

【例】有一面1.5m的天线，实测 $R=0.75$m，$H=0.27$m，代入式（12-18），算得 $F=0.52$m。

2. 检查高频头

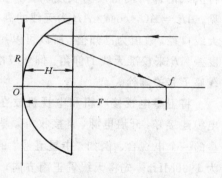

图 12-22　天线焦距的计算

高频头和馈源一旦安装在天线上，拆卸均不方便，安装前应进行检测，以便调试能顺利进行。在无测试条件的情况下，可采用下面一种简单的方法来判断高频头能否正常工作。用一条1m长的同轴电缆把高频头的输出与带有信号强度指示功能的卫星电视接收机连接起来，如图12-23所示。接通电源观察接收机指示器的噪声电平应与接收机正常工作时的大小相当，再用金属板将高频头波导口封闭，其指示的大小会发生相应变化，便可确认高频头工作正常。高频头检查之后，即可连同馈源一起安装到天线的焦点处紧固。

3. 接收机频道存贮

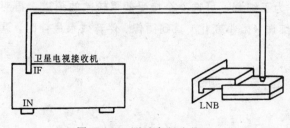

图 12-23　测试高频头简法

调试前应按照卫星电视接收机《使

用说明》的方法，将欲接收卫星的电视频率数据一个一个地存贮到接收机内。若卫星电视接收机已存贮数据，也要进行核对，做到心中有数。

（二）调试

1. 天线极化方式的调节

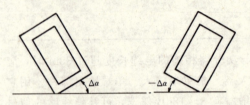

图 12-24 天线极化方式的调试

所谓极化调试是使接收天线的极化同卫星发射时采用的极化相一致。对于线极化，地面接收天线的极化是以地平面为基准，馈源矩形波导口窄边垂直于地平面的为垂直极化，宽边垂直于地平面的为水平极化。但因为存在极化角 $\Delta\alpha$，因此，在调整天线馈源极化方向时，可按如下方法进行。以水平极化为例，当 $\Delta\alpha$ 为正值时，先置馈源矩形口窄边与地面平行，再反时针转动 $\Delta\alpha$；当 $\Delta\alpha$ 为负值时，要顺时针转动 $\Delta\alpha$ 角，如图 12-24 所示。$\Delta\alpha$ 角的正负值，由接收点经度与卫星经度之差而定，例如成都的经度是 $104°E$，"中星五号"卫星经度为 $115°E$，则 $\Delta\alpha$ 为负值，应顺时针转 $\Delta\alpha$ 角。经度差越大，$\Delta\alpha$ 角越大。

2. 调整天线的仰角和方位角

根据按公式计算出的仰角 $\angle\theta$ 和方位角 $\angle\phi$ 调整天线，使之对准收看的卫星。下面介绍一种不用专用仪器调整天线角度的仰角优先调整法。首先将天线的仰角测量改为长度测量，由图 12-25 可见，$AB = AC \cdot \cos\theta \cdot AB$ 为天线的高度差，AC 为天线口径，数值为已知值，所以可以用测量天线高度差 AB 来校准天线的仰角。仰角校准后，紧固天线座上有关螺栓。

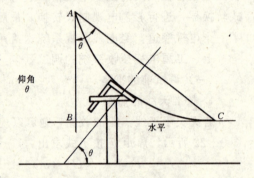

图 12-25 天线仰角的调整

将卫星电视接收机和电视机放在天线旁，用电缆连接好，开启电源，将接收机频率选在欲收卫星的一个电视台。例如"中星五号"的浙江台，卫星下行频率为 $3760MHz$ 对应的第一中频为 $1930MHz$。先将天线置正南方向，然后，参照计算出的方位角 $\angle\phi$ 值，沿水平方向缓慢转动天线。若 $\angle\phi$ 为正值，天线应从正南向西转动 $\angle\phi$ 值；若 $\angle\phi$ 为负值，应向东转动 $\angle\phi$ 值，目的是捕捉卫星电视信号，以校准正确的方位角。如果系统连接无误，就能很快收到卫星的图像和伴音信号。

天线调整过程中可用罗盘或指南针确定正南，由于调整方位角以收视效果为准，所以因磁偏角造成的方位角误差不在考虑之列，使调试大大简化。上述调整过程可仔细多次重复，直到图像、伴音效果尽可能好为止。为了细调，可选一个接受效果较差的频道，再对天线的焦距、极化角、仰角和方位角分别细调（微小变化）直到图像、伴音效果最佳时，调试结束。

思 考 题 与 习 题

1. 什么是广播卫星？
2. 我国属于世界卫星广播电视业务的第几区？计划使用 12GHz 卫星广播频段的哪些频道？

3. 卫星广播电视每个频道的带宽和频道间隔各为多少？

4. 沈阳市位于东经 123.43°，北纬 41.77°，欲接收位于东经 105.5°的"亚洲一号"卫星的转发节目，计算天线的方位角和仰角各为多少。

实 验 指 导

1. 实验目的

本实验为卫星电视接收实验。

(1) 通过实验了解卫星电视接收天线架设方法，学会卫星电视接收天线角坐标的计算和实际调试天线的方法。

(2) 了解卫星电视接收天线上的馈源和高频头与卫星电视接收机、卫星电视接收机与电缆电视系统之间的连接方法。

(3) 学会卫星电视接收机的操作使用方法。

2. 实验器材

(1) 1.5～3m 抛物面卫星电视接收天线一副。

(2) 可以进行圆极化和线极化调整的馈源一个。

(3) 25～30°K 的 C 波段高频头一个。

(4) 卫星电视接收机一台。

(5) 彩色电视制式转换器一台。

(6) 调制器一台。

(7) 彩色电视接收机一台。

(8) 75Ω 同轴电缆若干米。

(9) 电缆接头若干。

3. 实验内容

(1) 根据卫星位置和接收站位置，计算出卫星电视接收天线的角坐标。

(2) 安装好天线的馈源和高频头，在保证天馈部分工作正常的情况下，将电缆与卫星电视接收机相连，并将卫星电视接收机的视频和音频输出信号暂接彩色电视机的视频和音频输入端。为使调试方便，卫星电视接收机和彩色电视机应放在卫星电视接收天线的附近。

(3) 开启卫星电视接收机和彩色电视接收机的电源，高频头的电源由卫星电视接收机提供。

(4) 彩色电视接收机设置为 AV 接收方式。

(5) 将卫星电视接收的频率调整到欲接收的卫星电视频道。

(6) 按照计算出的卫星接收天线角坐标调整卫星电视接收天线位置，使电视接收机能收看到图像。调整时需细心、仔细。此过程应反复多次，直至接收到的信号最强，固定好天线。

(7) 调整卫星电视接收机的伴音调谐旋钮或按键，找到主伴音或副伴音。如更换频道，伴音也必须重新调整。

(8) 如出现负像，可拨动卫星电视接收机上的极性开关。

(9) 如伴音有噪声出现，应仔细调整并选择卫星电视接收机的鉴频带宽。

(10) 对有电动馈源的天线以及有极化调整电路的卫星电视接收机，通过卫星电视接收机面板上的控制旋钮，可方便地改变馈源的极化方式，以接收用不同极化方式发射的卫星信号。

(11) 调试完成后，取下电视机，将卫星电视接收机输出的视频和音频信号送给与电缆电视系统相连接的调制器，整个系统连接完成。注意卫星电视天线到卫星电视机的连接电缆长度最好不要超过 30m，否则要加线路放大器。

(12) 卫星电视接收机可以接收卫星传送的任何彩色制式的电视信号，如果要收看各种制式的彩色电视节目，应配用多制式的彩色电视机，或者在卫星电视接收机的输出端接制式转换器，将电视信号转换成

PAL-D 制后，经调制器调制再将信号送电缆电视系统。

4. 实验报告要求
(1) 写出天线角坐标的计算过程。
(2) 画出卫星电视接收系统与电缆电视系统连接线路图。
(3) 总结接收卫星电视的调试方法。

附录1

中华人民共和国国家标准

有线电视广播系统技术规范 CY106—93
Technical specifications of CATV broadcasting system

---

1 主题内容与适用范围

本标准规定了有线电视广播系统的名词术语、频率配置、传输方式、附加功能、技术参数、测量方法、安全要求和验收规则。

本标准适用于频带为 5～300MHz 和 5～450MHz 单向或双向传输的有线电视广播系统。应作为系统工程设计和工程交验的技术依据。

2 引用标准

GB7400　广播电视名词术语

GB3174　彩色电视广播

GB1583　彩色电视图像传输标准

GB9308　双伴音/立体声电视广播

GB7410　彩色电视图像质量主观评价方法

GB3659　电视视频通道测试方法

GB6510　30MHz～1GHz 声音和电视信号的电缆分配系统

GBJ120　工业企业共用天线电视系统设计规范

GB11318.2　30MHz～1GHz 声音和电视信号的电缆分配系统设备和部件性能参数要求

3 术语

3.1 有线电视（电缆电视）(CATV) cable television

用射频电缆、光缆或其组合来传输、分配和交换声音、图像及数据信号的电视系统。

3.2 有线电视广播系统　CATV broadcasting system

具有自办和（或）自制电视和声音节目能力，在一定区域内为用户提供多路图像、声音广播及数据信号的有线电视系统。

3.3 双向有线电视　two-way CATV bi-directional television

双向有线电视系统，不仅能把电视和声音广播信号从前端下行传输给用户，也可把用户信息上行传输到前端。

3.4 付费电视　pay-TV

用户需专门付费后方可看的基本节目以外的电视节目。

3.5 无线信号　off-the-air-signals

从空中接收的电视或声音广播信号。

3.6 自办节目　local origination programming

在有线电视广播系统中播放的不属于转播或差转无线广播的节目。

3.7 非广播业务 non-broadcast type services

指在有线电视广播系统中，传输和分配的除了广播电视信号以外的各种其他信号的业务。

3.8 前端 head end

在有线电视广播系统中，用以处理需要分配的由天线接收的各种无线信号和自办节目信号的设备。

注：前端设备包括天线放大器、频率变换器、混合器、频率分配器以及需要分配的各种信号发生器等。

3.9 远地前端 remote head end

设置在远地，经过电缆、微波、光缆等地面通路或卫星线路向某一有线电视广播系统传送远地信号的前端。

3.10 本地前端 local head end

设置在有线电视广播系统服务区域之内，直接与干线系统或与作干线用的短距离传输线路相连的前端。

3.11 分前端 sub head end

一种辅助前端，通常设置在它的服务区域中心，其输入来自本地前端及其他可能的信号源。

3.12 分配点 distribution point

从干线取出信号传送给支线和（或）分支线的点。

3.13 干线系统 trunk feeder system

在有线电视广播系统中，用于各类前端之间或前端与各分配点之间传输信号的链路。

3.14 上行传输 up stream

由用户端向前端传输信号。

3.15 下行传输 down stream

由前端向用户端传输信号。

3.16 邻频道传输 adjacent channel transmission

两路或多路电视广播信号采用相邻频道配置的传输方式。

3.17 邻频道干扰 adjacent channel interference

由相邻频道图像或声音载波与有用频道载波引起的差拍干扰。

3.18 邻频道抑制 suppression of adjacent channel

工作频道图像载波电平与该频道中心频率 $f_0 \pm 4.25\text{MHz}$ 频率点处无用信号电平之差，以分贝表示。

3.19 带外寄生输出抑制 suppression of outband spurious emissions

工作频道图像载波电平与该频道中心频率 $f_0 \pm 4\text{MHz}$ 以外寄生输出信号电平之差，取最小值，以分贝表示。

3.20 同频干扰 co-channel interference

因有一个同频信号的存在而在有用频道中形成的干扰。

3.21 增补频道 additional channel

无线电视广播系统以外,供有线电视广播系统使用的补充频道。

3.22 状态监测系统 status monitoring system

对系统内干线放大器工作状态进行自动监测的系统。

3.23 电平 level

信号功率(P_1)与基准功率(P_0)比的分贝值,即:$10\lg\dfrac{P_1}{P_0}$。有时也用dBμV表示。即以在75Ω上产生1μV电压的功率(0.0133pW)为基准。

注:电视信号的"功率"是指图像载波调制包络峰值(即同步头)上的平均功率。

3.24 导频 pilot frequency

在有线电视广播系统中发送的用以控制信号传输电平变化情况的基准信号。

3.25 斜率 slope

系统频段内,在规定的两个频率点上的电平差,通常以分贝表示。

3.26 自动斜率控制(ASC) automatic slope control

自动调整放大器高、低频道间放大量的相对比值,用于补偿因工作频率和环境温度的变化所引起的电缆衰减。

3.27 自动增益控制(AGC) automatic gain control

在输入电平变化时,自动调整放大量(增益),使装置的输出电平维持恒定。

3.28 系统输出口 system outlet

连接用户线和接收机引入线的接口装置。

3.29 图像-伴音载波功率比(V/A比) the vision and audio carrier power ratio

电视信号的图像载波调制包络峰值的平均功率与未加调制的伴音载波平均功率之比,以分贝表示:

$$10\lg\dfrac{\text{图像载波调制包络峰值的平均功率}}{\text{未加调制的伴音载波平均功率}} \quad (\text{dB})$$

3.30 交扰调制 cross-modulation

由于系统设备的非线性所造成的其他信号的调制成分对有用信号载波的转移调制。

3.31 交扰调制比 cross-modulation ratio

在系统指定点,指定载波上有用调制信号峰-峰值对交扰调制成分峰-峰值之比,通常以分贝表示。

3.32 相互调制 inter modulation

由于系统设备的非线性,在多个输入信号的线性组合频率点上产生寄生输出信号(称为互调产物)的过程。

3.33 载波互调比 carrier to intermodulation ratio

在系统指定点,载波电平对规定的互调产物电平之比,通常以分贝表示。

3.34 组合三次差拍比(CTB) composite triple beat

在多频道传输系统中,由于设备非线性传输特性中的三阶项所引起的互调产物。

3.35 载波组合三次差拍比(C/CTB) carrier to composite beat ratio

在系统指定点,图像载波电平与围绕在图像载波中心附近群集的组合三次差拍分量的平均电平的峰值之比,以分贝表示。

3.36 载噪比 carrier to noise ratio

在系统的指定点,图像或声音载波电平与噪波电平之比,通常用分贝表示(测量带宽应符合所使用的电视和声音广播制式的规定)。

3.37 相互隔离 mutual isolation

在待测系统的频率范围内的任意频率上系统某个输出口与另一个输出口之间的衰减。对任何特定的设施,总是取在规定频率范围内所测得的最小值作为相互隔离,通常以分贝表示。

3.38 回波值 echo rating

在规定测试条件下,测得的系统中由于反射而产生的滞后于原信号并与原信号内容相同的干扰信号的值。

3.39 卫星数字声音广播(DSR) digital satellite radio

卫星数字声音广播是利用直播卫星的一个信道,向地面传输多路数字立体声(或单声道)节目。

3.40 新电视制式 newly-developed TV system

为提高电视信号质量而开发的新的电视制式,如 MAC 制或其他高清晰度电视(HDTV)制式等。

4 有线电视广播系统的频率配置

4.1 波段划分见表1。

表 1

波 段	频率范围(MHz)	业 务 内 容
R	5.00～30.0	电视及非广播业务
I	48.5～92.0	电 视
FM	87.0～108.0	声 音
A1	111.0～167.0	电 视
II	167.0～223.0	电 视
A2	223.0～295.0	电 视
B	295.0～447.0	电 视

注:A1、A2、B、R 波段为有线电视广播系统增补频道专用波段。

4.2 上行传输电视及非广播业务频道配置见表2。

表 2

波 段	业务内容		频率范围(MHz)	图像载波频率(MHz)	伴音载波频率(MHz)
R	电视	S-1	14.0～22.0	15.25	21.75
		S-2	22.0～30.0	23.25	29.75
	非广播业务		5～13.0		

注:S-1 和 S-2 频道为有线电视广播系统上行传输增补频道。

4.3 下行传输电视频道配置见表3。

表 3

波 段	频 道	频率范围（MHz）	图像载波频率（MHz）	伴音载波频率（MHz）
Ⅰ	DS-1	48.5～56.5	49.75	56.25
	DS-2	56.5～64.5	57.75	64.25
	DS-3	64.5～72.5	65.75	72.25
	DS-4	76.0～84.0	77.25	83.75
	DS-5	84.0～92.0	85.25	91.75
A1	Z-1	111.0～119.0	112.25	118.75
	Z-2	119.0～127.0	120.25	126.75
	Z-3	127.0～135.0	128.25	134.75
	Z-4	135.0～143.0	136.25	142.75
	Z-5	143.0～151.0	144.25	150.75
	Z-6	151.0～159.0	152.25	158.75
	Z-7	159.0～167.0	160.25	166.75
Ⅱ	DS-6	167.0～175.0	168.25	174.75
	DS-7	175.0～183.0	176.25	182.75
	DS-8	183.0～191.0	184.25	190.75
	DS-9	191.0～199.0	192.25	198.75
	DS-10	199.0～207.0	200.25	206.75
	DS-11	207.0～215.0	208.25	214.75
	DS-12	215.0～223.0	216.25	222.75
A2	Z-8	223.0～231.0	224.25	230.75
	Z-9	231.0～239.0	232.25	238.75
	Z-10	239.0～247.0	240.25	246.75
	Z-11	247.0～255.0	248.25	254.75
	Z-12	255.0～263.0	256.25	262.75
	Z-13	263.0～271.0	264.25	270.25
	Z-17	271.0～279.0	272.25	278.75
	Z-18	279.0～287.0	280.25	286.75
	Z-19	287.0～295.0	288.25	294.75

续表

波 段	频 道	频率范围（MHz）	图像载波频率（MHz）	伴音载波频率（MHz）
B	Z-17	295.0～303.0	296.25	302.75
	Z-18	303.0～311.0	304.25	310.75
	Z-19	311.0～319.0	312.25	318.75
	Z-20	319.0～327.0	320.25	326.75
	Z-21	327.0～335.0	328.25	334.75
	Z-22	335.0～343.0	336.25	342.75
	Z-23	343.0～351.0	344.25	350.75
	Z-24	351.0～359.0	352.25	358.75
	Z-25	359.0～367.0	360.25	366.75
	Z-26	367.0～375.0	368.25	374.75
	Z-27	375.0～383.0	376.25	382.75
	Z-28	383.0～391.0	384.25	390.75
	Z-29	391.0～399.0	392.25	398.75
	Z-30	399.0～407.0	400.25	406.75
	Z-31	407.0～415.0	408.25	414.75
	Z-32	415.0～423.0	416.25	422.75
	Z-33	423.0～431.0	424.15	430.75
	Z-34	431.0～439.0	432.25	438.75
	Z-35	439.0～447.0	440.25	446.75

注：1. Z-1 至 Z-35 频道为有线电视广播系统增补频道。

2. 450MHz～1GHz 有线电视广播系统的电视频道配置另行考虑。

4.4 卫星数字声音广播（DSR）频道配置

卫星数字声音广播（DSR）信号经下变频器变频后在有线电视广播系统中传输时，可占用 Z-1 至 Z-2 频道，使用频率范围为 111.0～125.0MHz，中心频率为 118.0MHz。

4.5 新电视制式频道配置

传输新制式电视信号或其他非广播电视业务信号时可在 Z-17 至 Z-35 之间配置频道。

4.6 调频广播频道的频率配置

在 87.0MHz 至 108.0MHz 频率范围内，载频间隔 400kHz，可设置 52 个载频点。

4.7 导频

有线电视广播系统配置三个导频信号，导频频率如下：

第一：65.75MHz 或 77.25MHz

第二：110.00MHz

第三：296.25MHz（适用于5～300MHz有线电视广播系统）

448.25MHz（适用于5～450MHz有线电视广播系统）

第一、第三导频用于双导频有线电视广播系统，第二导频用于单导频有线电视广播系统。

4.8 非广播业务下行信号的传输可安排在72.50～76.00MHz之间或安排在空闲的下行电视频道。

5 系统传输方式

5.1 系统可以采用单向传输或双向传输方式。

5.2 为充分利用频率资源，在VHF频段，电视信号的传输频道一般按邻频传输方式配置。

5.3 在邻频传输系统中，DS-3频道可用来传输符合GB 9308标准的电视双伴音信号。在其他频道中传输电视双伴音信号应按非邻频传输方式配置，以保证电视伴音的传输质量。

5.4 在邻频传输系统中，传输PAL-D制电视广播信号的射频特性，除图像与伴音载波的频距和带外衰减应符合本规范规定的要求外，其他各项指标均应满足GB 3174第4条规定的要求。

5.5 干线系统可采用电缆、光缆、微波等传输媒介，或其任意组合的链路。

6 系统的附加功能

6.1 为确保有线电视广播系统的正常运行，提高系统的可靠性，必要时可以增设干线工作状态自动监测系统，业务通话等功能。

6.2 为充分利用双向传输系统的频率资源，必要时也可增加付费电视、数据传输交换等其他业务。增加的各种业务不应干扰电视和声音广播信号的传输质量。

7 系统技术参数要求

7.1 下行传输系统主要技术参数要求见表4。

表4

项 目		电 视 广 播	调 频 广 播
系统输出口电平(dBμV)		60～80	47～70(单声道或立体声)
系统输出口	任意频道间(dB)	≤10 ≤8(任意60MHz内)	≤8(VHF段)
频道间载波电平差	相邻频道间(dB)	≤3	≤6(任意600kHz内)
	伴音对图像(dB)	−14～−23(邻频传输系统) −7～−20(其他)	
频道内幅度/频率特性(dB)		任何频道内幅度变化不大于±2，在任何0.5MHz频率范围内，幅度变化不大于0.5	任何频道内幅度变化不大于2，在载频的75kHz频率范围内，变化斜率每10kHz不大于0.2
载噪比(dB)		≥43(B=5.75MHz)	≥41(单声道) ≥51(立体声)

续表

项　目		电　视　广　播	调　频　广　播
载波互调比(dB)		≥57(对电视频道的单频干扰) ≥54(电视频道内单频互调干扰)	≥60(频道内单频干扰)
载波组合三次差拍比(dB)		≥54(对电视频道的多频互调干扰)	
交扰调制比(dB)		$46+10\lg(N-1)$ （式中 N 为电视频道）	
载波交流声比(dB)		≥46	
邻频道抑制(dB)		≥60	
带外寄生输出抑制(dB)		≥60	
色度-亮度时延差(ns)		≤100	
回波值(%)		≤7	
微分增益(%)		≤10	
微分相位(度)		≤10	
频率稳定度	频道频率(kHz)	±25	±10(24h 内) ±20(长时间内)
	图像/伴音频率间隔(kHz)	±5	
系统输出口相互隔离度(dB)		≥30(VHF 段) ≥22(其他)	
特性阻抗(Ω)		75	
相邻频道间隔		8MHz	≥400kHz
数据传输质量	群时延(ns)	≤50	
	数据反射波比(%)	≤10	
辐射与干扰	寄生辐射	待　定	
	中频干扰(dB)	比最低电视信号电平低 10	
	抗扰度(dB)	待　定	
	其他干扰	按相应国家标准	

7.2 上行传输系统主要技术参数要求见表5。

表 5

项 目	电 视 广 播
输出口射频信号电平(dBμV)	＜80
频道内幅度/频率特性(dB)	任何频道内幅度变化不大于±1,在任何0.5MHz频率范围内幅度变化不大于0.25
载噪比(dB)	≥50
载波互调比(dB)	≥74(电视频道内单频道互调干扰) ≥64(对电视频道的多频道互调干扰)
交扰调制比(dB)	≥66
载波交流声比(dB)	≥60
回波值(%)	≤4
微分增益(%)	≤5
微分相位(度)	≤6
色/亮度时延差(ns)	≤30

7.3 系统输入端接口见表6。

表 6

项 目	阻 抗	电 平	备 注
射频接口	75Ω		
视频接口	75Ω	1V(P-P)	正极性
音频接口	600Ω(平衡/不平衡)	−6～+6dBm	电平连续可调

8 系统主要技术参数的测量方法

8.1 邻频道抑制

8.1.1 定义

在邻频道传输系统中,被测频道图像载波电平与该频道中心频率 $f_0 \pm 4.25$MHz 频率点处无用信号电平之差,以分贝表示。

8.1.2 测量仪器及设备

8.1.2.1 频谱分析仪。

8.1.2.2 75Ω可变衰减器。

8.1.2.3 视频信号发生器。

8.1.2.4 测试发射机。

8.1.3 测量方框图,见图1。

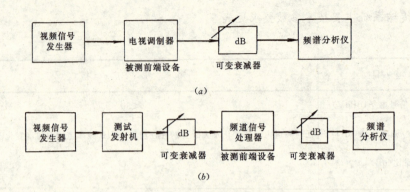

图 1 邻频道抑制测量方框图
(a)电视调制器邻频道抑制测量方框图；
(b)频道信号处理器邻频道抑制测量方框图

8.1.4 测量方法

8.1.4.1 测量处为前端设备输出口。

8.1.4.2 测量时,前端各频道的载波输出电平应为正常工作电平。

8.1.4.3 测量时,视频信号调制度应符号 GB 11318.2 第4条表5中Ⅰ类电视调制器的指标要求。

8.1.4.4 测量时,视频信号应选择频谱分量较为丰富的信号,例如格子信号等。

8.1.4.5 当测量的设备为频道信号处理器时,测量方框图如图 1(b)所示,测试发射机的输出电平应为频道信号处理器实际工作时的输入电平。

8.1.4.6 测量时先把频谱分析仪的中心频率对应到被测频道的图像载频上。

8.1.4.7 调整频谱分析仪本身的和外部附加的输入衰减器,使图像载波电平在频谱分析仪屏幕上对应合适的刻度作为参考电平。

8.1.4.8 调整频谱分析仪的测量带宽及扫描宽度。使被测频道的频谱全部显示在屏幕上。

8.1.4.9 从频谱分析仪的屏幕上直接读出载波参考电平与被测频道中心频率 $f_0 \pm 4.25$MHz 频率点处无用信号电平之差,即为该频道的邻频道抑制,以分贝表示。

8.1.4.10 重复第 8.1.4.6 至 8.1.4.9 条的步骤,测量出系统中所有频道的邻频道抑制。

8.2 带外寄生输出抑制

8.2.1 定义

在系统指定点,被测频道图像载波电平与该频道中心频率 $f_0 \pm 4$MHz 以外寄生输出信号电平之差,取其最小值,以分贝表示。

8.2.2 测量仪器及设备同第 8.1.2 条。

8.2.3 测量方框图,见图 2。

8.2.4 测量方法

8.2.4.1 测量点为前端设备输出口。

8.2.4.2 测量之前,各频道的载波电平为正常工作电平。测量时,除被测频道外,其他频道应处于关机状态。

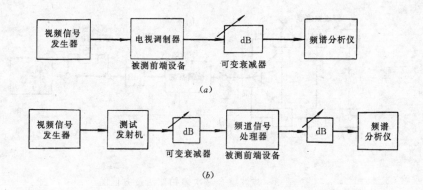

图 2 带外寄生输出抑制测量方框图
(a)电视调制器带外寄生输出抑制测量方框图
(b)频道信号处理器带外产生输出抑制测量方框图

8.2.4.3 测量时可采用加调制方法,也可采用不加调制方法。采用加调制方法时,测量方法及步骤与第 8.1.4.3 至 8.1.4.8 条相同。

8.2.4.4 展宽频谱分析仪带宽,从屏幕上可以直接读出载波参考电平之差与被测频道中心频率 $f_0 \pm 4MHz$ 以外寄生输出信号电平之差,取其最小值,即为该频道的带外寄生输出抑制,以分贝表示。

8.2.4.5 重复第 8.2.4.3 和 8.2.4.4 条的步骤测出系统中所有频道的带外寄生输出抑制。

8.3 载波组合三次差拍比(C/CTB)

8.3.1 定义

在多频道传输系统中,被测频道的图像载波电平与该载波周围集聚的组合三次差拍产物的平均电平峰值之比,通常用分贝表示。

8.3.2 测量仪器及设备

8.3.2.1 频谱分析仪。

8.3.2.2 75Ω 可变衰减器。

8.3.2.3 每个被测频道带通滤波器或可调带通滤波器。

8.3.2.4 多路等幅信号源(该信号源可调谐到被测系统使用的图像载波频率,其调谐精度和稳定性足以模拟系统工作条件。所需信号源的数目应与系统设计的频道最大容量相等)。

8.3.2.5 一台多路混合器。

8.3.3 测量方框图,见图 3。

8.3.4 测量方法

8.3.4.1 有线电视广播系统处于正常工作状态。

8.3.4.2 已调制载波测量法:

参照图 3 测量方框图,测量时不用等幅信号源,而是直接用系统的前端作为信号源,并加上视频调制信号。

用此方法测量时,对前端设备的稳定性及频率稳定度有较高的要求。

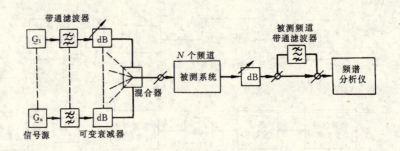

图 3 载波组合三次差拍比测量方框图

8.3.4.3 等幅载波测量法：

如图 3，测量时前端各频道的图像载波信号用多路等幅信号源代替。先去掉测量端的带通滤波器，调节各路信号源的输出电平，使其与系统正常工作时前端各频道的输出电平相同。

8.3.4.4 频谱分析仪调整如下：

中频带宽：300kHz 或更大。

视频带宽：最大或视频滤波器断开。

扫描宽度：0.5MHz/每格。

垂直标度：10dB/每格。

扫描时间：5ms/每格或更慢。

8.3.4.5 调整频谱分析仪，使被测频道图像载波处于屏幕中心。

8.3.4.6 调整频谱分析仪电平控制用的可变衰减器，使载波电平对应屏幕"0"dB 基准线，测量图像载波电平。

8.3.4.7 按图 3 所示接入被测频道带通滤波器，调整可调衰减器使图像载波电平保持"0" dB 基准。

8.3.4.8 在前端，将被测频道与系统断开，其他频道仍处于正常工作状态。频谱分析仪作如下调整：

中频带宽：30kHz。

视频带宽：10Hz（当使用的频谱分析仪最小视频带宽大于 10Hz 时，组合三次差拍产物显示会有噪波，应在扫描线中部读数）。

扫描宽度：50kHz/每格。

垂直标度：10dB/每格。

扫描时间：0.2s/每格。

这时在频谱分析仪的屏幕上留下的显示即为图像载波周围的组合三次差拍平均电平。屏幕上"0"dB 参考电平与显示的频谱线的峰值电平之差，即为载波组合三次差拍比，以分贝表示。

8.3.4.9 重复第 8.3.4.1 至 8.3.4.8 条的步骤，分别测量系统中的所有频道，取其最小值，即为系统的载波组合三次差拍比，以分贝表示。

8.4 下行传输系统其他主要技术参数的测量方法参照 GB 6510 第 3 条的规定执行。

8.5 上行传输系统主要技术参数的测量方法待定。

9 系统安全要求

系统供电、避雷、接地等各项安全要求参照 GB 6510 第 5 条和 GBJ 120 第 8 章、第 9 章的规定执行。

10 系统技术性能指标的验收规则

10.1 系统类别

系统按其容纳的输出口数分为 4 类(见表 7)。

表 7

系统类别	系统输出口数量	系统类别	系统输出口数量
A	10000 以上	C	300～2 000
B	2001～10000	D	300 以下

10.2 系统主要技术参数验收方法

a. 图像及声音质量的主观评价;

b. 系统主要技术参数的客观测试。

10.3 标准测试点的选取原则

10.3.1 作为系统主观评价和客观测试时的测试点称为标准测试点。标准测试点应是典型的系统输出口或其等效终端。作为等效终端其信号必须和正常的系统输出口信号在电气性能上没有任何变化,只是为了适应特定的测试系统时,其信号电平可以较高一些。

测试点应仔细选择,即应是那些噪声、互调失真、交调失真、交流声调制以及本地台直接串入等影响最大的点。

10.3.2 对于 A 类和 B 类系统,每 1000 个系统输出口中应有 1～3 个测试点,而且至少有一个测试点应位于系统中主干线的最后一个分配放大器之后,对于 A 类系统,其中系统设置上相同的测试点可限制在 10 个以内。

10.3.3 对于 C 类系统,至少应选取两个测试点,其中一个或多个测试点应接近主干线或分配线的终点。

10.3.4 对于 D 类系统,至少应选一个具有代表性的测试点。

10.4 系统质量的主观评价

10.4.1 图像质量的主观评价应参照 GB 7401 第 4.2 条五级损伤制标准执行(见表 8)。

表 8

等 级	图 像 质 量 损 伤 程 度
5分(优)	图像上不觉察有损伤或干扰存在
4分(良)	图像上有稍可觉察的损伤或干扰,但并不令人讨厌
3分(中)	图像上有明显觉察的损伤或干扰,令人感到讨厌
2分(差)	图像上损伤或干扰严重,令人相当讨厌
1分(劣)	图像上损伤或干扰极严重,不能观看

表 9

项 目 名 称	现　　　象	需要进行主观评价的系统类别
载噪比	图像中的噪波,即"雪花干扰"	A、B、C、D
电视伴音和调频广播的声音质量	背景噪声,如:咝咝声、哼声、蜂声和串音等	A、B、C、D
载波交流声比	图像中上下移动的水平条纹,即"滚道"	A、B、C、D
交扰调制比	图像中移动的垂直或倾斜的图案,即"串台"	A、B、C、D
载波互调比、载波组合三次差拍比	图像中的垂直、倾斜或水平条纹	A、B、C、D
回波值	图像中沿水平方向分布在右边的重复轮廓线,即"重影"	A、B、C、D
色度/亮度时延差	图像中彩色信号和亮度信号没有对齐的现象,即"彩色鬼影"	A、B、C、D

10.4.2　图像、电视伴音以及调频广播质量损伤的主观评价项目（见表9）。

10.4.3　系统质量主观评价的方法和要求。

10.4.3.1　主观评价用的信号源必须是高质量的,必要时可以采用标准信号发生器或标准测试带。

10.4.3.2　系统应处于正常工作状态。

10.4.3.3　对电视图像及伴音质量进行主观评价时应选用高质量的彩色电视接收机。对调频广播声音质量进行主观评价时,应选用具有外接天线输入插座的高质量调频接收机。

10.4.3.4　观看距离为电视机荧光屏高度的6倍,室内照度适中,光线柔和。

10.4.3.5　根据系统的不同类别主观评价人员一般需要5～7人,其中应有专业人员和非专业人员。

10.4.3.6　主观评价人员经过观察,对规定的各项参数逐项打分,然后取其平均值记为主观评价结果。当每项参数均不低于四级时定为系统主观评价合格。

10.5　系统质量的客观测试

10.5.1　在不同类别的系统中,每个标准测试点所必须测试的项目见表10。

表 10

项 目 名 称	需进行客观测试的类别	备　　注
图像和调频载波电平	A、B、C、D	所有频道
载噪比	A、B、C	所有频道
载波组合三次差拍比	A、B	所有频道
载波互调比	A、B	所有频道
交扰调制比	A、B	每一波段测一个频道
载波交流声比	A、B	测一次
频道内频率响应	A、B	所有频道
色度/亮度时延差	A、B	
微分增益和微分相位	A、B	

10.5.2　在主观评价过程中,如确认表9中规定的某一项不合格或有争议时,则应以客观测试结果为准。如对表9中未规定的某一项目有疑问时,应增加该项目的客观测试,并仍

以客观测试的结果为准。

10.5.3 在主观评价和客观测试过程中，如发现有不符合本规范规定的性能要求时，允许对系统进行必要的维修或调整，经维修、调整后应对相应的指标重新提交验收。

10.5.4 系统验收测试时，必须使用定期校验合格的测试仪器。测量方法应满足本规范的要求或与之等效的其他测量方法。

10.6 系统安全要求的验收应满足本规范第 9 条的要求。

10.7 系统验收后，验收测试小组应写出书面验收报告，验收报告的主要内容应包括主观评价结果和测试记录（例如：测试数据、测试方法、测试仪器、测试人员和测试时间等）。

附加说明：

本标准由广播电影电视部提出。

本标准由广播电影电视部广播科学研究所负责起草。

本标准主要起草人：姜保杰、张殿臣、袁卫东、张骞。

附录2

中华人民共和国电子工业部标准

声音和电视信号的电缆分配系统图形符号 SJ2708—87

1 总则

1.1 本标准规定的图形符号适用于"声音和电视信号的电缆分配系统"的电气图。

1.2 本标准所示图形符号的方位可按图面布置需要旋转或成镜像放置,但文字和指示方向不得倒置。

1.3 本标准所示图形符号的大小可按需要缩小或放大,但符号各组成部分之间的比例应保持不变。

1.4 根据需要可以对本标准的图形符号补充附加信息,附加信息一般标在该图形符号附近,也可标在图形符号内,但此时应加方括号。

1.5 本标准未规定的图形符号可采用国标 GB 4728《电气图用图形符号》中规定的符号或按标准所示符号进行组合派生。

1.6 本标准中的图形符号凡与 GB 4728 相同者均标出相应的符号序号。

2 天线

序 号	图形符号	说 明	GB 4728
2.1		天线（VHF、UHF、FM 频段用）	10—04—01
2.2		矩形波导馈电的抛物面天线	10—05—13

3 前端

序 号	图形符号	说 明	GB 4728
3.1		带本地天线的前端（示出一路天线） 注：支线可在圆上任意点画出	11—09—01
3.2		无本地天线的前端（示出一路干线输入，一路干线输出）	11—09—02

4 放大器

序号	图形符号	说　　明	GB 4728
4.1		放大器，一般符号	10—15—01
4.2		具有反向通路的放大器	11—10—04
4.3		带自动增益和/或自动斜率控制的放大器	
4.4		具有反向通路并带自动增益和/或自动斜率控制的放大器	
4.5		桥接放大器（示出三路支线或分支线输出） 注：① 其中标有小圆点的一端输出电平较高。 ② 符号中，支线或分支线可按任意适当角度画出。	11—10—01
4.6		干线桥接放大器（示出三路支线输出）	11—10—02
4.7		线路（支线或分支线）末端放大器（示出两路分支线输出）	
4.8		干线分配放大器（示出两路干线输出）	

5 混合器或分路器

序 号	图 形 符 号	说　　明	GB 4728
5.1		混合器（示出五路输入）	
5.2		有源混合器（示出五路输入）	
5.3		分路器（示出五路输出）	

6 分配器

序 号	图 形 符 号	说　　明	GB 4728
6.1		二分配器	11—11—01
6.2		三分配器 注：同符号4.5的注①	11—11—02
6.3		四分配器	
6.4		定向耦合器	11—11—03

7 用户分支器与系统输出口

序　号	图　形　符　号	说　　明	GB 4728
7.1		用户一分支器 注：① 圆内允许不画直线而标注分支量 ② 当不会引起混淆时，用户线可省去不画 ③ 用户线可按任意适当角度画出	11—12—01
7.2		示例：标有分支量的用户分支器 （未示出用户线）	
7.3		用户二分支器	
7.4		用户四分支器	
7.5		系统输出口	11—12—02
7.6		串接式系统输出口	11—12—03
7.7		具有一路外接输出口的串接式系统输出口	

8 均衡器和衰减器

序　号	图　形　符　号	说　　明	GB 4728
8.1		固定均衡器	11—13—01

续表

序 号	图形符号	说　明	GB 4728
8.2		可变均衡器	11—13—02
8.3	dB	固定衰减器	10—16—01
8.4	dB	可变衰减器	10—16—02

9 调制器、解调器、频道变换器与导频信号发生器

序 号	图形符号	说　明	GB 4728
9.1		调制器、解调器、一般符号 注：①使用本符号应根据实际情况加输入线、输出线 ②根据需要允许在方框内或外加注定性符号	10—19—01
9.2	V S	电视调制器	
9.3	V S	电视解调器	
9.4	n_1 / n_2	频道交换器（n_1 为输入频道，n_2 为输出频道） 注：n_1 和 n_2 可以用具体频道数字代替	
9.5	G ∼ *	正弦信号发生器 注：星号（*）可用具体频率值代替	10—13—02

10 匹配用终端

序 号	图形符号	说 明	GB 4728
10.1	▭	终端负载	10—08—25

11 滤波器和陷波器

序 号	图形符号	说 明	GB 4728
11.1	(高通符号)	高通滤波器	10—16—04
11.2	(低通符号)	低通滤波器	10—16—05
11.3	(带通符号)	带通滤波器	10—16—06
11.4	(带阻符号)	带阻滤波器	10—16—07
11.5	N	陷波器	

12 供电装置

序 号	图形符号	说 明	GB 4728
12.1	(符号)	线路供电器（示出交流型）	11—14—01
12.2	‖	供电阻断器（示在一条分配馈线上）	11—14—02
12.3	(符号)	电源插入器	11—14—03

附加说明

本标准由电子工业部标准化研究所提出。

本标准由武汉市无线电天线厂和电子工业部标准化研究所负责起草。

附录3

关于有线电视现阶段网络技术体制的意见

(广电部广发技字 [1993] 796号文)

一、节目套数

节目套数是有线电视网络设计的基础参数,它是决定网络传输频带宽度,选择干线传输方式等技术问题的依据。

考虑到:

1. 目前中央电视台除通过卫星传送的第一、二、三套节目、第四套(N制、PAL制)节目外,中央电视台还将开办电影、体育、信息等频道,通过卫星向全国有线电视网传送。预计近几年内中央电视台节目将超过六套。

2. 部分省、自治区将有十多套电视节目用卫星进行传送。

3. 中央电教节目已有卫星传送二套、预计近几年将会增加一套。

4. 省级电视台有一至二套节目。

5. 地(市)或县电视台有一至二套节目。

6. 有线电视台将自办综合节目一套,教育或专题节目一至二套、正程图文电视广播一套等。

综合上述分析,近期内大约将有30套节目可供有线电视地面网使用。

建设有线电视网络,要考虑广播与电视的协调发展,共缆传送声音广播节目的来源有:

1. 中央人民广播电台第一、二、三套节目。

2. 本省、市广播电台的一至三套节目。

3. 国际广播电台外语广播节目。

4. 中央人民广播电台对少数民族广播节目。

5. 有线广播电视台自办的广播节目和原有的有线广播节目等。

总共约有十几套广播节目。

二、干线传输和分配网络的频带宽度

对于这个问题分为二个方面来考虑。一个方面是我国有线电视网络的工程建设问题;另一个方面是有线电视的技术引进和科研等问题。

关于我国有线电视网络的工程建设问题。考虑到各省、自治区电视台送上卫星的节目中、影视节目有较多的重复性。各有线电视网不一定要全部收转。可以有选择地转播。

根据我国国民经济的发展,人民群众实际生活水平和需求,今后一段时期内,我国有线电视地面网络的规划和设计,在县(县级市)及乡镇地区,或市区居民户数在十万户以下的,一般可以选择300兆赫网络系统。对于地(市)以上的大中城市和个别经济发展先进地区,或居民户数在十万户以上的,可以建筑能同时传送30至40套节目的网络系统,选择450兆赫(含)以上的网络系统较为恰当。

在技术引进和科学研究等方面起点可以高一点,可考虑以450或550兆赫为起点,引进、研制、生产先进的技术和设备(含数码压缩、光缆、AML、MMDS等传输技术和设备)。

三、隔频和邻频传输及前端信号处理方式

有线电视网络建设实践证明,较大规模的网络系统,应该采用邻频道传输方式,前端信号采用中频处理方式,这样才能保证有线电视网络信息容量大,节目质量高的特点。

在当前有线电视网络建设中,共用天线系统仍具有相当的数量。对于隔频道传输技术,群变频技术,前端高频信号处理技术,全频道分配技术等在大规模有线电视网络中已不太适用的技术,可在小型有线电视系统和共同天线系统中继续使用。

四、关于干线传输的技术手段

根据当前有线电视技术发展水平,原则上可按以下几种情况进行考虑。

1. 干线传输长度不超过10公里或略多于10公里的有线电视网络,可以以同轴电缆传输为主、组成星树结构的同轴电缆传输分配网络。

2. 干线传输超过10公里的大型网络,可考虑采用调幅(AM)光缆系统进行信号传输;也可以使用传输多路电视信号的点对点或多点的微波(AML)电路进行传输。

3. 使用光缆传输有线电视节目,具有信息容量大、传输距离远、技术质量好、抗干扰性强、安全可靠性高、可维护性好,适宜于多功能应用开发和发展等特点。是有线电视信号传输技术手段的发展趋向。

由于光缆传输技术的发展,有关设备器材价格的降低,在干线传输超过一定距离,其建设费用与同轴电缆的建设费用比较接近的情况下,应该考虑建设以光缆做干线传输,在小区用同轴电缆进行分配的星树结构网络。

4. 使用多路微波分配系统(MMDS)进行传输和分配,具有建设速度快、投资省、环节少等特点。适合于一些敷设干线线路十分困难的城市或地区,以及对城市郊区人口的覆盖。鉴于 MMDS 系统无双向传输功能、频道容量有限制、对地面分配网络的技术条件要求高。对有线电视网的多功能发展有较大局限性。为此,建议在一些人口集中的大城市,建设地面电缆、光缆网初期存在较大困难的,可以先以 MMDS 作为过渡性的技术手段。在完成过渡后,保留作为对郊区的有线电视覆盖。为保证有线电视节目的技术质量,用于户数较多的地面分配网络应安装有专业级技术质量水平的下变频器。

5. 随着有线电视事业的发展,中央和省级使用卫星和微波进行有线电视信号传输,已提到工作日程上来。使用卫星传输技术,覆盖范围大、技术质量高、经济效益好。今后,中央和一些有条件的省建设卫星转发加地面有线电视网的星网宽带信息传输分配网络系统,将是有线电视事业发展的方向。

五、关于有线电视网络传输技术系统体制

为了坚持有线电视的社会主义政治方向,保证党中央和各级政府的政策和政令畅通,有线电视作为党和政府的舆论宣传阵地,必须由各级广播电视行政管理部门,统一领导,集中管理把握正确的舆论导向。

有线电视网络系统和结构,在贯彻"一地一网,一网几台"的原则下,从技术上要考虑宣传工作的实际需要。在中央直辖市,凡设有广播电视局(处)的市辖区,如确有需要,在取得上级主管部门的批准后,可以利用有线电视网络进行宣传教育,设置自办节目的区有线电视台或分台。原则上,分台的节目信号应回传至市有线电视台总前端,再由统一网络下行分配。

网络结构可采用一级或二级星形网络和基层树枝状同轴电缆分配网络相结合的星树结构网络系统。在街道和小区只能设置分配前端,分配前端不能插入任何节目。为了维护、管理和保卫的方便及发挥区和街道社会管理力量的积极性,市有线电视网络管理部门,也可根据本地情况,设置区或区、街道管理站,构成二级或三级管理体制。

为了确保有线电视网络系统在政治上的安全可靠,各行政区域的有线电视网络系统,必须由广播电视部门单独建网自成系统。系统设计应符合广播电视安全播出要求,前端和播出设备要安装在有警戒保卫的广播专用机房内。整个网络系统由广播电视部门统一管理,统一调度,统一维护,随时掌握运行情况,及时处理安全播出问题。

六、关于多功能应用问题

有线电视网络的多功能应用,具有极大的发展潜力。有线电视网络向社会综合信息网发展是一个大趋势。在现阶段应主要考虑以下几个问题。

1. 对于需要进行实况转播的有线电视网络,可以在网络的有关部位设置双向传输设备,用于重要政治文化活动场所等地的实况转播。

2. 广播和电视共缆传输,是我国有线电视事业发展的特点之一。在有线广播网健全的地区,采用共缆传输,对巩固和提高有线广播的质量,实现有线电视网络的多功能开发,在我国农村社会和经济发展中将会发挥重要作用。这些地区应抓住有线电视发展的大好时机,以电视带广播促进城、乡有线广播网的巩固和发展。

(1) 使用调频方式把有线广播节目信号直接传送到用户,用户使用调频音箱或调频接收机接收广播。各地区在建立有线电视系统时,广播和电视应同时并举。这种方式是有线电视系统的标准传输方式。

(2) 在干线上使用调频方式传输,在分配前端通过调频解调,检出音频信号,放大后以音频功率信号与射频有线电视信号混合共缆方式传输到用户。

(3) 对于公用天线系统或小乡镇的有线电视网络,可以将有线广播音频功率信号和射频有线电视信号混合共缆传输到用户。

(4) 共杆、共缆传输(同轴电缆和有线广播线同杆架设或采用复合电缆),将有线电视信号和音频广播信号同时或分别传输到用户。这种方式适用于农村乡镇中供电没有保障的地区,以便实现无电源收听广播,保证宣传质量。

上述射频有线电视信号和有线广播音频功率信号共缆传输的技术方式,现正在进行研究试验,在电影广播和电视信号质量以及系统和设备的安全前提下,进行推广应用。

3. 可以设置专门的正程图文电视频道,以扩大社会信息服务功能。

4. 可以利用有线电视网络,进行城市或地区的计算机并网(例如:银行、保险等)。

5. 对于在广播和电视中传送立体声和双伴音节目,当前仍按原标准执行。由于所需频带较宽,建议暂先安排在频段边沿的频道内播出。

6. 有线电视网络的运行状态监测,异常状态显示,故障部位判断,维修业务通话等功能的开发应用。是当前大型网络应考虑的问题。

7. 对于电视购物、电视存款、社会收费、可视电话等多功能社会业务,应进行研究开发。

8. 随着科学技术的发展,高清晰度电视、数字立体声广播、数据广播等新的广播电视形式,都将很快进入有线电视系统。在制订标准,进行规划及系统设计时要留有发展余地。

七、关于安全可靠性和可维护性

有线电视网络的安全可靠性和可维护性是很重要的技术指标。在系统规划，设计和设备生产中都应给予充分重视。

在规划设计时，可靠性设计应放在重要的地位。应充分考虑安全供电、防雷、防雨、防潮、防盗、防破坏等问题。要选用可靠性高、可维护性好的设备。前端设备要有足够的热备份和冷备份。要能在短时间内排除故障恢复播出。对于干线和分配网络设备，要求有迅速代换恢复播出的能力，要有必要的迂回电路。要考虑设备和电缆的老化问题。设计要留有余地。

有线电视设备和器材生产部门，应把设备的可靠性和可维护性作为重要课题进行研究和提高，争取把设备的无故障运行时间提高到较高水平；把设备的方便维修和代换，作为基本功能来设计。

八、关于电视信号的加扰问题

当前我国有实际需要也已具备一定的客观条件开展电视信号的加扰传输和开展付费电视业务，为此要逐步加强和引导这一方面的技术研究和设备生产，制订相应的技术要求和标准。

加扰技术在我国有线电视中的应用，结合我国的特点，可分为二级传输体制，即由中央或某些省、自治区，通过卫星或微波向各地传送加扰电视节目。再由各地的有线电视地面网接收下来，加上本地的加扰和控制措施，向本地网的用户传送加扰电视节目，以便于收视和管理。

加扰和解扰设备的研制和生产，要适应二级管理体制的需要。家用解扰器的生产既需考虑足够的安全性又要适应我国广大用户的经济承受能力。

由于有线电视节目套数的增加，使用增补频道和生产接收机频道变换器已有社会需求，接收机频道变换器的生产和家用电视解扰器的生产应统一考虑。把两种功能结合在一起，可以避免用户重复投资，但也不排除某些场合接收机频道变换器的单独生产和使用。

九、关于大力研制开发和使用国产化设备器件问题

开发和使用国产有线电视设备，是我国有线电视事业发展壮大的可靠基础和后盾，既是发展我国民族工业的需要，也是发展有线电视事业的需要。现阶段，在我国即将恢复关贸总协定缔约国地位的前夕，在迎接复关以后要参与国际竞争的形势下，在技术政策上要支持和协同国务院电子设备生产主管部门组织我国有线电视设备和器材生产厂家和企业，积极引进技术，增加品种，不断提高产品质量，特别是关键设备和器件的质量，努力开拓和占领国内市场并参与国际竞争。

十、有线电视网络的标准化问题

有线电视在广义上包括了共用天线系统，但在技术要求上与共用天线有着明显的区别，为了保证我国有线电视事业的健康发展，需要抓紧有线电视系统各项技术标准的修订、制订和配套工作，完善有线电视标准化体系。抓紧标准的贯彻实施工作。

有线电视的标准制订和修订工作，要力争走在事业发展的前面，要参考国际上的先进标准，向国际标准靠拢。

附录 4

电缆电视工程常用器材的特性参数

一、信号系统常用器材的特性参数
（一）航空航天部 607 所生产的天线特性参数
1. VHF 天线特性参数

		接收频道	振子数	输入阻抗（Ω）	增益（dB）	驻波比	半功率角①（°）	前后比（dB）
	FMLH5T	FM	5	75	6.8±1	1.5～1.8	±38	≥12
	FMLH7T	FM	7	75	6.9±1	1.5～1.8	±28	≥12
	V1LH5T	1CH	5	75	6.8±1	1.5～1.8	±28	≥12
	V2LH5T	2CH	5	75	6.8±1	1.5～1.8	±28	≥13
	V3LH5T	3CH	5	75	6.8±1	1.5～1.8	±28	≥13
	V4LH5T	4CH	5	75	6.8±1	1.5～1.8	±28	≥13
	V5LH5T	5CH	5	75	6.8±1	1.5～1.8	±28	≥13
	V5LH7T	5CH	7	75	1.8±1	1.5～1.8	±26	≥13
	V6LH11T	6CH	11	75	8.5±1	1.5～1.8	±21	≥13
	VQLH8T	6～12CH	8	75	12±1	1.5～1.8	±28	≥13
	V8LH12T	8CH	12	75	6.5～10.5±1	1.5～1.8	±21	≥13
	V10LH12T	10CH	12	75	11±1	1.5～1.8	±21	≥13
	V12LH12T	12CH	12	75	11±1	1.5～1.8	±21	≥13
高前后比天线	V6LH12T	6CH	12	75	11±1	1.5～1.8	±21	≥20
	V7LH12T	7CH	12	75	11±1	1.5～1.8	±21	≥20
	V8LH12T	8CH	12	75	11±1	1.5～1.8	±21	≥20
	V9LH12T	9CH	12	75	11±1	1.5～1.8	±21	≥20
	V10LH12T	10CH	12	75	11±1	1.5～1.8	±21	≥20
	V11LH12T	11CH	12	75	11±1	1.5～1.8	±21	≥20
	V12LH12T	12CH	12	75	11±1	1.5～1.8	±21	≥20

① 半功率角为半角值，在此范围内均为满足要求。

2. UHF 天线特性参数[①]

型号	接收频道	振子数	输入阻抗 (Ω)	增益 (dB)	驻波比	半功率角[②] (°)	前后比 (dB)
U15LH17T	13～15CH	17	75	16±1	1.5～2	±17	≥20
U17LH17T	16～18CH	17	75	16±1	1.5～2	±18	≥20
UQLH14T	13～68CH	14	75	7～11±1	1.5～2	±18～±20	≥15～18
U20LH17T	19～21CH	17	75	16±1	1.5～2	±18	≥20
U23LH20T	22～24CH	20	75	17±1	1.5～2	±17	≥20
U29LH20T	27～31CH	20	75	17±1	1.5～2	±17	≥20
U34LH20T	32～35CH	20	75	17±1	1.5～2	±17	≥20
U23LH20T	22～24CH	20	75	17±1	1.5～2	±17	≥20
LHG-5 II	13～31CH	8	75	13～15±1	1.5～2	±17	≥15～20
U14LH20T	14CH	20	75	17±1	1.5～2	±17	≥20
U26LH20T	26CH	20	75	17±1	1.5～2	±17	≥20
U31LH20T	31CH	20	75	17±1	1.5～2	±17	≥20

① 可根据用户需要设计、制造各种单频道天线和高增益天线阵。
② 半功率角为半角值,在此范围内均为满足要求。

(二) 天线放大器的特性参数

生产单位	西德伟视公司	北京电视天线厂	上海广播器材厂	上海电视六厂	武汉无线电天线厂	上海电视研究所	航空航天部607所	国营涪江机器厂	国营成都630厂	沈阳无线电十二厂	香港	日本	日本万视宝	深圳天河电子设备有限公司
型号	V	B-30型	PF-2型	PF-8型	FT 430	LHF7 230V LHF7 234V	JZ 32V BA-V	TF03	BWF7 320A (西德 VS32)	WB 38 TG	WA40	UB42 TG	MW-27	
工作频带 (MHz)	8	8	8	8	470～800	48～230	8	40～230	40～860	47～800	45～230 470～860	45～230 470～860	470～766	45～108 167～223 470～800
增益 (dB)	≥15	≥30	26±2	≥30	≥30	≥26	30±2	33	≥20	15	V:34 U:46	43	10～43	24±$^3_1$ 26±$^3_1$

续表

生产单位	西德伟视公司	北京电视天线厂	上海广播器材厂	上海电视六厂	武汉无线电天线厂	上海电视研究所	航空航天部607所	国营涪江机器厂	国营成都630厂	沈阳无线电十二厂	香港	日本	日本万视宝	深圳天河电子设备有限公司
型号	V	B-30型	PF-2型	PF-8型	FT430	LHF7230V LHF7234V	JZ32V BA-V	TF03	BWF7320A（西德VS32）	WB 38 TG	WA40	UB42 TG	MW-27
噪声系数（dB）	≤4.5	11	≤10		≤3.5	＜2.5～5	≤3	≤4.5	≤5	V:1.8 U:2.5	3～5	1.9	≤3
带内平坦度（dB）	≤1		≤0.5		±2	+3～-1		±0.8	±1（8MHz）	±1	±1	±1	±2
输入输出阻抗（Ω）	75	75	75	75	75	75	75	75	75	75	75	75	75
输入输出驻波比	≤2	≤1.8	≤2	≤2	≤2	≤2	≤2	≤2	≤2.5	≤2	≤2	≤2	≤2
最大输出电平（dBμV）	95	110	98	120	100	96	100	≥95	≥90	≥100	V:105 U:108	V:111 U:113	107	98 102
交扰调制（dB）							≤-54		≤-60					

（三）频道放大器特性参数

生产单位	国营成都电视设备厂			国营涪江机器厂			深圳天河电子设备有限公司	
型号	PF02	PF04	PF05	J240CAVⅠ-Ⅱ	JZ50CAVⅢ-Ⅱ	JZ50CAU-Ⅱ	MW-CFS(V)	MW-CFS(UV)
工作频道	1～56CH 任一频道			1～5CH	6～12CH	13～56CH	45～223CH 任选一频道	470～800CH 任选一频道
带宽（MHz）	8			8			8	
增益（dB）	V波段18±$^3_1$ U波段20±$^3_1$			≥40			27	
带内平坦度（dB）	±0.8						±0.5	

续表

生产单位	国营成都电视设备厂			国营涪江机器厂			深圳天河电子设备有限公司
带外抑制(dB)	≥35			≥20			≥25
最大输出电平(dB)	≥90			120			105
三音互调比(dB)	≥60						
输入输出阻抗(Ω)	75			75			75
噪声系数(dB)	≤8			≤6			≤3
反射损耗(dB)	≥12			≥10	≥7.5		
增益调整(dB)	AGC：输入70±10 输出变化≤1	AGC：0～−18	AGC：输入±10，输出变化±1				−15
供电 ($\frac{+24V}{DC}$)	200mA	60mA	20mA	140mA	110mA	170mA	AC220V±10%50Hz

二、前端设备特性参数

（一）频道转换器特性参数

生产单位	沈阳无线电十二厂	沈阳无线电十二厂	国营涪江机器厂	航天航空部607所	武汉无线电天线研究所	上海广播器材厂	南京得天通信公司
型号	BWB760F（西德VP06）	BWB760E（西德VP05）	JZB151−U/V、V/V	LH13−U/V、V/V	SPB−U/V	PB−U/V	PZG−U/V
输入频道	Ⅵ 1～5	Ⅶ 6～12	U、V	U、V	U	U	U
输出频道	Ⅶ 6～12	Ⅵ 1～5	V、V	V、V	V	V	V
最大输出电平(dBμV)	120	120	120	80	90	100	110
增益(dB)	60	60	50		10		≥15
增益控制(dB)	−20	−20					
自动电平控制(dB) 输入变化 输出变化	±10 ±1	±10 ±1	±10 ±1				±10 ±1
驻波系数	1.5	1.5	≤2	≤2		≤2	≤2
带内频率响应(dB)	±1	±1	±1	±1			
交调(dB)	−54	−54		−50			−40
噪声(dB)	≤10	≤10	≤8	≤10		≤10	≤8

(二) U/V 频道混合器特性参数

1. U/V 频道混合器

生产单位	武汉无线电天线厂	北京电视天线厂	成都银星无线电厂	航天航空部607所	北京电视设备厂
型号	HH302U/V	BH2A BH2B	H102	LHP13 LHP12	XQH120A
频率范围(MHz)	48～225 470～860	BH2A:48～92 167～223 BH2B:48～223 470～960	48～225 470～860	P13:47～108 167～223 470～860 P12:470～860	47～223 470～680
输入输出阻抗(Ω)	75	75	75	75	75
插入损耗(dB)	<2	<2	<2	<2	≤1.5
带外衰减(dB)	>20				
相互隔离度(dB)	≥20	≥20	≥20	>25	≥20
电压驻波比	≤2.5	<1.8	≤2	≤2	≤2

2. 宽带混合器

生产单位	国营涪江机器厂	成都银星无线电厂	鞍山广播器材总厂	北京电视设备厂	沈阳无线电十二厂	
型号	JZMX$_2$ JZMX$_3$ JZMX$_4$	H506W (6路混合)	AGH102A (VHF任意两频道)	XQH102A	DE31 DE36 VHF I VHF II (2路混合)	DE38 U
输入损耗(dB)	VU X$_2$:3.7、4.0 X$_3$:5.8、5.5 X$_4$:7.5、8	≤9	<2	<1	0.5 1.5	1.5
频道不平坦度(dB)	±1	±2	±1	±1	±1 ±1	±1
相互隔离(dB) V/U	≥20	≥20	≥20	≥20	≥20 ≥20	≥20
驻波系数	≤2	≤2	≤2	≤2	≤1.5 ≤1.5	≤1.5

注：宽带工作频率范围 40～860MHz。

3. 频道混合器

生产单位	国营涪江机器厂	航天航空部607所	成都银星无线电厂	中央电视台国际电视服务公司	北京电视设备厂	鞍山广播器材总厂
型号	JZH22(2混) JZH24(4混)	LHH2nBS(V) LHH2nBS(U)	H306V H307V H304U	CJH206	CHF-1 (5混)	AGH205A
插入损耗(dB)	≤4	<3	≤3	≤3	<4	<4
带内平坦度(dB)	±1	±1	±1			±1
带外衰减(dB)	≥20	≥20	≥20	≥30		≥20
驻波系数	≤2	<2	≤2	≤2		≤2

注：VHF混合间隔一个频道，UHF混合间隔三个频道。

(三) 美国 JERROLD 公司器件特性参数

1. 捷变频外差处理器

参数	单位	S450P-C	S450P-D
射频输入			
输入频道	MHz	VHF、UHF、48～855电缆电视频道	VHF、UHF、450以下的电视频道
输入阻抗	Ω	75	75
信号电平范围	dBmV	开路频道：−15～+25 闭路频道：−15～+10	开路频道：−15～+25 闭路频道：−15～+10
邻频抑制	dB	≥60	≥60
AGC范围	dBmV	−15～+25	−15～+25
射频输出			
输出频道	MHz	48～446,步进为0.25	50～450,步进为0.25
FCC频率步进	kHz	−12.5～+25	
输出电平	dBmV	60,−10可调	60,−10可调
寄生输出	dB	>60(低于视频载波电平)	>60(低于视频载波电平)
带外C/N	dB	>80(低于视频载波电平)	>80(低于视频载波电平)
输出阻抗	Ω	75	75
其他			
保险		0.5A,250V	0.5A,250V
电源		220VAC,50Hz,35W	220VAC,50Hz,35W
输入阻抗	Ω	75	75
外型尺寸(宽×高×深)	in	19×1.75×7	19×1.75×7

2. 频率可变调制器

参　　数	单　位	S450M-Ⅱ	S550M-C
射　频			
输 出 频 率	MHz	50～450	48.25～543.25
输 出 电 平	dBmV	60～70 可调	最小 55,10 可调
寄 生 输 出	dB	>60,输出为 60dBmV,50～450MHz	>60,输出为 55dBmV,48.5～543.25MHz
带 内 C/N	dB	最小 64	最小 64
带 外 C/N	dB	最小 80	最小 80
频 率 精 度	kHz	±5	±10
输出反射损耗	dB	>12	>12
A/V 比	dB	－12～－25(可调),预置－15	－12～－25(可调),预置－15
图像中频输出电平	dBmV	35(额定值)	35(额定值)
伴音中频输出电平	dBmV	20(额定值)	20(额定值)
视　频			
输 入 电 平	Vp-p	最小 0.7,调制度为 87.5%	最小 0.7,调制度为 87.5%
输 入 类 型		NTSC,反向同步	负同步
输 入 阻 抗	Ω	75	75
微 分 增 益		<5%(0.4dB),调制度 87.5%,APL10%～90%	<5%(0.4dB),调制度 87.5%,APL10%～90%
微 分 相 位		<30,调制度 87.5%,APL10%～90%	<30,调制度 87.5%,APL10%～90%
K 系 数		最大 4%	最大 4%
平 坦 度	dB	±1(25kHz～4.18MHz)	±1(25kHz～5MHz)
调 制 度		0～100%	0～100%
方 波 斜 率		最大 1%(60Hz 时)	最大 1%(50Hz 时)
音　频			
基带输入阻抗	Ω	600 平衡/不平衡	600 平衡/不平衡
基带输入电平	dBm	－10(250mV)～＋10(2.5V)频偏 25kHz	－10(250mV)～＋10(2.5V)频偏±50kHz
预 加 重	μs	75,50Hz～15kHz	50,50Hz～15kHz
谐 波 失 真		最大 1.5%,±25kHz 频偏,50～15kHz	最大 1.5%,50Hz～15kHz,频偏±50kHz
平 坦 度	dB	最大 1.5 ,50Hz～15kHz,包括预加重	最大 2,50Hz～15kHz,包括预加重
立体声输入	dBmV	＋35～45	＋35～45

3. 频率可调解调器

参　　数	单　位	S890D-C	S890D-D
VHF/UHF 输入	MHz	48.25～855.25 或 48.75～855.75	54～890
射频输入电平	dBmV	开路：-10～+25 闭路：-10～+10	开路：-10～+25 闭路：-10～+10
视频输出	V_{p-p}	1(75Ω)	1(75Ω)
音频输出	mV_{pp}	500(600Ω 不平衡)	500(600Ω 不平衡)
MPX 输出	mV_{pp}	500(600Ω 不平衡)	500(600Ω 不平衡)
6.5MHz 输出	dBmV	+40(75Ω)	+40(75Ω)
电　源		220VAC,50Hz,10W	220VAC,50Hz,8W

4. 混合器/分配器

参　　数	单　位	HC-8F 8 路	HC-12X 12 路
频率范围	MHz	5～450	5～550
最小插入损耗	dB	19±3	19±3
最小隔离度	dB	30	40
阻　抗	Ω	75	75
匹　配	dB	16	16
尺　寸 (宽×高×深)	in	19×1.75×2	19×1.75×2

(四)美国 CATEL 公司调频立体声调制器特性参数

参　　数	单　位	FMS-2000B
输　入		左右频道基带音频,600Ω 平衡输入 SCA 输入档,高阻
输入电平	dBm	-10,APL 0,PPL
预加重	μs	75(正常),50,0(无)
频　响		±0.5dB,20Hz～15kHz
立体声分离	dB	>35,50Hz～10kHz >30,10Hz～15kHz
总谐波失真		<0.4%,1kHz
频率稳定度		±0.002%
RF 输出	MHz	频率可变,87～108 或 108～120 步长 100kHz
RF 频偏	kHz	75 峰值(+50kHz 可选)
输出电平	dBmV	+50 最大 +30～+50 可调

三、传输系统器材特性参数
(一)干线放大器特性参数
1. 干线放大器

生产单位	VIKOA	东芝	PHILIPS	八木	八木	AEL	沈阳无线电十二厂	成都银星无线电厂	航空航天部607所	国营涪江机器厂
型号	211	TTA-1	SX-2TC	CC-TA-250	CC-TA-490H	CT-2A	BWF4030A(西德VX50A)	GF1326	LHF48140A	JZTAP-Ⅱ
工作频带(MHz)	50~230	50~270	50~330	70~250	70~250	50~270	47~800	40~600	10~600	45~450
最大增益(dB)	26	26	22	20(250) 10(70)	20(250) 10(70)	28	30	26	40	14/18
带内不平坦度(dB)	±0.25	±0.25	±0.2	±0.5	±0.3	±0.25	±2	±0.85	≤±0.75	±1
噪声系数(dB)	≤10	≤8.5	≤8	≤11						
最大输出电平(dB)	110	108				111	118	120	120	120
自动增益控制(dB)	输入变化±4 输出变化±0.5	±5 ±0.5	±4 ±0.5	±3 ±0.3	±3 ±0.3	±5 ±0.5	手动 0~16	±5 ±0.3	15 1	±3 ±0.4
自动斜率控制(dB)	输入变化±2 输出变化±0.5	±4 ±0.5	±4 ±0.5		±2 ±0.3	±4 ±0.5	手动 0~24			±2 ±0.4
输入输出驻波比	≤1.5	≤1.5	≤1.5	≤1.5	≤1.5	≤1.5	≤2	≤1.8	≤2	≤1.8
推荐输出电平(dB)			100	92(250) 86(70)	92(250) 86(70)					
交调	-60	-80		-86	-86	-60	-60	-65	-60	-60
导频(MHz)	112.5 225	73 246		246	73 246	73.5 163.5		110.7		73.5 287.5

257

2. 美国 JERROLD 公司的主干线放大器

参 数		型 号		5F27PSA	5F27QSA	5F27TSA
		说 明		功率倍增桥接器	4倍功率桥接器	仅有干线
		单 位	注			
通带		MHz	1	48～550	48～550	48～550
响应平坦度	TK	±dB	2	0.4	0.4	0.4
	BR	±dB		0.7	0.7	—
满增益	TK	dB	3	30	30	30
	BR	dB	4	33	32	—
工作增益		dB	5	27	27	27
增益控制范围	TK	dB	6	0～6	0～6	0～6
	BR	dB		0～4	0～4	—
斜率范围	TK	dB	7	+3/−4	+3/−4	+3/−4
倾斜范围	TK	dB	8	−1/−5	−1/−5	—
噪声系数	TK	dB	9	9.5	9.5	9.5
	BR	dB	10	7	7	—
工作电平	TK 输入	dBmV	11	10	10	10
	TK 输出	dBmV		37/31	37/31	37/31
	BR 输出	dBmV		46/36	48/38	—
失真（77个频道）						
CTB77	TK	−dB	12	88	88	88
	BR	−dB	12	64	65	—
XM77	TK	−dB	13	88	88	88
	BR	−dB	13	66	67	—
SSO77	TK	−dB	12,14	85	85	85
	BR	−dB	12,14	72	72	—
反射损耗 75Ω		dB	15	16	16	16
交流声调制		−dB	16	70	70	70
控制导频						
AGC：频道 3		MHz	17	65.75	65.75	65.75
范围		dBmV	18	29～39	29～39	29～39
ASC：频道		MHz	17	448.25	448.25	448.25
范围		dBmV	18	32～42	32～42	32～42
控制精度		±dB	18	0.5	0.5	0.5
DC 电流		mA	19	1605	2005	945

(二)线路延长放大器、分支放大器特性参数

1. 线路延长放大器

生产单位	VIKOA	AEL	国营涪江机器厂	沈阳无线电十二厂	北京701厂	保利通	佛山无线电二厂	武汉无线电天线厂
型号	216	CT2-E	JZ14BRA-I	BWF4020A	WXF1820C	Pav150/211N	VTW28	FJ-X-IA
工作频带(MHz)	50～216	50～270	45～450	47～800	40～800	46～860	47～798	48.5～223
带内平坦度(dB)	±0.5	±0.5	±1	±2	±2			
噪声系数(dB)	≤11	≤12	≤10	≤10	≤10		≤4	≤10
最大增益(dB)	24	20	14	20	20	20	25	22～28
最大输出电平(dBμV)	105	108	120	110	120	115	98	109
驻波系数	≤1.5	≤1.5	≤1.8	≤2	≤2		≤2	≤1.5
交调	−60	−60	−60	−60	−60	−60	−60	−60

2. 美国JERROLD公司的线路延长放大器

型号	1,2		JLX-7-450C	JLX-6-450P	JLX-7-450P	JLX-6-550P	JLX-7-550P
参数	注释	单位	技 术 条 件				
通带 正向 反向		MHz	50～450 5～30	50～450 5～30	50～450 5～30	50～550 5～30	50～550 5～30
响应平坦度		±dB	0.75	0.75	0.75	0.75	0.75
最小满增益	3	dB	33	40	34	38	34
工作增益	4,11	dB	28	35	29	33	29
手动控制范围 增益 斜率		dB dB	0～4 0～8	0～4 0～8	0～4 0～8	0～4 0～8	0～4 0～8
噪声系数	3	dB	8	8	8	8	8
失真特性			+47dBmV 输出	+47dBmV 输出	+47dBmV 输出	+47dBmV 输出	+47dBmV 输出
组合三次差拍	4,5	−dB	63	68	69	63	64
交调	6	−dB	63	67	69	64	65
单一二次系数		−dB	72	73	73	71	71
组合二次差拍	7	−dB	63	64	64	62	63
交流声调制	8	−dB	60	60	60	60	60

续表

型号 参数	注释	单位	JLX-7-450C	JLX-6-450P	JLX-7-450P	JLX-6-550P	JLX-7-550P
	1,2				技术条件		
反射损耗 75Ω		dB	16	16	16	16	16
电源要求							
输入范围		VAC	38～60	38～60	38～60	38～60	38～60
功率		W	14.0	23.0	20.0	34.0	20.0
电流值							
60VAC		A	0.35	0.49	0.46	0.49	0.46
52VAC		A	0.37	0.54	0.49	0.54	0.49
45VAC		A	0.38	0.58	0.53	0.58	0.53
38VAC		A	0.41	0.64	0.58	0.64	0.58
DC 电源		VDC	24±0.4 25 最大	24±0.4 25 最大	24±0.4 25 最大	24±0.4 25 最大	24±0.4 25 最大
工作温度范围		℃	−40～+60	−40～+60	−40～+60	−40～+60	−40～+60
A.C. 旁路能力	9	A	7	7	7	7	7
电流保护			XO-36	XO-36	XO-36	XO-36	XO-36
反向放大器			JLX-SS	JLX-SS	JLX-SS	JLX-SS	JLX-SS
外壳			JLX-HSG	JLX-HSG	JLX-HSG	JLX-HSG	JLX-HSG

3. 分支放大器

生产单位	VIKOA	C-COR	PHILIPS	国营涪江 无线电厂	成都银星 无线电厂	ANACOMDA	CASCADE	南京电视 设备厂
型号	215	200 四输出	LHB8306 二输出	ST-5	GF4135 GF4142	2106 四输出	UNICON	XQF4030A
工作频带 (MHz)	50～230	50～245	40～862	40～240	45～798	50～300	50～252	45～800
带内平坦度 (dB)	±0.5	±0.5	±1	±0.5	±2	±0.5	1.4	±1
噪声系数 (dB)	≤12	≤11	≤9	≤12	≤12	≤10	≤10	≤7
最大增益 (dB)	44	40	30	45	35 42	36	40	30
输入输出 驻波系数	≤1.5	≤1.5	≤1.2	≤1.5	≤2	≤1.5	1.4	≤1.5
最大输出电平 (dBμV)	110	112	114	110	114 120	112	110	118
交调	−60	−60		−60	−60	−60	−60	−60

(三)导频信号放大器特性参数

1. 国营涪江机械厂的导频信号放大器

型 号	导频频率 (MHz)	标称输出电平 (dBμV)	频率总偏差 (kHz)	输出电平稳定度 (dB)	频率准确度 (kHz)	无用输出抑制 (dB)
JZ110PG	110.7	93	≤20	≤0.5	≤5	≥60
JZ73PG	73.5	95	≤20	≤0.5	≤5	≥60
JZ287PG	287.25				≤8	

2. 加拿大的 TPG 型导频信号放大器

频段	5～450MHz 内任意,CW(等幅)射频载波(用户选定)
最大输出电平	+45dBmV(当使用内部的 10dB 定向耦合器时为+35dBmV)
输出电平衰减	0～20dB(手动连续)
阻抗	75Ω
反射损耗	16dB
寄生输出	60dB 低于最大载波电平
频率精确度	±10kHz
输出电平稳定度	±0.5dB
哼声调制	−62dB 系指峰值载波电平
电源	AC220V 0.06A,DC24V 0.2A

四、无源器件的特性参数

1. 分配器

名 称	型 号	频率特性 (MHz)	分配损失 (dB)	隔离度 (dB)	电压驻波比	反射损耗 (dB)	生产单位
二分配器	AGP204	48.5～798	≤4	≥18	≤2		鞍山广播器材厂
四分配器	AGP408	48.5～798	≤8	≥18	≤2		
二分配器	XP20401	VHF	4	≥20	≤2		厦门英华无线电厂
四分配器	XP40801	VHF	8	≥20	≤2		
二分配器	JZP203	V-U	≤4	≥18	≤2		四川绵阳 783 厂
三分配器	JZP3SP	V-U	≤6.3	≥18	≤1.9		
四分配器	JZP403	V-U	≤8	≥18	≤1.9		
二分配器	FP42	V-U	≤4	≥20	≤2		武汉无线电天线厂
四分配器	FP44	V-U	≤8	≥20	≤2		
二分配器	QFZP2	V-U	≤4.2	≥18	<1.8		四川内江 607 所
四分配器	QFZP4	V-U	≤7.4	≥18	<1.8		
六分配器	QFZP6	V-U	≤10	≥18	<1.8		
二分配器	2SP	V-U	4	18～35	<1.6		广东佛山无线电二厂
三分配器	3SP	V-U	6	18～35	<1.6		
四分配器	4SP	V-U	8	18～35	<1.6		
六分配器	6SP	V-U	10	18～35	<1.6		
二分配器		45～450	<3.7	>35		>16	江苏常熟电视设备厂(白茆镇)
三分配器		45～450	<5.8	>35		>16	
四分配器		45～450	<7.5	>35		>16	

2. 分支器

名　称	型号	频率范围(MHz)	插入损失(dB)	分支损失(dB)	反向隔离(dB)	相互隔离(dB)	电压驻波比	反射损耗(dB)	生产单位
一分支器	JZZ1	V-U	0.5~2	8、12、16、20	>17		≤1.9		
二分支器	JZZ2	V-U	1~2	8、12、16、20	>17		≤1.9		四川绵阳
四分支器	JZZ4	V-U	2~4.5	12、16、20	>17		≤1.9		783厂
串联一分支器	JZ1DC	V-U	1~1.5	10、15、20、25	>16		≤1.9		
串联二分支器	JZ2DC	V-U	0.8~2.5	10、14、18	>16		≤1.9		
一分支器	AGZ1	48.5~798	0.8~2.5	8、12、16、20	>17		<2		
二分支器	AGZ2	48.5~798	0.8~2.5	8、12、16、20、24	>16		<2		鞍山广播
串联一分支器	AGC1	48.5~798	0.8~2.5	8、12、16、20	>17		<2		器材总厂
串联二分支器	AGC2	48.5~798	0.8~3.5	8、12、16、20、24	>17		<2		
一分支器	XZ1	V-U	0.5~3	6、8、10、12、14、16、18、20、24、26、28	>25		≤1.5		
二分支器	XZ2	V-U	0.5~3	10、12、14、16、18、20、22、24、26、28、30	>25		≤1.5		厦门英华无线电厂
四分支器	XZ4	V-U	0.5~2	12、14、16、18、20、22、26、28、30	>25		≤1.5		
二分支器	FZ42	V-U	0.5~3.5	10、14、19、22	>22		<2		武汉无线
四分支器	FZ44	V-U	0.5~3	14、18、22	>22		<2		电天线厂
串联一分支器	CQ1	V-U	2~3.5	7、12、17	>18		<2		
一分支器	GXC108	45~550	<1	8±1	>30			>16	
一分支器	GXC112	45~550	<1.5	12±1	>30			>16	
一分支器	GXC116	45~550	<1	16±1	>30			>16	
一分支器	GXC120	45~550	<0.5	20±1	>30			>16	
一分支器	GXC124	45~550	<0.5	24±1	>34			>16	
二分支器	GXC208	45~550	<3.5	8±1	>30	>30		>16	
二分支器	GXC212	45~550	<2	12±1	>30	>30		>16	
二分支器	GXC216	45~550	<1.5	16±1	>30	>30		>16	常熟电视
二分支器	GXC220	45~550	<1	20±1	>30	>30		>16	设备厂
二分支器	GXC224	45~550	<0.5	24±1	>34	>30		>16	(白茆镇)
二分支器	GXC228	45~550	<0.5	28±1	>38	>30		>16	
三分支器	GXC312	45~550	<3.5	12±1	>30	>30		>16	
三分支器	GXC316	45~550	<2	16±1	>30	>30		>16	
三分支器	GXC320	45~550	<1.5	20±1	>30	>30		>16	
三分支器	GXC324	45~550	<1	24±1	>34	>30		>16	
三分支器	GXC328	45~550	<1	28±1	>38	>30		>16	
四分支器	GXC412	45~550	<3.5	12±1	>30	>30		>16	
四分支器	GXC416	45~550	<2	16±1	>30	>30		>16	
四分支器	GXC420	45~550	<1.5	20±1	>30	>30		>16	
四分支器	GXC424	45~550	<1	24±1	>34	>30		>16	
四分支器	GXC428	45~550	<1	28±1	>38	>30		>16	

3. 常熟电视设备厂（白茆镇）的高隔离屏蔽用户终端

规　格	频率范围 （MHz）	FM及分支损耗 （dB）	TV损耗 （dB）	反向隔离 （dB）	相互隔离 （dB）	反射损耗 （dB）
－6	45～450	6±1	＜3	＞30	＞35	＞16
－8	45～450	8±1	＜2	＞30	＞35	＞16
－10	45～450	10±1	＜1.5	＞30	＞35	＞16
－12	45～450	12±1	＜1.5	＞30	＞35	＞16
－14	45～450	14±1	＜1	＞30	＞35	＞16
－16	45～450	16±1	＜0.5	＞30	＞35	＞16
TV.FM	45～450	\	TV＜0.5 FM＜12	＞30	＞35	＞16

注：1. TV.FM 双孔用户盒 FM 损耗相对于 TV 而言。
　　2. TV.FM 双孔用户盒 TV.FM 相互隔离度＞30dB。

五、CATV 工程上几种常用同轴电缆的衰减特性

1. CATV 系统常用同轴电缆的主要参数

馈线型号	电视电缆简称	回波损耗 （dB）	特性阻抗 （Ω）	电　容 （pF/m）	衰减量（dB/100m）			备　注
					30MHz	200MHz	800MHz	
SYV-75-2	聚氯乙烯护套聚乙烯同轴		75±3	76	7.8	21.1		只适用于VHF频段
SYV-75-7	聚氯乙烯护套聚乙烯同轴		75±3	76	5.1	14.0		
SYV-75-9	聚氯乙烯护套聚乙烯同轴		75±2	76	3.6	10.4		
SYV-75-5-2	聚氯乙烯护套聚乙烯藕芯同轴	＞15	75±2.5	54.5±3	3.2	8.9	18.3	成都电视机厂产品手册参数
SYLV-75-7	聚氯乙烯护套聚乙烯藕芯同轴	＞15	75±2.5	54±3	2.8	6.7	13.9	
SYKV-75-5	聚氯乙烯护套聚乙烯藕芯同轴	＞18	75±3	54±2	3.2	9.0	19.2	江苏溧阳电缆鉴定报告
SYKV-75-7	聚氯乙烯护套聚乙烯藕芯同轴	＞18	75±3	60±2	2.3	6.4	14.1	
SYDV-75-9	聚氯乙烯护套聚乙烯藕芯同轴	＞18	75±2.5	60	2.1	5.7	12.5	
SIOV-75-5	藕式聚氯乙烯护套同轴		75±3	60	4.7	12.5	28	邮电部侯马电缆厂产品手册参数
SIOV-75-5	竹管式聚氯乙烯护套同轴		75±3	60	4.5	11.0	22.0	
SIOY-75-7-A	藕式铝塑纵包聚乙烯护套同轴		75±2.5	57	2.6	7.1	15.2	
SYDY-75-9-5	垫片式聚氯乙烯护套同轴		75±2.0	50	1.6	4.0	8.0	

2. 美国 TRILOGY 通讯公司的 MC² 系列无缝铝管竹节型同轴电缆衰减特性（20℃ 100m 最大衰减量 dB）

频率(MHz)	0.440	0.500	0.650	0.750	1.00
5	0.50	0.46	0.36	0.33	0.23
30	1.35	1.15	0.92	0.82	0.59
45	1.67	1.42	1.12	1.00	0.72
55	1.84	1.57	1.25	1.12	0.79
100	2.46	2.13	1.67	1.48	1.08
110	2.63	2.24	1.78	1.57	1.15
175	3.31	2.82	2.26	1.97	1.48
200	3.55	3.04	2.43	2.12	1.58
211	3.64	3.12	2.49	2.17	1.61
230	3.82	3.26	2.61	2.28	1.70
250	3.97	3.38	2.72	2.36	1.77
270	4.13	3.54	2.82	2.46	1.84
300	4.36	3.74	2.99	2.59	1.97
350	4.72	4.04	3.25	2.82	2.13
400	5.05	4.33	3.48	2.99	2.30
450	5.38	4.60	3.71	3.18	2.43
500	5.64	4.86	3.90	3.38	2.56
550		5.69	4.10	3.54	2.69
600	6.19	5.32	4.28	3.69	2.81
650	6.44	5.55	4.46	3.84	2.93
700	6.69	5.76	4.64	3.99	3.05
750	6.93	5.97	4.81	4.13	3.16
800	7.15	6.17	4.97	4.27	3.27
860	7.42	6.40	5.16	4.42	3.40
880	7.51	6.48	5.22	4.48	3.44

3. 美国 COMM/SCOPE 公司的 QUANTUM REACH 系列同轴电缆（20℃ 100m 最大衰减量 dB）

频率(MHz)	540	860	1125
5	0.46	0.30	0.23
55(CH2)	1.54	1.05	0.76
83(CH6)	1.90	1.31	0.95
211(CH13)	3.12	2.10	1.61
300	3.74	2.49	1.97
500	4.92	3.28	2.62
865	6.56	4.36	3.54
1000	7.12	4.72	3.84

4. 一些厂家用于 CATV 系统的同轴电缆特性参数

型号	屏蔽层	内导体(mm)	绝缘外径(mm)	护套外径(mm)	阻抗(Ω)	衰减常数(dB)100m±5%				
						50MHz	100	200	400	800
美国四屏蔽 F-1150	双铜网双铝箔	1.63	7.11	10.72		0.92			2.60	
美国四屏蔽 F-1151		1.63	7.11	10.72		0.92			2.60	
意大利 KF22AS/PE	铜线编织加铜箔双屏蔽,藕孔绝缘	2.20	9.90	12.70		2.00	3.00	4.50	6.50	8.13
意大利 KF16AS/PE		1.65	7.25	10.10		2.80	3.90	5.50	8.00	11.70
意大利 KF13AS/PE		1.25	5.50	8.00		3.50	4.90	6.90	10.00	14.70
意大利 KF105AS/PE		1.00	4.50	6.65		4.45	6.20	8.80	12.60	17.90
香港 PN-125A	铜线编织加铝带藕芯	1.25	5.51	7.80		4.60	5.40	9.50	12.58	17.55
香港 PN-100A		1.00	4.45	6.65		5.00	6.10	11.00	14.70	
香港 CTA260-12	铝箔加镀锡铜线编织	2.60	11.50	14.40	75				4.20	9.50
香港 CTA260-12双护套		2.60	11.50	14.40					4.20	9.50
香港 CTA190-9		1.90	8.60	11.20					5.50	12.50
香港 CTA167		1.67	7.40	9.80					6.60	14.40
香港 CTA150-8		1.50	6.80	9.20					7.10	15.20
香港 CTA125-7		1.25	5.60	7.80					8.80	18.60
香港 CTA100-5		1.00	4.70	6.80					10.20	21.00
文邦 CT-190	铜线编织加铝箔,藕孔绝缘	1.90	8.70	11.50		2.20		5.50		
文邦(CT-125)H50-8		1.50	6.80	9.00		2.80	4.10	5.50	9.00	13.90
文邦(CT-125)H49-7		1.25	5.60	7.80		3.50	5.30	7.10	10.50	15.30
GLOBE9590	加铜网泡沫芯	1.10	4.80	7.40		4.50	7.40	10.70	16.20	24.70
樱花5C-2V		0.90	4.50	6.40		5.50		12.30		

5. 同轴电缆环路直流电阻（回路电阻）

电缆类型	MC² 系列				QR 系列			SYKV-75-9	SYKV-75-12
	0.500″	0.650″	0.750″	1.00″	540	860	1125		
环路电阻（Ω/km）	5.15	3.31	2.46	1.97	5.28	2.37	1.38	17	11

六、上海广播电视技术研究所的卫星电视接收设备特性参数

1. 卫星电视接收天线

型　　号	SRA6000-4	SRA4500-4	SRA3000-A	SRA3000-12
工作频段	C 波 段	C 波 段	C 波 段	Ku 波 段
天线口径（m）	6.0	4.5	3	3
天线型式	铝板抛物面	铝板抛物面	铝板抛物面	铝板抛物面
频率范围（GHz）	3.7～4.2	3.7～4.2	3.7～4.2	11.7～12.2
增益（dB）	≥46	≥43.5	≥40	≥49.5
副瓣电平（dB）	≤-14	≤-14	≤-16	≤-20
天线噪声温度（°K）	—	—	—	≤40
驻波比	≤1.3	≤1.2	≤1.2	≤1.1
轴比	≤1.2	≤1.2	≤1.3	≤1.2
极化	圆极化/线极化任选			
馈电方式	前馈	前馈	前馈	后馈

2. Ku 波段卫星直播电视接收天线

天线直径（m）	0.75	1	1.2	1.8
天线增益（dB）	≥37	≥39	≥41.2	≥45
天线净重（kg）	16	24	28	≤100
工作频率（GHz）	11.7～12.2			
极化	左/右旋圆极化和水平/垂直极化任选			

3. 功率分配器

型　号	FPD-Ⅱ[①]	型　号	FPD-Ⅱ[①]
频率范围（GHz）	0.97～1.47	分路功率不平衡（dB）	≤0.25
分路损耗（dB）	<1	隔离度（dB）	≥20
幅频特性（dB/500MHz）	±0.24	输入输出接口	F 型

[①] 功率分配器有两路、四路功率分配器两种

4. 1GHz 线路放大器

型　号	SRF-1	型　号	SRF-1
频率范围（GHz）	0.97～1.47	驻波	≥20
增益（dB）	10/20/30	输入输出接口	F 型
噪声系数（dB）	≤5		

5. 卫星电视接收机

型　　号	SP4S-1/2	SP4S-3	SP12S-2
工作频段	C　波　段	C　波　段	Ku　波　段
输入频率（GHz）	0.95～1.47	0.95～1.47	0.95～1.47
输入电平（dBmV）	−60～−30	−60～−30	−60～−30
解调门限（dB）	≤8	≤8	≤8
中频带宽（MHz）	27	20	30
输出视频电平（V_{P-P}）	1±2dB	1±2dB	1±2dB
输出阻抗（Ω）	75	75	
微分增益（%）	≤±15	≤±15	
微分相位（°）	≤±10	≤±10	
视频输出信噪比（dB）	≥34.5（不加权）	≥34.5（不加权）	
音频频响（kHz）	0.05～15±2dB	0.05～15±2dB	0.05～20
音频输出电平	0dB/600Ω	0dB/600Ω	0dB/600Ω
伴音副载波范围	6～8MHz 可调	6～8MHz 可调	
伴　音　方　式	单路模拟	双路模拟	4相 PCM

参 考 文 献

1. 余兆明，李林等编著.共用天线电视原理和设计.北京：中国广播电视出版社，1988
2. 都世民，肖台，刘绍球编著.实用电视接收天线手册.北京：电子工业出版社，1993
3. 电子天府实用维修技术丛书编写组编著.有线电视实用维修技术.成都：四川科学技术出版社，1995
4. 秦绮玲，车静编著.共用天线电视系统.北京：科学技术文献出版社，1993
5. 张吉编著.闭路电视的设计安装与调试.太原：山西科学技术出版社，1989
6. 范东平，杜之云编著.卫星电视接收机原理与制作.北京：电子工业出版社，1989
7. 都世民，刘绍球，陈永甫，王慧君，刘宏编著.家用卫星电视接收.北京：中国轻工业出版社，1994
8. 岑美君编著.电视与录像.上海：复旦大学出版社，1989
9. 袁文博编译.闭路电视系统设计与应用.北京：电子工业出版社，1986
10. 天津大学电视研究室编著.电视原理.北京：国防工业出版社，1981
11. 李东明编著.建筑弱电工程安装调试手册.北京：中国物价出版社，1993
12. 黄吴明编著.有线电视技术.北京：北京广播学院出版社，1992
13. 张好国编著.有线电视工程设计和实用手册.北京：电子工业出版社，1995
14. 董书佩，郝书田编著.共用天线电视系统（修订本）.北京：人民邮电出版社，1993
15. 谷由石，戚世坚等编著.电缆电视系统设计与安装.北京：人民邮电出版社，1993
16. 郑枢明，林德耀编著.有线电视系统工程设计、安装、调试、维护.福州：福建科学技术出版社，1995
17. 高宗敏，杨以培，刘绪绍编著.电缆电视与城市联网.北京：科学出版社，1993
18. 赵济安编著.现代建筑电子工程设计技术.上海：同济大学出版社，1995
19. 林昌禄，易平编著.共用天线、卫星接收、电视差转（原理、设计、安装、维修）.福州：福建科学技术出版社，1992
20. 吴名江，陈崇光.共用天线电视（修订本）.北京：电子工业出版社，1990
21. 张远程编著.彩色电视机的原理与调试.上海：上海科技出版社，1981
22. 罗桂详，王良平，黄卓勋，刘协和编著.电视接收机原理.北京：人民教育出版社，1981
23. 孟海山，卢为平编著.彩色（黑白）电视机的原理、使用和维修.北京：机械工业出版社，1988
24. 北京东风电视机厂，太原工学院无线电教研组编著.晶体管黑白电视机原理和调试（修订本）.北京：人民邮电出版社，1980
25. 张万书，高宗敏，董书佩，卢健编著.电缆电视.北京：电子工业出版社，1990
26. 吕光大主编.建筑电气安装工程图集.北京：水利电力出版社，1987
27. 吴大正主编.信号与线性网络分析.北京：人民教育出版社，1980
28. 邹惠林.电缆电视（CATV）系统的发展与展望.电子技术应用，1991（1）：22～23
29. 储忠歧，宋文涛.亚洲一号卫星转发电视信号的接收.电子技术，1992（2）：10～13
30. 何谨.双向传输的有线电视.无线电，1994（9～10）
31. 何谨.有线电视的 MMDS 和 AML 传输方式.无线电，1995（3）：5～7
32. 孟天泗.小型卫星电视接收系统的安装技术.电子报合订本，1995：362～368
33. 黄吴明.有线电视设备的若干技术要求.世界有线电视信息，1996（3～5）
34. 周庆衍.有线电视系统中的非线性失真.世界有线电视信息，1995（2～5）

35 龚建华.CATV 电缆综述.世界有线电视信息，1995（6）
36 张好国.有线电视常用同轴电缆的特性参数.有线电视技术，1994（5）
37 张全建.做好有线电视系统总体规划技术方案论证工作.有线电视技术，1994（5）